高等职业教育“十四五”规划教材

宠物疾病防治

（第3版）

陈玉库　孙维平　邢玉娟　主编

U0951497

中国农业大学出版社
·北京·

内 容 简 介

本教材是一部简明实用的高等职业教育教材，以本门课程学生必须掌握的技能为主线，将案例教学法（CBL）和以问题为基础的教学法（PBL）联合应用于课程教学中，突出了对学生动手能力和专业技能的培养，充分体现了专业课教材的理实一体性。

全书将课程分为犬、猫的保定，传染病，寄生虫病，内科疾病，外科疾病，产科疾病 6 个项目，在项目下分为 33 个工作任务，又根据工作任务提炼出 208 个必须掌握的技能，作为必备理论知识的补充。

本书的特点是重点明确、条理清晰、通俗易懂，既注重传承临床适用的操作技能，又广泛吸收当代研究成果和实践经验。各个技能力求以图释文，图文并茂，重在应用。

图书在版编目(CIP)数据

宠物疾病防治 / 陈玉库，孙维平，邢玉娟主编. —3 版. —北京：中国农业大学出版社，2020.10(2024.10 重印)

ISBN 978-7-5655-2478-3

Ⅰ.①宠… Ⅱ.①陈…②孙…③邢… Ⅲ.①宠物－动物疾病－防治－高等职业教育－教材 Ⅳ.①S858.93

中国版本图书馆 CIP 数据核字(2020)第 229499 号

书　　名　宠物疾病防治(第 3 版)

作　　者　陈玉库　孙维平　邢玉娟　主编

策划编辑　康昊婷　　**责任编辑**　康昊婷

封面设计　郑　川　李尘工作室

出版发行　中国农业大学出版社

社　　址　北京市海淀区圆明园西路 2 号　　**邮政编码**　100193

电　　话　发行部 010-62733489，1190
编辑部 010-62732617，2618　　出版部 010-62733440

网　　址　http://www.caupress.cn　　**E-mail**　cbsszs@cau.edu.cn

经　　销　新华书店

印　　刷　涿州市星河印刷有限公司

版　　次　2021 年 1 月第 3 版　2024 年 10 月第 4 次印刷

规　　格　185 mm×260 mm　16 开本　17.5 印张　400 千字

定　　价　52.00 元

第3版编写人员

主　编　陈玉库　（江苏农牧科技职业学院）

孙维平　（上海农林职业技术学院）

邢玉娟　（江苏农牧科技职业学院）

副主编　邬立刚　（黑龙江农业职业技术学院）

毕聪明　（辽宁医学院畜牧兽医学院）

刘庆新　（江苏农林职业技术学院）

任宝波　（江苏农牧科技职业学院）

陈　茜　（江苏省农业科学院兽医研究所）

韩晓辉　（黑龙江畜牧兽医职业学院）

编　者　（按姓氏笔画为序）

尹佳佳　（浙江大学附属动物医院）

马　霞　（河南牧业经济学院）

王建国　（山东威海市环翠区动物疫病预防控制中心）

王　浩　（苏州新区安琪儿宠物医院）

田　超　（河南农业职业学院）

任宝波　（江苏农牧科技职业学院）

邢玉娟　（江苏农牧科技职业学院）

孙维平　（上海农林职业技术学院）

毕聪明　（辽宁医学院畜牧兽医学院）

刘庆新　（江苏农林职业技术学院）

向金梅　（湖北生物科技职业学院）

闫宏强　（山东奥迪尔生物集团有限公司）

吴　伟　（内蒙古扎兰屯市动物疫病预防控制中心）

陈　茜　（江苏省农业科学院兽医研究所）

陈培荣　（信阳农林学院）

陈玉库　（江苏农牧科技职业学院）

金彩莲　（江苏农牧科技职业学院）

钟文龙　（苏州安安宠物医院有限公司竹园路分公司）

高光平　（河北科技师范学院）

高　明　（黑龙江生物科技职业学院）

韩晓辉　（黑龙江畜牧兽医职业学院）

鲁兆宁　（黑龙江农业职业技术学院）

曾豫娟　（内蒙古乌兰察布市动物疫病预防控制中心）

主　审　胡元亮　（南京农业大学动物医学院）

第 2 版编写人员

主　编　陈玉库　（江苏农牧科技职业学院）

　　　　　孙维平　（上海农林职业技术学院）

副主编　韩晓辉　（黑龙江畜牧兽医职业学院）

　　　　　毕聪明　（辽宁医学院畜牧兽医学院）

　　　　　刘庆新　（江苏农林职业技术学院）

　　　　　邢玉娟　（江苏农牧科技职业学院）

编　者　（按姓氏笔画为序）

　　　　　马　霞　（河南牧业经济学院）

　　　　　田　超　（河南农业职业学院）

　　　　　卢　炜　（江苏农牧科技职业学院）

　　　　　邢玉娟　（江苏农牧科技职业学院）

　　　　　孙维平　（上海农林职业技术学院）

　　　　　毕聪明　（辽宁医学院畜牧兽医学院）

　　　　　刘庆新　（江苏农林职业技术学院）

　　　　　向金梅　（湖北生物科技职业学院）

　　　　　陈玉库　（江苏农牧科技职业学院）

　　　　　陈培荣　（信阳农林学院）

　　　　　高光平　（河北科技师范学院）

　　　　　高　明　（黑龙江生物科技职业学院）

　　　　　韩晓辉　（黑龙江畜牧兽医职业学院）

　　　　　韩新强　（青岛永康动物医院）

　　　　　鲁兆宁　（黑龙江农业职业技术学院）

主　审　胡元亮　（南京农业大学动物医学院）

第1版编写人员

主　编　陈玉库　（江苏畜牧兽医职业技术学院）
　　　　　孙维平　（上海农林职业技术学院）

副主编　韩晓辉　（黑龙江畜牧兽医职业学院）
　　　　　毕聪明　（辽宁医学院畜牧兽医学院）
　　　　　刘庆新　（江苏农林职业技术学院）
　　　　　邢玉娟　（江苏畜牧兽医职业技术学院）

编　者　（按姓氏笔画为序）
　　　　　史春云　（呼和浩特市赛罕区兽药监督管理所）
　　　　　田　超　（河南农业职业学院）
　　　　　卢　炜　（江苏畜牧兽医职业技术学院）
　　　　　邢玉娟　（江苏畜牧兽医职业技术学院）
　　　　　孙维平　（上海农林职业技术学院）
　　　　　毕聪明　（辽宁医学院畜牧兽医学院）
　　　　　刘庆新　（江苏农林职业技术学院）
　　　　　向金梅　（湖北生物科技职业学院）
　　　　　庄彩云　（内蒙古包头市九原区兽医站）
　　　　　刘　静　（江苏畜牧兽医职业技术学院）
　　　　　陈玉库　（江苏畜牧兽医职业技术学院）
　　　　　陈培荣　（信阳农业高等专科学校）
　　　　　高光平　（河北科技师范学院）
　　　　　高　明　（黑龙江生物科技职业学院）
　　　　　韩晓辉　（黑龙江畜牧兽医职业学院）
　　　　　韩新强　（山东青岛永康宠物医院）
　　　　　鲁兆宁　（黑龙江农业职业技术学院）

主　审　胡元亮　（南京农业大学动物医学院）

第3版前言

党的二十大报告指出，坚持以人民为中心的发展思想。维护人民根本利益，增进民生福祉。随着宠物饲养种类、数量的不断丰富和扩大，特别是宠物在家庭中地位的逐步提高，宠物已经从看家护院上升为伴侣动物，甚至成为家庭中重要的一员。我们教材编写的理念也在不断地变化，从第 1 版的“小动物疾病防制”重点控制传染性疾病，特别是狂犬病等人畜共患疾病的防控，到第 2 版和第 3 版的“宠物疾病防治”，旨在更好地适应宠物行业发展，为宠物的健康饲养保驾护航。

在临床实践中，宠物伤医事件屡屡发生。医生每每问及宠物主人宠物的情况，得到的回答总是“我家的宝宝从来不咬人”，实际上是从来不咬家里人。在宠物医院的陌生环境中，宠物本来就紧张、敏感，加之生病后意识、行为或已发生了改变。因此，在第 3 版中，增加了宠物保定内容，一是诊疗疾病需要，二是为了时刻提醒学习者保障人和宠物的安全。

在第 3 版修订过程中，我们广泛听取了来自一线宠物医生的意见和建议，认真纠正错误，弥补缺失，以“零容忍”的态度对待失误和疏漏，使修订再版的教材以崭新的面貌呈现在读者面前。书中还可能存在不足和缺点，我们热忱欢迎广大师生和读者批评指正。

编者

2023 年 5 月

第2版前言

随着人们生活水平的提高，以犬、猫为主的宠物走进了千家万户，为防治宠物疾病而建立的宠物门诊也多了起来，很多院校先后成立了宠物医学专业（方向）。为培养适合宠物疾病防治一线的高技能型人才，我们在中国农业大学出版社的倡导下，组织了12所高职院校、江苏省农业科学院兽医研究所和浙江大学附属动物医院等19家单位的22位中青年业务骨干，共同完成了本书的编撰。

宠物疾病防治作为理实一体化教材，以完成职业任务为依据选择课程内容，并且以职业任务为逻辑依据对课程内容进行排序，将学生需要掌握的各项技能分解为一个个的实践训练课题，并将够用的相关理论附于其后，实行理实一体化教学，教师围绕职业岗位（群）的典型工作任务将理论知识和实践知识有机地融为一体，使理论知识在职业实践过程中能够支撑实践知识，让学生有计划地按照教师确定的课题和学习要求进行专门的技能训练，在训练中让其知其所以然。

同时，我们尝试将案例教学法（case based learning，CBL）和以问题为基础的教学法（problem based learning，PBL）联合应用于课程教学中，借以培养学生独立思考、分析和解决问题的临床思维能力，激发学生学习的积极性，提高课程的教学质量。

本书在编写过程中，得到了南京农业大学动物医学院博士生导师胡元亮教授的多次指导，对教材的结构和具体内容提出了诚恳的修改意见并审定全书，最后由陈玉库统稿。同时我们也参考了众多宝贵的文献资料，在此一并表示诚挚的谢意。

由于时间仓促，再加上水平有限，虽穷尽所能，但错漏之处在所难免，敬请专家、广大师生和读者提出宝贵意见！

编者

2016年5月

第1版前言

随着人们生活水平的提高，以犬、猫为主的小动物走进了千家万户，为防治小动物疾病而建立的宠物门诊也有如雨后春笋，很多院校先后成立了宠物医学专业（方向）。为培养适合小动物疾病防制一线的高技能型人才，我们在中国农业大学出版社的倡导下，组织了11所高职院校和青岛永康宠物医院等14家单位的17位中青年业务骨干，共同完成了本书的编撰。

全书共4篇18章，第一篇为犬猫传染病，第二篇为寄生虫病，第三篇为内科病，第四篇为外产科疾病。全书重点放在了疾病防治上，所选的治疗方法，有常用西药、中药方剂、外科手术、针灸操作技术等，尽量体现当今中西兽医结合的最高水平。为便于读者掌握每种病症的临床特征和防治手段，在每一章的后面增设了复习思考题。本书内容新颖，简洁明了，操作性强，除作为高职高专宠物医学专业、动物医学专业师生教学用书外，也可作为广大宠物医生、宠物爱好者的工具书。

本书在编写过程中，得到了南京农业大学动物医学院博士生导师胡元亮教授的多次指导，对教材的结构和具体内容提出了诚恳的修改意见并审定全书，最后由陈玉库统稿。同时我们参考了众多专家的宝贵文献资料，在此一并表示诚挚的谢意。

由于时间仓促，再加上水平有限，虽穷尽所能，但错漏之处在所难免，敬请专家、广大师生和读者提出宝贵意见！

编者

2011年5月

目 录

项目 1　犬、猫保定 …… 1

任务 1　犬的保定 …… 1

技能 1　大犬的徒手保定 …… 1

技能 2　小犬的徒手保定 …… 1

技能 3　绷带保定 …… 2

技能 4　围巾保定 …… 2

技能 5　颈圈保定 …… 2

技能 6　口笼保定 …… 3

技能 7　横卧保定 …… 3

技能 8　体壁支架保定 …… 3

技能 9　网架保定 …… 4

技能 10　手术台保定 …… 4

任务 2　猫的保定 …… 4

技能 11　手抓顶挂皮保定 …… 4

技能 12　横卧保定 …… 5

技能 13　绷带扎口保定 …… 5

技能 14　胸卧保定 …… 5

技能 15　圆筒保定 …… 6

技能 16　猫袋保定 …… 6

技能 17　渔网保定 …… 6

技能 18　手术台保定 …… 6

项目 2　犬、猫传染病 ………………………………………………………… 7

任务 3　病毒性传染病 ………………………………………………………… 7
技能 19　犬瘟热的诊断与防治 …………………………………………… 8
技能 20　犬细小病毒感染的防治 ………………………………………… 10
技能 21　犬传染性肝炎的诊断与防治 …………………………………… 12
技能 22　犬传染性气管支气管炎的诊断与治疗 ………………………… 14
技能 23　狂犬病的诊断与防治 …………………………………………… 15
技能 24　伪狂犬病的诊断与防治 ………………………………………… 17
技能 25　犬冠状病毒感染的防治 ………………………………………… 18
技能 26　犬轮状病毒感染的防治 ………………………………………… 19
技能 27　犬副流感病毒感染的诊断与预防 ……………………………… 21
技能 28　猫泛白细胞减少症的防治 ……………………………………… 22
技能 29　猫白血病的防治 ………………………………………………… 23
技能 30　猫传染性腹膜炎的诊断与治疗 ………………………………… 25
技能 31　猫Ⅰ型疱疹病毒感染的诊断与防治 …………………………… 26
技能 32　猫传染性鼻结膜炎的症状表现与治疗 ………………………… 27
任务 4　细菌性传染病 ………………………………………………………… 29
技能 33　钩端螺旋体病的诊断与防治 …………………………………… 29
技能 34　结核病的诊断与防治 …………………………………………… 31
技能 35　布鲁氏菌病的症状表现与防治 ………………………………… 33
技能 36　副伤寒的诊断与治疗 …………………………………………… 34
技能 37　仔犬大肠杆菌病的诊断与防治 ………………………………… 36
技能 38　破伤风的防治 …………………………………………………… 38
技能 39　链球菌病的诊断与治疗 ………………………………………… 40
技能 40　莱姆病的诊断与预防 …………………………………………… 41
任务 5　真菌性传染病 ………………………………………………………… 43
技能 41　皮肤癣菌病的诊断与防治 ……………………………………… 43
技能 42　念珠菌病的主要症状与治疗 …………………………………… 44
技能 43　芽生菌病的诊断与防治 ………………………………………… 45
技能 44　球孢子菌病的诊断 ……………………………………………… 47
任务 6　其他传染病 …………………………………………………………… 48
技能 45　血巴尔通体病的诊断与治疗 …………………………………… 48
技能 46　猫衣原体病的诊断 ……………………………………………… 50

项目 3　犬、猫寄生虫病 ………………………………………………………… 52

任务 7　原虫病 ………………………………………………………………… 53

技能 47　犬巴贝斯虫病的诊断与防治 …… 53
技能 48　弓形虫病的诊断与防治 …… 55
技能 49　球虫病的诊断与治疗 …… 58
技能 50　犬利什曼原虫病的诊断与治疗 …… 59
技能 51　阿米巴病的诊断与治疗 …… 61
任务 8　蠕虫病 …… 62
技能 52　绦虫病的诊断与防治 …… 62
技能 53　蛔虫病的诊断与防治 …… 66
技能 54　钩虫病的诊断与防治 …… 68
技能 55　鞭虫病的诊断与防治 …… 70
技能 56　食道虫病的诊断与防治 …… 71
技能 57　犬恶丝虫病的诊断与防治 …… 73
技能 58　肺毛细线虫病的诊断与防治 …… 75
技能 59　肾膨结线虫病的诊断与防治 …… 75
技能 60　吸吮线虫病的诊断与治疗 …… 76
技能 61　华支睾吸虫病的诊断与防治 …… 78
技能 62　并殖吸虫病的诊断与防治 …… 79
任务 9　蜘蛛昆虫病 …… 80
技能 63　蚤病的防治 …… 80
技能 64　硬蜱的预防与治疗 …… 82
技能 65　虱病的防治 …… 84
技能 66　疥螨病的诊断与治疗 …… 86

项目 4　犬、猫内科疾病 …… 89

任务 10　犬、猫消化系统疾病 …… 90
技能 67　口炎的治疗 …… 90
技能 68　咽炎的诊断与治疗 …… 91
技能 69　食管阻塞的诊断与治疗 …… 92
技能 70　胃内异物的诊断与治疗 …… 93
技能 71　胃扩张的诊断与治疗 …… 94
技能 72　胃肠炎的诊断与治疗 …… 95
技能 73　胃肠溃疡的诊断与治疗 …… 97
技能 74　肠梗阻的诊断与治疗 …… 98
技能 75　肠套叠的诊断与治疗 …… 99
技能 76　便秘的治疗 …… 100
技能 77　直肠脱的诊断与治疗 …… 101
技能 78　肛门囊炎的治疗 …… 102

技能 79 肝炎的诊断与治疗 …… 103
技能 80 脂肪肝的诊断与治疗 …… 104
技能 81 脾破裂的诊断与治疗 …… 105
技能 82 胰腺炎的诊断与治疗 …… 106
技能 83 腹膜炎的诊断与治疗 …… 108
任务 11 犬、猫呼吸系统疾病 …… 109
技能 84 鼻炎的治疗 …… 109
技能 85 喉炎的诊断与治疗 …… 110
技能 86 气管、支气管炎的诊断与治疗 …… 111
技能 87 肺炎的诊断与治疗 …… 112
技能 88 肺水肿的诊断与治疗 …… 114
技能 89 胸膜炎的诊断与治疗 …… 115
任务 12 犬、猫心血管系统疾病 …… 116
技能 90 心内膜炎的诊断与治疗 …… 116
技能 91 心包炎的诊断与治疗 …… 117
技能 92 心肌炎的诊断与治疗 …… 118
技能 93 心力衰竭的诊断与防治 …… 119
任务 13 犬、猫泌尿系统疾病 …… 121
技能 94 肾小球肾炎的诊断与治疗 …… 121
技能 95 间质性肾炎的诊断与治疗 …… 123
技能 96 肾盂肾炎的诊断与治疗 …… 124
技能 97 尿毒症的诊断与治疗 …… 125
技能 98 犬尿石症的诊断与治疗 …… 126
技能 99 猫泌尿系统综合征的诊断与防治 …… 128
技能 100 膀胱炎的诊断与治疗 …… 130
技能 101 尿道炎的诊断与治疗 …… 131
任务 14 犬、猫血液和免疫系统疾病 …… 132
技能 102 贫血的诊断与治疗 …… 132
技能 103 血友病的诊断与治疗 …… 134
技能 104 过敏型反应的诊断与治疗 …… 135
技能 105 荨麻疹的诊断与治疗 …… 136
技能 106 寻常性天疱疮的诊断与治疗 …… 137
技能 107 系统性红斑狼疮的诊断与治疗 …… 138
任务 15 犬、猫神经系统疾病 …… 139
技能 108 脑震荡及脑挫伤的诊断与治疗 …… 139
技能 109 日射病和热射病的诊断与防治 …… 141
技能 110 脑膜脑炎的诊断与治疗 …… 142

技能 111　癫痫的治疗 …… 143
技能 112　脊髓挫伤和震荡的诊断与治疗 …… 145
技能 113　椎间盘突出的诊断与治疗 …… 146
技能 114　脊髓炎和脊髓膜炎的诊断与治疗 …… 147
技能 115　面神经麻痹的治疗 …… 149
技能 116　四肢神经损伤的诊断与治疗 …… 150
任务 16　犬、猫营养代谢性疾病 …… 151
技能 117　肥胖症的防治 …… 151
技能 118　痛风症的诊断与防治 …… 152
技能 119　维生素 A 缺乏症的防治 …… 154
技能 120　维生素 E 缺乏症的防治 …… 155
技能 121　维生素 D 缺乏症的防治 …… 156
技能 122　维生素 K 缺乏症的防治 …… 157
技能 123　维生素 B_1 缺乏症的防治 …… 157
技能 124　维生素 B_2 缺乏症的防治 …… 158
技能 125　烟酸缺乏症的防治 …… 159
技能 126　维生素 B_6 缺乏症的诊断与治疗 …… 160
技能 127　维生素 B_{12} 缺乏症的治疗 …… 161
技能 128　维生素 C 缺乏症的诊断与治疗 …… 161
技能 129　高钠血症的诊断与治疗 …… 162
技能 130　低钠血症的诊断与治疗 …… 163
技能 131　高钾血症的诊断与治疗 …… 164
技能 132　低钾血症的治疗 …… 165
技能 133　高钙血症的诊断与治疗 …… 166
技能 134　低钙血症的治疗 …… 167
技能 135　高磷血症的诊断与治疗 …… 168
技能 136　低磷血症的治疗 …… 170
技能 137　镁缺乏症的诊断与治疗 …… 171
技能 138　铜缺乏症的诊断与治疗 …… 172
技能 139　锌缺乏症的诊断与防治 …… 173
任务 17　犬、猫内分泌系统疾病 …… 174
技能 140　幼犬脑垂体功能不全的诊断与治疗 …… 174
技能 141　肢端肥大症的诊断与治疗 …… 175
技能 142　尿崩症的诊断与治疗 …… 176
技能 143　甲状腺功能亢进症的诊断与治疗 …… 177
技能 144　甲状腺功能减退症的诊断与治疗 …… 178
技能 145　甲状旁腺功能亢进症的诊断与治疗 …… 179

技能 146 甲状旁腺功能减退症的诊断与治疗 …… 180
技能 147 糖尿病的诊断与治疗 …… 181
技能 148 胰岛素分泌过多症的诊断与治疗 …… 182
技能 149 肾上腺皮质功能减退症的诊断与治疗 …… 183
技能 150 肾上腺皮质功能亢进症的诊断与治疗 …… 184
技能 151 雌性激素过多症的诊断与治疗 …… 186
技能 152 雌性激素缺乏症的诊断与治疗 …… 187
技能 153 雄性激素过多症的诊断与治疗 …… 188
技能 154 雄性激素缺乏症的诊断与治疗 …… 188
任务 18 犬、猫中毒性疾病 …… 189
技能 155 安妥中毒的诊断与治疗 …… 189
技能 156 磷化锌中毒的诊断与治疗 …… 190
技能 157 灭鼠灵中毒的诊断与治疗 …… 191
技能 158 变质食物中毒的诊断与治疗 …… 192
技能 159 食盐中毒的诊断与防治 …… 193
技能 160 黄曲霉毒素中毒的诊断与防治 …… 194
技能 161 洋葱和大葱中毒的诊断与治疗 …… 196
技能 162 有机磷中毒的诊断与治疗 …… 197
技能 163 蛇毒中毒的诊断与治疗 …… 199
技能 164 阿维菌素中毒的诊断与防治 …… 200

项目 5 犬、猫外科疾病 …… 202

任务 19 损伤 …… 203
技能 165 创伤的诊断与治疗 …… 203
技能 166 挫伤的诊断与治疗 …… 205
技能 167 血肿的诊断与治疗 …… 206
任务 20 外科感染 …… 207
技能 168 脓肿的诊断与治疗 …… 207
技能 169 蜂窝织炎的诊断与治疗 …… 208
技能 170 毛囊炎、疖和疖病的诊断与治疗 …… 209
任务 21 骨、关节疾病 …… 210
技能 171 骨折的诊断与治疗 …… 210
技能 172 髋关节脱位的诊断与治疗 …… 212
技能 173 髌骨脱位的诊断与治疗 …… 213
任务 22 眼部疾病 …… 214
技能 174 眼睑内翻的诊断与治疗 …… 214
技能 175 第三眼睑腺脱出的治疗 …… 215

技能 176　结膜炎的诊断与治疗 …… 215
技能 177　角膜炎的诊断与治疗 …… 217
技能 178　白内障的诊断与治疗 …… 218
技能 179　青光眼的诊断与治疗 …… 220
任务 23　耳部疾病 …… 221
技能 180　外耳道炎的诊断与治疗 …… 221
任务 24　疝 …… 222
技能 181　腹壁疝的诊断与治疗 …… 222
技能 182　腹股沟和阴囊疝的诊断与治疗 …… 223
技能 183　会阴疝的诊断与治疗 …… 225
任务 25　皮肤病 …… 226
技能 184　湿疹的诊断与治疗 …… 226
技能 185　脂溢性皮炎的诊断与治疗 …… 228
任务 26　睾丸、附睾、阴茎及前列腺疾病 …… 229
技能 186　隐睾症的诊断与治疗 …… 229
技能 187　睾丸炎的诊断与治疗 …… 230
技能 188　公犬、猫不育症的诊断与防治 …… 230
任务 27　肿瘤性疾病 …… 232
技能 189　皮肤癌的诊断与治疗 …… 232
技能 190　口腔肿瘤的诊断与治疗 …… 234
技能 191　胸腔肿瘤的诊断与治疗 …… 235
技能 192　腹腔肿瘤的诊断与治疗 …… 236
技能 193　淋巴肉瘤的诊断与治疗 …… 237

项目 6　犬、猫产科疾病 …… 239

任务 28　卵巢、子宫及阴道疾病 …… 239
技能 194　子宫内膜炎的诊断与治疗 …… 240
技能 195　子宫蓄脓的诊断与治疗 …… 241
技能 196　阴道脱的诊断与治疗 …… 242
技能 197　阴道炎的诊断与治疗 …… 243
技能 198　不孕症的诊断与治疗 …… 244
任务 29　妊娠期疾病 …… 246
技能 199　流产的诊断与治疗 …… 246
技能 200　假孕的诊断与治疗 …… 247
任务 30　分娩期疾病 …… 248
技能 201　难产的诊断与治疗 …… 248
任务 31　产后期疾病 …… 251

技能 202 胎衣不下的诊断与治疗 …… 251
技能 203 产后子宫复旧不全的诊断与治疗 …… 252
技能 204 子宫脱出的诊断与治疗 …… 253
技能 205 产后搐搦症的诊断与防治 …… 254
任务 32 新生仔疾病 …… 255
技能 206 脐炎的防治 …… 255
技能 207 新生仔窒息的急救 …… 256
任务 33 乳房疾病 …… 257
技能 208 乳房炎的诊断与治疗 …… 257

参考文献 …… 259

项目1
犬、猫保定

任务1　犬的保定

技能1　大犬的徒手保定

术者用一只手臂环抱犬的头部，头面部紧贴犬的肩、背部，另一只手臂紧抱犬的后腹部，使犬的身体紧靠术者身体（图 1-1A）；或将犬置于桌面上，术者用一只手臂环抱犬的头部，另一只手固定在犬的耳后部，再用前臂和肘部夹住其胸腹部并使其紧靠术者身体（图 1-1B）。

A　　　　B

图 1-1　大犬的徒手保定

技能2　小犬的徒手保定

术者用一只手臂托住犬的胸腹下部，并将大拇指展开，其余四指并拢，夹住犬的肘下方；另一只手臂屈曲紧抱其头后颈部，并将犬紧靠术者身体（图 1-2）。

技能 3 绷带保定

用一条长 1 m 左右的绷带，在中间绕两次打一活结套圈，将圈套至犬鼻背中间和下颌中部并拉紧，然后将绷带游离端绕过耳后收紧打活结即可（图 1-3A），本法适用于长嘴犬；或在绷带 1/3 处打活结圈，套在嘴后颜面处，于下颌间隙收紧，其两游离端向后拉至耳后枕部打一个结，并将其中一长的游离绷带经额部引至鼻背侧穿过绷带圈，再反转至耳后与另一游离端收紧打结。此法适用于短嘴犬（图 1-3B）。

图 1-2 小犬的徒手保定

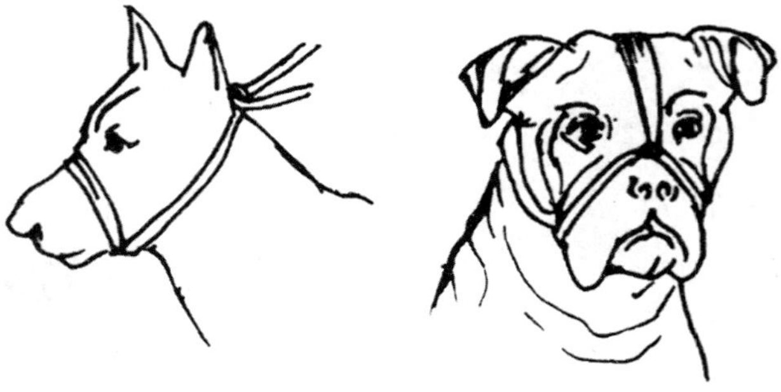

A. 长嘴犬　　B. 短嘴犬

图 1-3 绷带保定

技能 4 围巾保定

选用较大的围巾或浴巾，叠成数层，圈在颈部，然后在颈后拧成麻花状，但不要过紧，以防造成犬窒息（图 1-4）。

技能 5 颈圈保定

颈圈保定分高领型和平面型两种。用软硬适中的塑料薄板或硬纸板做成圆形的颈圈，外缘不要超过鼻端 5～6 cm，内径与犬的颈部粗细相当，在内径的两侧加钉 2～3 排子母扣，以防颈圈脱落（图 1-5）。

图 1-4 围巾保定

图 1-5 颈圈保定

技能6 口笼保定

犬用口笼多为皮革或钢丝制成，使用时将大小适中的口笼套住犬的口鼻部，并在耳后将带系牢(图 1-6)。

技能7 横卧保定

先以绷带保定法将犬嘴扎紧，抚摸并抓住靠近术者一侧的犬前肢的腕部和后肢的足部，沿术者膝下滑倒于地(或手术台)，再抓住犬前后肢向外伸直，并用前臂和肘部压住犬的颈部和骨盆(图 1-7)。

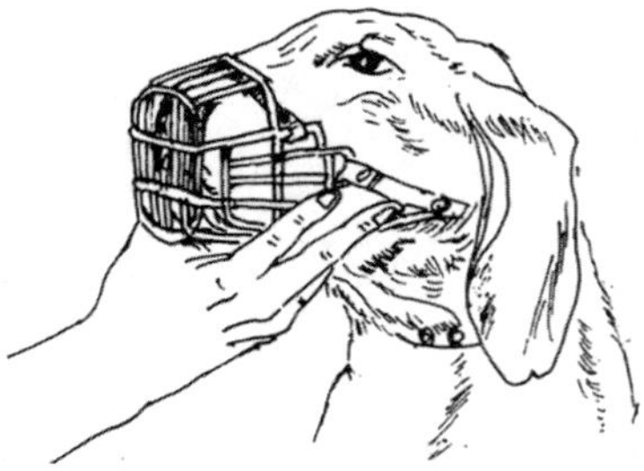

图 1-6　口笼保定

图 1-7　横卧保定

技能8 体壁支架保定

按犬颈围和体长(从颈基部至肋腹部的长度)，取两根等长的铝棒，其一端在颈两侧环绕颈基部各弯曲一圈半，用绷带将两弯曲的部分缠卷一起；另一端向后贴近两侧胸腹壁，用绷带围绕胸腹壁缠卷固定铝棒。其末端裹贴胶布，以免损伤腹壁(图 1-8A)。如需提起尾部，可在腹后部两侧各加一根铝棒，向上做 30°～45°弯曲，将末端固定在尾根上方 10～15 cm 处(图 1-8B)。此保定法可防止犬头回转舔咬胸腹壁、肛门及跗关节以上部位，尤其适用于不愿带颈枷的犬。

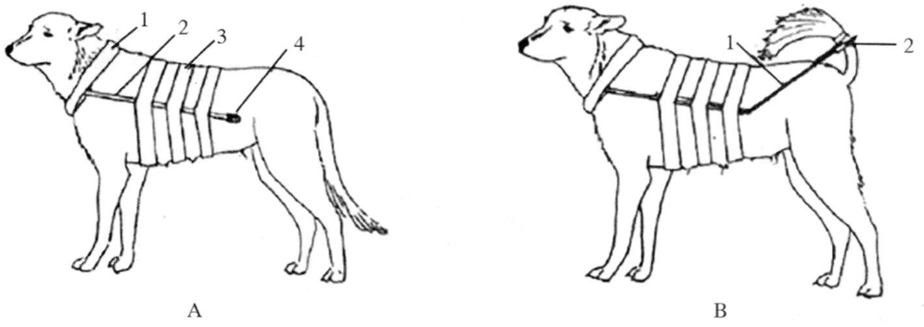

图 1-8　体壁支架保定

A：1. 铝环包扎起来　2. 铝棒　3. 纵带　4. 棒末端缠上胶带

B：1. 铝棒弯曲　2. 铝棒末端固定在尾部

技能9 网架保定

先用绷带将犬的嘴扎紧，然后将其置于网架上，并使其四肢悬空。网架的网眼结构要由质地柔软、结实的材料做成，网架用木质或金属材料制作(图 1-9)。

图 1-9 网架保定

技能10 手术台保定

手术台保定有侧卧、仰卧和胸卧保定 3 种(图 1-10)。保定前应将动物进行麻醉。根据手术需要，选择不同体位的保定方法，用保定带将犬的四肢固定在手术台上。在做仰卧保定时，犬的颈、胸腹部两侧应垫以沙袋，以保持其身体平衡。

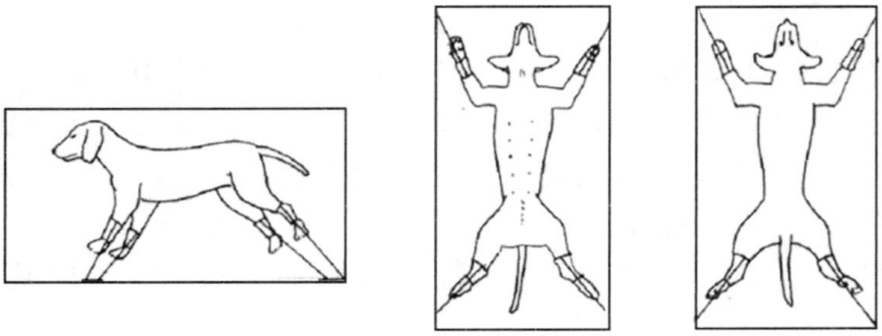

A　　B　　C

图 1-10 手术台保定

A. 侧卧保定　B. 仰卧保定　C. 胸卧保定

任务2 猫的保定

技能11 手抓顶挂皮保定

一只手抓住猫的头顶和颈后的皮肤(俗称“顶挂皮”)，另一只手将其两后肢向后外方拉直(图 1-11)。

技能12　横卧保定

先将猫的前肢和后肢用绷带扎紧，术者一手抓住其头部并握紧上下颌，另一只手握住已被扎紧的四肢，或者直接抓头部和四肢（图1-12）。

图1-11　手抓顶挂皮保定

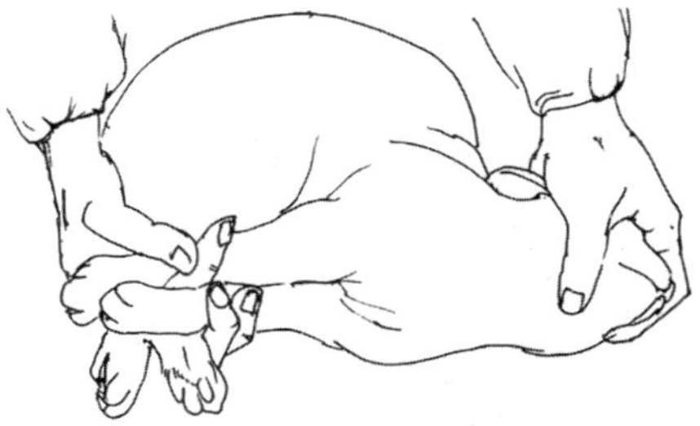

图1-12　横卧保定

技能13　绷带扎口保定

方法与短嘴犬扎口相同（图1-13）。

图1-13　绷带扎口保定

技能14　胸卧保定

在猫的体侧或后部用前臂夹住猫体两侧，使猫头不朝向保定者，并用两只手固定猫头（图1-14）。

图1-14　胸卧保定

图1-15　圆筒保定

技能15 圆筒保定

用金属或竹片制成与猫体大小相当的竹筒或金属筒，将猫从筒口一端推入，让猫自动向前爬行至一定距离后，术者抓住其后肢即可（图 1-15）。

技能16 猫袋保定

选用与猫体大小相当的猫袋（用人造革或帆布缝制），将猫装进去，注意将一后肢露在袋子外，然后收紧袋口，同时用手拉住其后肢。

技能17 渔网保定

选用与猫体大小相当的渔网（可用尼龙绳编织），将猫罩进网内，旋紧网口，迫使其无法活动。

技能18 手术台保定

同犬的手术台保定。

项目2

犬、猫传染病

任务3 病毒性传染病

问题1 犬接种人麻疹弱毒疫苗能够预防的疫病是(　　)。

A. 犬细小病毒感染　　B. 犬传染性肝炎　　C. 犬瘟热

D. 犬流感　　E. 犬冠状病毒性腹泻

问题2 犬瘟热的病原是(　　)。

A. 细小病毒　　B. 副黏病毒　　C. 冠状病毒

D. 疱疹病毒　　E. 嵌杯病毒

问题3 某地2009年3月开始流行一种犬传染病,小于4周龄的仔犬和大于5岁龄的老犬发病率相对较低。患病犬多表现精神沉郁,食欲废绝,体温升高到40 ℃以上,突然出现呕吐,继而腹泻,粪便先呈黄色或灰黄色,覆以多量黏液或假膜,接着排出番茄汁样稀粪,具有难闻的恶臭味。白细胞总数减少,转氨酶指数上升。肠内容物加适量氯仿处理的上清液在25 ℃能凝集猪红细胞。该病最有可能是(　　)。

A. 犬传染性肝炎　　B. 犬冠状病毒性腹泻　　C. 犬瘟热

D. 犬细小病毒感染　　E. 犬疱疹病毒感染

问题4 一雌性犬,1岁,突然发病,体温升高到40 ℃持续1 d,然后体温下降到常温,1 d后体温升高到40 ℃以上,呈"马鞍形"。该病最有可能是(　　)。

A. 犬传染性肝炎　　B. 犬冠状病毒性腹泻　　C. 犬瘟热

D. 犬细小病毒感染　　E. 犬疱疹病毒感染

问题5 如果对上述病例采取治疗措施,最好是(　　)。

A. 注射革兰氏阳性菌敏感的抗生素,配合对症治疗

B. 注射革兰氏阴性菌敏感的抗生素,配合对症治疗

C. 口服板蓝根,配合对症治疗

D. 注射高免血清,配合对症治疗

E. 注射板蓝根，配合对症治疗

问题 6 上述病犬正在治疗中，如果需要进一步确诊，最好的方法是（ ）。

A. 粪便处理后进行血凝和血凝抑制试验

B. 从粪便进行细菌分离鉴定

C. 从粪便进行病毒分离鉴定

D. 采体温升高阶段的血液进行病毒分离，用血凝和血凝抑制试验进行鉴定

E. 从口腔试子进行病毒分离鉴定

问题 7 猫患泛白细胞减少症时，正确的处理方式为除对患病猫进行对症和防止继发感染治疗的综合性措施外，还有非常重要的治疗手段是（ ）。

A. 注射高免血清　B. 注射敏感抗生素　C. 注射弱毒疫苗

D. 注射灭活疫苗　E. 补充葡萄糖生理盐水

问题 8 犬细小病毒感染的临床分型有（ ）。

A. 肠炎型和脑炎型　B. 肠炎型和皮肤型　C. 肠炎型和呼吸型

D. 肠炎型和关节炎型　E. 肠炎型和心肌炎型

问题 9 暗室内用伍氏灯照射犬病变区可使感染的毛发发出绿色荧光的真菌是（ ）。

A. 石膏样小孢子菌　B. 毛癣菌　C. 犬小孢子菌

D. 马拉色菌　E. 白色念珠菌

问题 10 某怀孕母犬在怀孕 45 d 后发生流产，流产前体温不高，阴唇和阴道黏膜红肿，阴道内流出淡褐色或灰绿色分泌物。流产后的母犬出现慢性子宫内膜炎的症状，此后屡配不孕。该病可能是（ ）。

A. 结核病　B. 布鲁氏菌病　C. 破伤风

D. 立克次体病　E. 钩端螺旋体病

问题 11 一只 5 月龄猫，食欲废绝，呕吐，体温 40.5 ℃，24 h 后降至正常，经 2 d 后又上升，同时临床症状加剧。血常规检查白细胞总数减少，该病最有可能是（ ）。

A. 猫胃炎　B. 猫瘟热　C. 猫肠炎

D. 猫胰腺炎　E. 猫免疫缺陷症

技能 19 犬瘟热的诊断与防治

1. 诊断

根据病史、一般临床症状以及流行病学调查可初步诊断。显微镜下可查到胞浆内包涵体。目前临床广泛应用的犬瘟热诊断试剂盒，确诊率较高。

2. 治疗

治疗原则是采用病原疗法，防止继发感染，配合对症和支持治疗。

（1）病原疗法　最初发热期，用犬瘟热单克隆抗体或犬三联高免血清，每千克体重 0.5～

1 mL，皮下或肌内注射，间隔 3～5 d 或每天 1 次，连用 3～5 次。同时配合应用免疫增强剂（聚肌胞或左旋咪唑）、转移因子和利巴韦林抗病毒药等。

(2)抗菌消炎　氨苄西林每千克体重 50 mg，地塞米松每千克体重 2～5 mg，肌内注射或静脉注射，每天 1～2 次，连用 4～5 d。或磺胺嘧啶钠每千克体重 50～70 mg，肌内注射，每天 2 次，连用 3～5 d。

(3)对症治疗　体温升高者以双黄连、安乃近等退热；呕吐严重时用胃复安（甲氧氯普胺）或吗丁啉（多潘立酮）；有便血时可用止血敏（酚磺乙胺）、维生素 K_1；咳嗽时可用止咳糖浆或阿米卡星（丁胺卡那霉素）雾化疗法；腹泻严重时可用山莨菪碱；抽搐时可用扑米酮。

(4)支持疗法　对症状严重、食欲不振、精神沉郁者可将免疫球蛋白或白蛋白按每千克体重 0.5～1 mL 加入生理盐水内静脉注射；也可强心补液，同时添加维生素 C、三磷酸腺苷等以调整体液平衡和增强抵抗力，静脉注射有困难时，可改用直肠滴注。必要时输入血浆。

(5)中药治疗　病初、中期，取银花、大青叶、生石膏、黄芩、柴胡、生地、连翘、生甘草各 6 g，黄连、升麻各 3 g，水牛角 9 g，或取银花、连翘、黄芩各 9 g，葛根、山楂、山药各 6 g，甘草 3 g，水煎 2 次，合并药液分 2～3 次灌服或直肠内灌注，每天 1 剂，连用 3～5 d；病中、后期，取黄芩、黄连、连翘各 15 g，知母、龙胆草、生地、当归、栀子、白芍、桔梗、竹叶、甘草各 10 g，石膏 50 g，水牛角 20 g，贯众 3 g，全蝎 2 g，僵蚕 5 g，水煎 2 次，合并药液分 2～3 次灌服或直肠内灌注，每天 1 剂，连用 3～5 d。

3. 预防

实行合理的免疫程序。如 45 日龄的仔犬首先可用犬瘟热、副流行性感冒和麻疹病毒的复合苗，间隔 2 周，二次免疫二联苗（犬瘟热和细小病毒）。再隔 2 周，三次免疫四联苗（犬瘟热、细小病毒、传染性肝炎、副流行性感冒）。再隔 2 周，四次免疫狂犬病病毒苗。幼犬接种疫苗期间，要特别注意避免接触传染源，避免更换环境、突然转变饲料、洗澡着凉等应激因素。

加强饲养管理，做好犬舍的卫生消毒，坚持自繁自养。如从外地引种，最好在引进运输前 10 d 进行免疫注射。新引进的犬，一定要隔离检查；对种犬和曾经感染过犬瘟热的犬，需定期进行抗体检查和带毒检查，淘汰带毒和有散毒可能的犬。

【相关知识】

犬瘟热是由犬瘟热病毒引起的一种急性、高度接触性传染性疾病。临床上以双相热、急性鼻卡他和随后的支气管炎、卡他性肺炎、严重胃肠炎和神经症状为特征。少数病例出现鼻部和脚垫的高度角化、脓皮症。

1. 病原特征

犬瘟热病毒属副黏病毒科、麻疹病毒属。核酸型为单股 RNA。研究证实来源于不同地区、不同动物和不同临床病型的犬瘟热病毒毒株属同一个血清型。

犬瘟热病毒对热和干燥敏感，50～60 ℃ 30 min 即可灭活，但在较冷的温度下，犬瘟热病毒可存活较长时间，这可能是犬瘟热多流行于冬春寒冷季节的原因。病毒对乙醚、甲醛、1%煤酚皂溶液、烧碱敏感。

2. 流行特点

不同性别、年龄和品种的犬均可发病，以不满 1 岁的幼犬最为易感，犬群中自发性犬瘟热发生的年龄与幼犬断乳后母源抗体的消失有关。一年四季均可发生，以冬春季多发，有一定的周期性。据报道，平均每隔 3 年有 1 次大的流行。

病犬是最主要的传染源，病毒存在于内脏器官以及淋巴结和组织内，并通过眼、鼻和口腔分泌物以及大便和小便向外排毒，污染环境而传播疾病。主要传播途径是直接接触和通过空气飞沫经呼吸道感染。也可通过胎盘垂直传播，造成流产和死胎。

3. 主要症状

潜伏期 3～6 d，有的可长达 30～90 d。病犬在发病初期，眼、鼻会流出水样分泌物，食欲不振。体温为双相热型，即开始体温达 39.5～41 ℃，持续 1～3 d，然后消退，几天甚至十几天后体温第 2 次升高，持续 1 周以上。

自然感染早期发热，常不被注意，有类似感冒症状，随后表现为结膜炎，脓性分泌物逐渐增多，有时会出现明显的角膜炎。干咳，继而转为湿咳，流脓性鼻液，呼吸困难，呕吐，腹泻，里急后重，严重脱水和衰弱。

多数病犬后期出现神经症状，如局部肌肉痉挛或抽搐，后躯麻痹，鸣叫，空口咀嚼，转圈运动等。有时呈癫痫样发作，发作间隔时间逐渐缩短，持续时间逐渐延长，多预后不良；癫痫样发作有的表现为一肢、两肢和整个肢体抽搐或麻痹；有的表现为头面部、胸腹部某一局部肌群抽搐或麻痹；有的表现共济失调；治愈或自愈以后常留有肢体舞蹈、麻痹或后躯无力等后遗症。

有少数病例，发热不久，未见呼吸和消化道炎症时就出现上述神经症状，临床常称为神经型犬瘟热。

部分病例腹下、股内侧出现米粒至豆粒大小的痘样疹，初为水疱样，后为脓样，最后干涸脱落；还有部分病例表现足垫肿胀，过度增生、角化，形成硬脚掌病。

技能 20 犬细小病毒感染的防治

1. 预防

定期注射二联苗或五联苗进行预防。安全区于 10～12 周龄首免，以后每隔 2～3 周免疫 1 次，连续免疫 2～3 次，可产生 1 年以上的保护力；疫区受威胁犬，在 6～8 周龄首免，然后按上述方法进行 2～3 次的连续免疫。

2. 治疗

心肌炎型病犬病程短急，恶化迅速，一般来不及救治。对于出血性肠炎病犬应采用紧急注射高免血清或免疫球蛋白，抗病毒，防止继发感染，配合对症和支持疗法等综合治疗措施。

(1)抗病毒疗法　犬细小病毒高免血清 5～10 mL，或犬三联高免血清 5～15 mL，肌内注射，间隔 3～5 d 或每天 1 次，连用 2～3 次。同时配合肌内注射免疫增强剂转移因子每次 2 万 IU。用全面免疫过的健康犬或患过细小病毒的康复犬的血，给病犬输血，在病初期和中期可获得较好的效果。

(2)对症治疗　呕吐严重时用胃复安或吗丁啉；有便血时可用止血敏、安络血（卡巴克洛）、活性炭等；腹泻、大便失禁时可用鞣酸蛋白、思密达（蒙脱石散）等。同时注意补钾、纠正酸中毒。

(3)支持疗法　可用白蛋白每千克体重 0.5～1 mL 加入生理盐水内静脉注射，以增强机体免疫力；林格氏液 250～500 mL、维生素 C 注射液 2～4 mL(0.5～1.0 g)、盐酸 654-2 注射液 10 mg，一次静脉注射，连用 3～5 d，以调整体液平衡和增强体力。静脉注射有困难时，改用直肠滴注。

(4)抗菌消炎　庆大霉素每千克体重 1 万 IU，或红霉素、卡那霉素等，每天 1～2 次，连用 3～5 d。同时注射地塞米松，每天 2 次。

(5)中药治疗　黄柏、黄芩、山药、栀子、半夏、竹茹、白芍、黄芪、板蓝根各 15 g，黄连、苍术、砂仁、枳壳、米壳各 10 g，地榆 30 g（生熟各半），木香、当归、甘草各 8 g。水煎 3 次，煎液 1 200 mL。体重 5 kg 以下的犬用 100～200 mL，体重 5～10 kg 的犬用 200～300 mL，体重 10～13 kg 的犬用 300～400 mL。用胃管投服，或深部灌肠，每天 3 次。

(6)针灸治疗　犬细小病毒高免血清 5～10 mL，或犬三联高免血清 5～15 mL，注入脾俞穴和后海穴，间隔 3～5 d 或每天 1 次，连用 2～3 次。

【相关知识】

犬细小病毒感染是由犬细小病毒引起的急性烈性传染病。临床上以严重出血性肠炎综合征或心肌炎综合征为特征。

1. 病原特征

犬细小病毒属细小病毒科、细小病毒属。其对甲醛、次氯酸钠、β-丙内酯、羟胺、氧化剂和紫外线等均敏感。

2. 流行特点

本病的主要传染源为感染犬和隐性带毒犬。病毒通过尿液、粪便和唾液排出体外，污染饲料、饮水、用具等，主要经消化道感染。不同年龄、性别、品种的犬均可感染，但以刚断乳至

90 日龄的犬较多发。纯种犬比杂种犬和土种犬易感性高。本病无明显季节性，但以冬春季节多发。天气寒冷，气温骤变，饲养密度过高均能引起本病的传播，死亡率也相应增高。有并发感染等会加重病情和提高病死率。

3. 主要症状

临床表现主要有出血性肠炎型和心肌炎型两种。

(1)出血性肠炎型　潜伏期为 7～14 d。病初精神沉郁，食欲减退，体温升高至 40～41 ℃，1～2 d 后迅速发展为频繁呕吐和剧烈腹泻，呕吐物先为白色黏液或泡沫状液体，后为黄色水样沫；粪便呈黄色或灰黄色，内含有多量黏液和伪膜，继而恶臭呈番茄汁样血便。病犬迅速出现脱水症状，严重者耳鼻冰凉，发生休克和死亡。

剖检可见，血液黏稠暗紫，严重者肠管外观紫红，肠系膜血管呈树枝状充血和瘀血，淋巴结出血、水肿，切面呈大理石样；小肠黏膜出血、坏死，甚至脱落，内容物呈酱油样或果酱样；胸腺萎缩或水肿，肝、脾淤血。

(2)心肌炎型　多发于流行初期或缺少母源抗体的 4～6 周龄幼犬。病犬突然发生心力衰竭，或在肠炎康复之后，突发充血性心力衰竭；精神高度沉郁，食欲废绝，呻吟，黏膜发绀，呼吸极度困难，心杂音，心跳加快，轻度腹泻，偶见呕吐，常在数小时内死亡。

剖检可见，肺脏局部充血、瘀血、出血及水肿；心肌红黄相间呈虎斑状，时有局灶性出血。

4. 诊断方法

根据病史、一般临床症状以及流行特点可做出初步诊断。目前，临床广泛应用的犬细小病毒诊断试剂盒，确诊率较高。

技能 21　犬传染性肝炎的诊断与防治

1. 诊断

根据病史、临床症状以及流行病学的调查可做出初步诊断。微量血凝和血凝抑制试验以及聚合酶链反应(PCR)检测有助于确诊。

2. 预防

健康犬采用三联苗或五联苗进行预防注射。同时加强饲养管理，搞好环境卫生并定期消毒。应特别注意，康复期病犬仍会向外界排毒，不能与健康犬合群。

3. 治疗

对病犬采取紧急注射高免血清，保肝，防止继发感染，配合对症和支持疗法等综合治疗措施。

(1)病原疗法　在发病初期可用传染性肝炎高免血清治疗，有一定的作用。一旦出现明显的临床症状，即使使用大剂量的高免血清，其治疗效果也不明显。

(2)防止继发感染　全身应用抗生素及磺胺类药物。

(3)支持疗法　静脉输液和补充葡萄糖、三磷酸腺苷、辅酶A、维生素C等。对严重贫血的病例，可采用输血疗法。

(4)对症治疗　对患角膜炎的犬可用0.5%利多卡因溶液和庆大霉素注射液混合点眼；腹水多者可腹腔穿刺排液，同时肌内注射呋塞米注射液；保肝，可用苦黄注射液20～40 mL加入5%葡萄糖注射液中静脉滴注；降低转氨酶可口服甘利欣(甘草酸二铵)2～4粒，每天2次，连用5～7 d。

(5)中药治疗　茵陈、板蓝根、大黄各15 g，栀子、龙胆、茯苓、黄芩各10 g，黄柏、泽泻各8 g，甘草6 g。水煎2～3次，灌服或直肠灌注，每天1剂。

(6)针灸治疗　犬传染性肝炎高免血清每千克体重2 mL，或犬三联高免血清每次5～15 mL，注入天门、肝俞穴，间隔3～5 d或每天1次，连用3～5次。氨苄西林每千克体重0.1 g，注入大椎穴，每天1～2次，连用5 d。磺胺嘧啶钠每千克体重50～70 mg，注入三焦俞穴，每天2次，连用3～5 d。

【相关知识】

犬传染性肝炎是由犬Ⅰ型腺病毒引起的急性病毒性传染病。临床上以肝小叶中心坏死、肝实质细胞和上皮细胞出现核内包涵体、出血时间延长和肝炎为特征。

1. 病原特征

犬腺病毒有两个血清型，包括犬腺病毒Ⅰ型(CAV-1)和犬腺病毒Ⅱ型(CAV-2)。犬腺病毒Ⅰ型是引起犬传染性肝炎和狐狸脑炎的病原体，犬腺病毒Ⅱ型可引起犬的喉气管炎和肠炎。两型具有共同的补体结合抗原，但其生化特性和核酸同源性不同，应用血凝抑制试验和中和试验可以将其加以区别。病毒对甲醛、碘仿和氢氧化钠敏感。

2. 流行特点

本病的传染源主要是病犬和康复犬。康复犬尿中排毒可达180～270 d，是最危险的传染源。病毒主要经消化道传染，病犬和带毒犬通过眼泪、唾液、粪、尿等分泌物和排泄物排出病毒，污染周围的环境、饲料和用具，易感犬通过舔食、呼吸而感染。各种性别、年龄和品种的犬均易感，但以断乳至1岁的幼犬发病率和死亡率为最高。本病一年四季均可发生。

3. 主要症状

潜伏期6～9 d。

最急性病例，在呕吐、腹痛和腹泻等症状出现后数小时内死亡。

急性型病例，患犬怕冷，体温升高到39.4～41.1 ℃，精神抑郁，食欲废绝，口渴，呕吐，腹痛，腹泻，粪中带血，往往很快死亡。

亚急性病例，症状反应较轻，除表现上述急性期轻微的症状外，还可见贫血、黄疸、咽炎、扁桃体炎、淋巴结肿大以及眼睛特征性变化，如眼睛半闭，畏光流泪，有大量浆液性分泌物流出，角膜浑浊变成蓝色翳膜。蓝色翳膜逐渐布满全眼，故称蓝眼病。恢复期时，浑浊的角膜由四周向中心缓慢消退，浑浊消退的犬大多可自愈。如发展为角膜溃疡穿孔或形成青光眼，则病情加重。

慢性病例多发于老疫区或疫病流行后期，可见肝腹水、肝脑病、消瘦、青光眼等。

4. 剖检变化

主要表现全身性败血症变化。在实质器官、浆膜、黏膜上可见大小、数量不等的出血斑点。浅表淋巴结和颈部皮下组织水肿、出血，腹腔内充满浅红色液体。肝肿大，呈斑驳状，表面有纤维素附着。胆囊壁水肿增厚，灰白色，半透明，胆囊浆膜被覆纤维素性渗出物。脾肿大、充血。肾出血，皮质区坏死。肺实变。肠系膜淋巴结肿大、充血。中脑和脑干后部呈两侧对称性出血。

技能22 犬传染性气管支气管炎的诊断与治疗

1. 诊断

根据病史、临床症状、治疗效果和流行状况，可做出初步诊断。血液检查、胸部X光透视，以及对痰液进行细菌培养、病毒分离等有助于确诊。

2. 治疗

采取病原疗法和对症疗法相结合的治疗原则。

(1)病原疗法　针对不同病毒感染，采用相应的抗血清。

(2)防止细菌感染　阿莫西林每千克体重20～25 mg，口服，或强力霉素(多西环素)每千克体重5～10 mg、恩诺沙星每千克体重2.5～5 mg，每天2次，连用7～10 d。或用氨苄西林每千克体重100 mg，肌内注射，每天2次，连用5～7 d。

(3)对症疗法　镇咳，用右美沙芬每千克体重1～2 mg，或布托啡诺(环丁甲二羟吗喃)每千克体重0.5 mg，口服，每天2次。喷雾治疗，用灭菌生理盐水加庆大霉素，或卡那霉素、多黏菌素B予以喷雾，每次10～20 min，每天2～4次。如咳喘严重时，用氨茶碱每千克体重10 mg，肌内注射，或用葡萄糖酸钙混入生理盐水内缓慢滴入，每天1次。

(4)中药治疗　百部30 g，生石膏60 g，浙贝母15 g，大青叶30 g，连翘15 g，山豆根20 g，金银花30 g，甘草10 g。水煎2次，合并药液，1次灌服，每天1剂，连用4 d。

(5)针灸治疗　阿米卡星(丁胺卡那霉素)每千克体重10 mg，或用氨苄西林每千克体重0.1 g，身柱、肺俞和喉俞穴注射。

【相关知识】

犬传染性气管支气管炎又称为犬窝咳症、上呼吸道感染综合征，是由多种病毒引起的犬传染性呼吸器官疾病。临床上以咳嗽为特征。

1. 病原特征

引起本病的病原有犬副黏病毒(*Canine paramyxovirus*，CPmV)、犬疱疹病毒(*Canine herpesvirus*)、呼肠孤病毒(*Reovirus*)、犬腺病毒-1型(CAV-1)、犬腺病毒-2型(CAV-2)等。支气管败血波特氏杆菌、支原体等是常见的继发感染细菌。

2. 流行特点

本病的传染源为病犬和带毒(菌)犬，通过飞沫传染给易感犬。各龄犬都易感染，以幼犬多发，且症状严重，传播迅速，整窝幼犬内可迅速流行。多发于春秋季节，环境因素如寒冷、贼风、高湿度、拥挤而通风不良等可诱发本病。

3. 主要症状

本病典型的临床表现是频繁而剧烈的干咳伴干呕。晚间尤甚，病犬不断做干呕状，以清除喉头黏稠的分泌物，但一般全身症状轻微，精神尚好，食欲正常。若继发病毒和细菌感染，则可见咳嗽，体温升高，精神沉郁，食欲减退，呼吸困难，眼、鼻有黏液性或黏液脓性分泌物。重者可发生支气管肺炎，甚至危及生命。

4. 预防措施

对幼犬要严格按免疫程序，用六联苗接种。加强饲养管理，犬舍经常用3%～5%甲醛溶液喷雾或紫外线消毒。

技能23 狂犬病的诊断与防治

1. 诊断

根据病史、流行病学调查和临床特征可初步诊断。狂犬病的一个示病症状，是在海马回的椎体细胞以及小脑的细胞内出现胞浆内嗜酸性包涵体。

此外，血清中和试验、酶联免疫吸附试验(ELISA)以及聚合酶链反应(PCR)等实验室检查有助于确诊。

2. 治疗

临床症状明显的犬，一律捕杀并做无害化销毁，对可疑病犬严格隔离，防止与其他动物或人接触，必要时对其实施安乐死。

3. 预防

注射疫苗是控制狂犬病的最佳方法。灭活苗在3～4月龄对犬和猫首免，二免在首免后3～4周进行，二免后每隔1年免疫一次。

本病最大的危害是对人类的威胁。如人被可疑病犬咬伤，伤口应立即彻底消毒，先用肥皂水清洗，再用3%～5%碘酊消毒，并迅速进行免疫接种。

【相关知识】

狂犬病，俗称疯狗病，是由狂犬病病毒引起的所有温血动物的一种急性直接接触性传染病。临床上以狂躁不安、行为反常、攻击人畜、进行性麻痹和最终死亡为特征。

1. 病原特性

狂犬病病毒属弹状病毒科、狂犬病病毒属，核酸类型为单股RNA。经中和试验证实该病毒群有4个血清型。

狂犬病病毒对环境的抵抗力很弱，巴氏消毒和煮沸2 min均可将其杀死，紫外线照射、0.1%新洁尔灭溶液、1%甲醛溶液、3%来苏儿溶液、60%～75%酒精能很快使之灭活。

2. 流行特点

几乎所有温血动物都对狂犬病病毒易感。犬猫等动物对狂犬病病毒高度易感，有人认为狂犬病病毒在野生动物中感染普遍，但并不都表现临床症状，是本病的重要疫源地。

病毒主要存在于患病动物的脑组织、唾液腺和唾液内，主要通过咬伤的皮肤、黏膜感染，也可通过气溶胶经呼吸道感染。人误食患病动物的肉或动物间相互蚕食可经消化道感染。在犬、牛及其他实验动物中也有经胎盘垂直传播的报道。

本病一年四季均可发生，春夏季发病率稍高，可能与犬的性活动相关。本病流行的连锁性特别明显，以一个接着一个的顺序呈散发形式出现。伤口部位越靠近头部和前肢或伤口越深，发病率越高。年龄与性别之间无差异。

3. 主要症状

本病潜伏期长短不一，一般20～60 d，最短8 d，最长数月甚至数年。潜伏期的长短与咬伤的部位深度、咬伤部位到中枢的距离、病毒的数量与毒力等均有关系。临床分为前驱期、狂暴期和麻痹期。

患犬前驱期行为异常，往往有逃跑或躲避趋势，喜在暗处，体温无明显变化，主人对其爱抚或为其洗澡时，往往被咬。狂暴期病犬兴奋性明显增高，到处奔走，夹尾而行，沿途随时可能扑咬人畜。此期病犬行为凶猛，间或神志清楚，重新认识主人；拒食或出现贪婪性狂食、异嗜，有时发生自咬和呕吐现象。经过2～4 d的狂暴期，进入麻痹期。此期病犬下颌下垂，舌脱出于口外，严重流涎，吞咽困难，后躯麻痹，行走摇摆，卧地不起，昏睡，最后因呼吸麻痹或衰竭而死。

患猫前驱期特点是发生低热和明显的行为改变，常躲在暗处，当人接近时突然攻击。狂暴期肌颤，瞳孔散大，流涎，背弓起，爪伸出，呈攻击状。因其行动迅速，又喜欢攻击头部，因此比犬的危险性更大。麻痹期表现运动失调，后肢明显。头、颈部肌肉麻痹时，叫声嘶哑。随后惊厥、昏迷而死。整个病程持续 2～4 d。

技能24　伪狂犬病的诊断与防治

1. 诊断

根据流行特点、临床症状和病理变化可以做出初步诊断。确诊需进行病毒分离和鉴定。临床上常用动物试验诊断本病。将病料制成 10 倍稀释的乳剂，取 1 mL 接种于家兔皮下或肌肉内，2～3 d 后，注射局部出现剧痒为阳性。

2. 治疗

目前尚无特效疗法。对无治疗价值的病犬、猫应及早捕杀，做无害化处理；对名贵种犬、猫，早期应用抗伪狂犬病病毒的高免血清可取得一定疗效。同时配合抗生素以控制继发感染。

3. 预防

加强灭鼠，经常对笼、舍、垫草等进行消毒，及时清理粪尿，避免犬、猫与猪接触，严格隔离患病动物。禁用生猪肉饲喂犬、猫。目前国内尚无理想的疫苗。

【相关知识】

伪狂犬病是由伪狂犬病病毒引起的犬、猫和其他家畜及野生动物共患的一种急性传染病。临床上主要以奇痒和脑脊髓炎为特征。

1. 病原特征

伪狂犬病病毒属疱疹病毒科、甲型疱疹病毒亚科。核酸为双股 DNA，有囊膜。病毒仅有 1 个血清型，但不同毒株的毒力有所差异，同一毒株对不同动物的致病性也有所不同。5% 石炭酸 2 min、56 ℃以上温度、紫外线、福尔马林、乙醚、氢氧化钠等均能将其灭活。

2. 流行特点

犬、猫、牛、绵羊、鼠及猪等均可感染，患病动物极少康复。犬、猫常因吃病鼠、病猪内脏经消化道感染，亦可经皮肤伤口感染。但犬与犬之间，犬与猫之间很少传染。

3. 主要症状

潜伏期一般为3～6 d，少数达10 d。病犬表现精神沉郁，流涎，瘙痒。患病动物凝视，舐擦皮肤，而后用牙或爪搔抓、啃咬，难以自控，用头部摩擦墙壁、木桩等物，致使皮肤受损、糜烂。随着病情发展，痒感剧烈，动物疯狂地抓咬、摩擦破损处皮肤，致使皮肤严重损伤，有的类似狂犬病样发展，啃咬或撕碎各种物体，攻击人或其他动物。病程2～4 d，最后痉挛死亡，死亡率可达100%。

患猫症状与病犬相似，烦躁不安，发出痛苦的叫声，呈犬坐姿势，神经过敏。剧烈瘙痒，搔抓头部，致使皮肤破损、发炎，甚至咬伤舌头。继而运动失调，昏迷，多在症状出现后18 h以内死亡。

4. 剖检变化

无特征病变，仅见局部损伤和因自身搔抓造成的皮肤破溃，以面部、头部、肩部较为常见，皮下呈弥漫性出血。局部淋巴结肿胀、充血，肺水肿。有的病例脑膜充血，脑脊液增加。

技能25 犬冠状病毒感染的防治

1. 预防

用犬冠状病毒灭活苗或弱毒苗进行预防注射。由于病犬粪便中含有大量犬冠状病毒，所以对病犬的严格隔离和保持良好的卫生条件尤为重要。一旦有该病发生，如不进行粪便处理和适当的消毒，就会在犬群中迅速传播。

2. 治疗

以病原疗法和对症治疗相结合。

(1)病原疗法　注射特异性抗血清。

(2)控制继发感染　肌内注射氨苄西林或头孢菌素，每千克体重100 mg，每天1～2次，连用3～4次；将庆大霉素、丁胺卡那霉素等溶于补液盐中，口服。

(3)对症治疗　剧烈呕吐时肌内注射胃复安；腹泻时注射盐酸山莨菪碱。

(4)支持疗法　用复方生理盐水每千克体重30～50 mL，加入50%葡萄糖注射液20～40 mL、病毒唑(利巴韦林)100 mg、三磷酸腺苷20 mg、辅酶A 50 IU、维生素C 0.5 g，1次静脉注射，每天1～2次，连用3 d，如有酸中毒需加入碳酸氢钠。

(5)中药治疗　葛根5 g，黄芩3 g，黄连2 g，地榆3 g，神曲4 g，山楂4 g，木香1 g，甘草 2 g。以上为体重5 kg的犬1次用量，水煎取汁，候温灌服或直肠注入，每天1剂，连用4～6 d。

(6)针灸治疗　盐酸山莨菪碱(654-2)每千克体重1 mg，庆大霉素每千克体重1万IU，混合后于后海穴注射，每天1次，早期治疗只需注射1～2次。

【相关知识】

犬冠状病毒是由犬冠状病毒引起的犬的一种急性胃肠道传染病。临床上以剧烈腹泻、呕吐及迅速脱水衰竭为特征。

1. 病原特征

犬冠状病毒属冠状病毒科、冠状病毒属，核酸型为单股 RNA，有囊膜。只有 1 个血清型，但存在毒力不同的毒株。病毒对紫外线、甲醛、氯仿、乙醚、脱氧胆酸盐等敏感。

2. 流行特点

传染源主要是病犬和带毒犬，病犬经呼吸道、消化道随口涎、鼻液和粪便向外排毒，污染饲料、饮水、笼具和周围环境，直接或间接地传给易感性的动物。犬冠状病毒仅感染犬科动物，不同年龄、性别、品种均可感染，6 周到 6 月龄幼犬的发病率和死亡率较高。一年四季均可发生，以冬季多发。过高的饲养密度、较差的饲养卫生条件、断乳、分窝、调运以及气温骤变等因素都会提高感染和发病的概率。

3. 主要症状

潜伏期 1～3 d。本病传播迅速，数日内即可蔓延至全群。病犬嗜睡、衰弱、厌食，最初可见持续数天的呕吐，随后开始腹泻，粪便呈粥样或水样，黄绿色或橘黄色，恶臭，混有数量不等的黏液，偶尔可在粪便中看到少量血液。幼犬症状严重，成犬症状缓和，且预后良好。

本病临床上很难与犬细小病毒感染的区别，只是犬冠状病毒感染时间更长，且具有间歇性，可反复发作。

4. 剖检变化

尸体严重脱水，腹部增大，腹壁松弛，胃及肠管扩张。肠壁薄，肠内充满白色或黄绿色液体，肠黏膜充血、出血、脱落，肠系膜淋巴结肿大；胃黏膜脱落、出血，胃内有黏液。胆囊肿大。小肠有时可见套叠。

5. 诊断

本病流行特点、临床症状、病理剖检缺乏特征性变化，很难与犬细小病毒感染及其他胃肠感染区分，确诊必须依靠病毒分离、电镜观察和血清学检验。

技能 26　犬轮状病毒感染的防治

1. 预防

本病目前尚无有效的疫苗。主要是做好饲养管理，保证幼犬能摄食足量的初乳，提高抗病能力，执行综合性防疫措施，彻底消毒，消除病原。

2. 治疗

应立即将病犬隔离到清洁、干燥、温暖的场所。如为哺乳期应停止喂奶，改用葡萄糖甘氨酸溶液（葡萄糖 43.2 g、氯化钠 9.2 g、甘氨酸 6.6 g、柠檬酸 0.52 g、柠檬酸钾 0.13 g、无水磷酸钾 4.35 g，溶于 2 000 mL 水中）给病犬自由饮用，也可输以葡萄糖生理盐水和 5%碳酸氢钠溶液，以防脱水、脱盐。治疗应以消除病原和对症治疗为原则。

（1）病原疗法　注射抗病毒药物如聚肌胞、利巴韦林等，同时配合应用免疫增强剂转移因子。

（2）防止继发感染　可选用丁胺卡那霉素、氨苄西林、头孢类抗菌药等抗生素和磺胺类药物。

（3）对症治疗　剧烈呕吐时，用胃复安每次 10 mg，肌内注射；泻粪如水时，用活性炭每千克体重 10 mg，分 3 次口服，连用 2～3 d；便血时用止血敏、维生素 K_1 肌内注射。

（4）支持疗法　静脉注射复方生理盐水每千克体重 30～50 mL、50%葡萄糖注射液每千克体重 5～10 mL，另加三磷酸腺苷 20 mg、辅酶 A 50 IU、维生素 C 0.5 g、盐酸山莨菪碱 10 mg，静脉注射，每天 1～2 次，连用 3 d。

【相关知识】

犬轮状病毒感染是由犬轮状病毒引起的犬的一种急性胃肠道传染病。临床上以腹泻为特征。

1. 病原特征

犬轮状病毒属呼肠孤病毒科轮状病毒属，核酸型为双股 RNA。病毒对 0.01%碘溶液、1%次氯酸和 70%乙醇敏感。

2. 流行特点

传染源主要是病犬和隐性带毒犬，含有病毒的粪便污染用具和周围环境，以消化道传播为主。本病主要侵害新生幼犬，成年犬多呈亚临床感染。多发于晚冬至早春的寒冷季节。

3. 主要症状

病初精神沉郁，持续呕吐和腹泻，排黄绿色稀便，夹杂中等量黏液，严重病例粪便中混有少量血液。病犬被毛粗乱，肛门周围皮肤被粪便污染，轻度脱水。成年犬症状轻微，可自愈。

4. 剖检变化

病变主要集中在小肠，肠壁变薄，肠内容物呈黄绿色，严重者肠黏膜脱落、坏死，有的肠段弥漫性出血，肠内容物中混有血液。

5. 诊断

根据流行病学、临床症状可初步诊断，确诊需做病毒分离和血清学检验。

技能27 犬副流感病毒感染的诊断与预防

1. 诊断

由于本病和疱疹病毒、Ⅱ型腺病毒、呼吸型犬瘟热病毒、呼肠孤病毒感染等十分相似，根据临床症状很难确诊。确诊必须做病毒分离与鉴定。在发病早期，采取呼吸道分泌物，以除菌上清液接种鸡胚成纤维细胞，若出现多核融合细胞，细胞具有吸附豚鼠红细胞特性，或培养物可凝集绵羊或人红细胞，并可被特异性抗体抑制，即可确诊。

2. 预防

加强饲养管理，定期消毒，减少诱发因素。发现病犬，及时隔离治疗。定期用犬五联苗按免疫程序进行预防注射。

【相关知识】

犬副流感病毒感染是由犬副流感病毒引起的以急性呼吸道炎症为主的呼吸道传染病。临床上主要以发热、黏液性鼻液、喷嚏、咳嗽等症状为特征。

1. 病原特征

犬副流感病毒属副黏病毒科、Ⅱ型副流感病毒亚群。病毒不稳定，pH 为 3 和 37 ℃可迅速灭活病毒。对氯仿和乙醚敏感，季铵盐类(如新洁尔灭)是有效消毒剂。

2. 流行特点

各种性别、年龄和品种的犬均易感，但以幼犬、弱犬及卫生条件差、饲养环境突然改变、过度拥挤等应激状态下的犬最易感。易感犬通过吸入带毒飞沫而感染发病。

3. 主要症状

突然发病，病初精神不振，体温升高到 40～41 ℃，咳嗽，打喷嚏，鼻镜干燥，流浆液性、黏液性和脓性鼻液。眼结膜潮红，流泪。听诊肺区呼吸音粗。单纯性感染常可在 3～7 d 自然康复，继发感染后咳嗽可持续数周，甚至死亡。

4. 治疗方法

无特效药物。主要是防止继发感染和对症治疗。

(1)抗病毒、控制继发感染　病毒唑(利巴韦林)100 mg,复方氨基比林 2～4 mL,青霉素每千克体重 2 万～4 万 IU,庆大霉素每千克体重 3 万 IU,肌内注射,每天 2 次,连用 5 d。

(2)对症治疗　体温升高者,肌内注射板蓝根注射液 2～4 mL;咳嗽剧烈者,肌内注射氨茶碱每千克体重 10 mg,或地塞米松 2～5 mg,并口服复方甘草片。

技能28 猫泛白细胞减少症的防治

1. 预防

平时应加强饲养管理,注意环境卫生,增强猫的体质和抗病能力。冬末至春季为流行季节,对易感猫应禁止外出,以防接触病猫。及时给猫预防接种。对于怀孕猫,最好接种灭活苗;幼猫在 7～9 周龄接种弱毒疫苗,到 84 d 进行第 2 次接种,112 d 进行第 3 次接种,以后每年进行强化接种 1 次。

2. 治疗

以特异性治疗为主,配合对症治疗。注意禁食禁水。

(1)特异性治疗　猫细小病毒单克隆抗体,每千克体重 1～2 mL,肌内或皮下注射,每日或隔日 1 次,连用 2～3 次。

(2)对症治疗　呕吐严重的猫,注意补充钾;腹泻严重的猫,注意补充碳酸氢钠;呕吐不止的猫,可用氯丙嗪或苯巴比妥镇静止吐。

(3)支持疗法　首选林格氏液或乳酸林格氏液与 5%葡萄糖注射液,以 1∶(1～2)的比例输入,其输液量一般是每千克体重 50 mL 左右。

(4)控制继发感染　根据病情应用抗生素,如头孢菌素类、喹诺酮类等。

(5)中药治疗　黄连 15 g,黄柏 5 g,三棵针 15 g,半边莲 15 g,大黄 15 g,白头翁 15 g,花生衣(研细,冲)15 g。水煎取汁,候温灌服,分早晚 2 次服完,每天 1 剂,连用 2～3 d。

(6)针灸治疗　抗血清 2～5 mL,大椎穴注射。腹泻严重时,氨苄西林每千克体重 0.1 g,后海穴注射。剧烈呕吐时,用胃复安每次 10 mg,脾俞穴注射。

【相关知识】

猫泛白细胞减少症又称猫瘟热、猫传染性肠炎、猫细小病毒病,是由猫细小病毒引起的猫及猫科动物的一种急性高度接触性传染病。临床上以患猫突发高热、呕吐、腹泻、脱水及白细胞减少为特征。

1. 病原特征

猫细小病毒属细小病毒科细小病毒属。核酸型为单股 DNA。0.5%的甲醛溶液和次氯酸能有效地将其杀灭。

2. 流行特点

病猫和病愈后的带毒猫是本病的传染源。病毒随粪、尿、唾液和呕吐物排出体外，污染饲料、饮水、用具及周围环境，主要通过直接接触或经消化道传染，各种年龄的猫均可感染，以1岁以下的幼猫较易感，发病率占80%以上，流行迅速而广泛，多呈急性经过，死亡率达90%以上。以冬末至春季多发，尤以3月份发病率最高。

3. 主要症状

潜伏期2～9 d。

最急性型，患猫不显临床症状而立即倒毙，往往误认为中毒。

急性型，呈非典型症状，常在24 h内死亡。

亚急性型，病程7 d左右。体温可升至40～41 ℃，有双相热现象。第一次体温往往于24 h左右降至常温，2～3 d后体温再次升高。病猫精神不振，被毛粗乱，厌食，严重呕吐，呕吐物呈胃、胆分泌物状。腹泻，排带血的水样便。脱水，体重迅速下降。腹壁紧张，眼、鼻流出脓性分泌物，通常在体温第二次升高达高峰后不久死亡。年龄较大的猫感染后，症状轻微，体温轻度上升，食欲不振，白细胞数轻度减少。妊娠母猫可造成流产和死胎。

4. 剖检变化

以出血性肠炎为特征。胃肠道空虚，整个胃肠道的黏膜面均有不同程度的充血、出血、水肿及被纤维素性渗出物覆盖，其中空肠和回肠的病变尤为突出，肠壁严重充血、出血、水肿，致肠壁增厚似乳胶管样，肠腔内有灰红或黄绿色的纤维素性坏死性假膜或纤维素条索。肠系膜淋巴结肿大，切面湿润，呈红、灰、白相间的大理石样花纹，或呈一致的鲜红或暗红色。

5. 诊断

根据病史、症状及流行病学调查可做出初步诊断。血液检查发现白细胞减少，且白细胞数减少程度与病变的严重程度呈正相关关系。血凝抑制试验和免疫荧光试验有助于确诊。

技能29 猫白血病的防治

1. 预防

目前尚无有效疫苗可供使用。最有效的预防措施是建立无猫白血病病毒的健康猫群。引进外地猫时必须隔离饲养1个月，经2次免疫荧光抗体法检测，证明无白血病病毒感染后才可混群饲养。

2. 治疗

本病目前尚无有效治疗药物，一旦确诊，应立即扑杀。猫白血病的潜伏期一般较长，症状多种多样。

【相关知识】

猫白血病是由猫白血病病毒和猫肉瘤病毒引起的一种恶性肿瘤性传染病。本病的主要特征是恶性淋巴肿瘤、骨髓性白血病、胸腺萎缩和非再生性贫血。

1. 病原特征

病原为反转录病毒科的猫白血病病毒和猫肉瘤病毒。猫肉瘤病毒为免疫缺陷病病毒，只有在猫白血病病毒的协助下才能在细胞中复制，在猫肉瘤病毒分离物中均有猫白血病病毒的出现。两种病毒的结构、形态极其相似。根据囊膜抗原的不同，白血病病毒可分成A、B、C三个亚群(或血清型)。A、B亚群易从猫体内分离出，C亚群则不常见。A亚群致病作用很弱，但病毒血症时间持久；B亚群不易建立病毒血症，但致病作用最强。实验证明，猫白血病病毒A能促进猫白血病病毒B在猫体中的生长和传播；C亚群主要引起骨髓红细胞系发育不全，导致贫血。

猫白血病病毒对乙醚和胆盐敏感，加热56 ℃、30 min可灭活，常用消毒剂及pH为4.5以下酸性环境能灭活，但对紫外线有一定的抵抗能力。

2. 流行特点

猫白血病病毒主要引起猫感染，在猫群中以水平传播为主要方式，病毒通过消化道和呼吸道传播。处于潜伏期的猫可通过唾液排出高滴度的病毒。不同性别和品种间无差异，幼猫较成年猫易感。

3. 诊断方法

根据病史、临床症状和流行状况的调查可做出初步诊断，实验室诊断中最便捷的方法是用病猫的血涂片做免疫荧光抗体检查，可检出感染细胞中的抗原。

4. 主要症状

(1)与猫白血病病毒相关的肿瘤疾病

①消化道淋巴瘤。主要以肠道淋巴组织或肠系膜淋巴结出现B细胞性淋巴瘤为特征。表现食欲减退，体重减轻，黏膜苍白，贫血，有时有呕吐或腹泻等症状。在病猫的腹部可触摸到肿瘤块。此型较多见，约占全部病例的30%。

②多发性淋巴瘤。全身多处淋巴结肿大，身体浅表的病变淋巴结常可用手触摸到。瘤细胞常具有T细胞的特征。临床表现日渐消瘦、精神沉郁等一般症状。此型病例约占20%。

③胸腺淋巴瘤。在胸前两侧可触摸到肿块，主要在胸腔纵隔淋巴结和胸腺形成肿瘤，充满胸腔。由于肿瘤形成和胸腔积液增多，压迫心肺，引起呼吸和吞咽困难，重者发生虚脱。该型常发生于青年猫。

④淋巴白血病。表现为初期骨髓细胞的异常增生。由于白细胞引起脾脏红髓扩张会导致恶变细胞的扩散及脾脏肿大，肝常肿大，淋巴结轻度至中度肿胀。临床上出现间歇热，食欲下降，机体消瘦，黏膜苍白，黏膜和皮肤上出现出血点，血液学检查可见白细胞总数增多。

(2)与猫肉瘤病毒有关的免疫抑制　主要与细胞损害和细胞发育障碍有关，表现为胸腺萎缩，淋巴结减小，中性粒细胞减少，骨骼红细胞系发育障碍。病猫表现贫血，消瘦，抗病能力下降，易感其他疾病，白细胞减少。

技能30 猫传染性腹膜炎的诊断与治疗

1. 诊断

根据流行特点、临床症状可做出初步诊断，确诊需做组织病理学检查。渗出型出现典型的胸腔和腹腔积液，渗出液呈淡黄色，黏稠，蛋白含量高，摇晃时容易出现泡沫，静置可发生凝固，含有大量巨噬细胞和中性粒细胞。具有中枢神经系统和眼部病变的患猫，脑脊液和眼房液中蛋白含量增加。

2. 治疗

目前尚无有效的特异性治疗药物。出现症状的猫一般预后不良。临床上常采用支持疗法。用泼尼松每千克体重 4 mg，口服，每天 1 次，或与环磷酰胺(每千克体重 2 mg，口服，每天 1 次)合用，但只能延长寿命，不能治愈。

【相关知识】

猫传染性腹膜炎是由猫冠状病毒引起的猫科动物的一种慢性进行的致死性传染病。临床上以腹膜炎和腹水为特征。

1. 病原特征

猫冠状病毒属冠状病毒科、冠状病毒属，核酸型为单股 RNA。对外界环境抵抗力不强，室温下 1 d 可失去活性。一般常用消毒药均可将其杀死。

2. 流行特点

猫冠状病毒可感染各种年龄的猫，以 1～2 岁的猫及老年猫(大于 11 岁)发病最多。本病自然感染的确切途径尚未完全清楚，一般认为经消化道感染或经吸血昆虫、蚤、虱传播，病猫从粪尿中可排出病毒，也可经胎盘垂直传播。不同品种、性别的猫均易感，但纯种猫发病率高于一般家猫。该病呈地方性流行，一旦发病，死亡率几乎100%。

3. 主要症状

发病初期症状不明显或不具特征性症状，病猫体重减轻。食欲减退或间歇性厌食。随后表现体温升高至 39.7～41 ℃，可见有较轻的呼吸道症状。临床症状分为渗出型和非渗出型两种。

(1)渗出型　又称水液滞留型，发病 7～40 d 后，可见有明显的腹围增大，腹腔内积有大量腹水，腹壁触诊时一般没有明显的疼痛。母猫发病时，常可误认为是妊娠。随着腹围逐渐增大，有时可见胸腔积液及心包腔积液。病猫表现呼吸困难，贫血，消瘦，经数周后衰竭死亡。

(2)非渗出型　几乎不发生腹水或胸腔积液。主要侵害眼、中枢神经、肾和肝等组织器官。眼部感染可见角膜水肿，角膜上有沉淀物，虹膜睫状体发炎，眼房液变红，眼前房内有纤维蛋白凝块，患病初期多见有火焰状网膜出血；中枢神经受损时表现后躯运动障碍，共济失调，痉挛，背部感觉过敏；肝脏受侵害的病例，可发生黄疸、消化不良等症状；肾脏受侵害时，常能在腹壁触诊到肾脏肿大，蛋白尿，病猫出现进行性肾功能衰竭等症状。

4. 预防

目前国内尚无有效疫苗用作预防。平时应搞好猫舍卫生，及时清扫粪便，定期消毒。消灭猫舍内的吸血昆虫及啮齿类动物有助于控制本病。

技能31　猫Ⅰ型疱疹病毒感染的诊断与防治

1. 诊断

根据临床症状和流行病学特点可做出初步诊断，确诊需进行病毒分离、鉴定。采取急性感染猫的结膜拭子或咽拭子接种猫肾细胞，如出现典型细胞病变即可确诊。对结膜、鼻黏膜刮片或活检组织片进行组织学或免疫荧光检测，可发现典型的核内疱疹病毒包涵体。

2. 预防

目前猫传染性鼻支气管炎、猫瘟热、猫传染性鼻结膜炎三联弱毒苗在临床上已被广泛使用。加强饲养管理，搞好环境卫生是预防本病的根本措施。平时应尽量减少应激因素，将猫饲养于通风良好的环境中。带毒母猫不宜再做种用，以免造成新生仔猫的感染。

3. 治疗

目前尚缺乏特效药，治疗常采用抗菌药物防止继发性感染，并配合支持和对症治疗。

(1)抗病毒、控制继发感染　使用利巴韦林、干扰素，以提高机体免疫力；应用庆大霉素或氨苄西林配合磺胺类药物肌内注射。

(2)支持疗法　当病猫进食量太少或有脱水症状时，应及时强心补液，给予葡萄糖、维生素 C、辅酶 A、三磷酸腺苷等营养能量制剂。

(3)对症疗法　若有溃疡性角膜炎时，可用 1%三氟哩啶(曲氯尿苷)溶液，或氯霉素眼药水滴眼，每 8 h 滴 1 次，如有鼻窦炎时也可用上药滴鼻。

【相关知识】

猫Ⅰ型疱疹病毒感染是由猫疱疹病毒Ⅰ型引起的猫的一种急性、高度接触性上呼吸道传染病。临床上以频繁喷嚏、流泪以及鼻炎、支气管炎或肺炎为特征，故有时又称猫传染性鼻肺炎。由于此病常与传染性鼻结膜炎并发，临床常合称为猫上呼吸道感染综合征。

1. 病原特征

猫疱疹病毒Ⅰ型属疱疹病毒科甲型疱疹病毒亚科，具有疱疹病毒的一般特征。病毒仅有1个血清型，可吸附和凝集猫红细胞，利用此特点可采用血凝试验及血凝抑制试验检测病毒抗原和抗体。病毒对外界环境抵抗力较弱，对酸、热和脂溶剂敏感，甲醛和酚易将其杀灭。

2. 流行特点

病猫和带毒猫通过唾液、泪液和鼻液大量散毒，通过易感猫的口、鼻直接接触感染，怀孕猫感染可将病毒传给胎儿，也可通过交配传播。成猫和幼猫均可感染，但幼仔特别易感，且死亡率高。

3. 主要症状

潜伏期2～6 d。传播迅速，常突然发病，病初患猫体温升高，达40 ℃左右。病猫的临床表现多种多样。有的病例体温升高，精神沉郁，食欲减少，体重减轻；有的主要表现呼吸道症状和结膜-角膜炎，病猫频繁出现咳嗽、打喷嚏和鼻分泌物增多，有黏液性眼屎，因口炎、溃疡性舌炎而流涎、口臭，被毛粗乱；有的出现生殖器官病变，如阴道炎和流产等。重症病例主要呈现结膜-角膜炎、鼻炎、支气管炎和肺炎等症状。带病毒的母猫所产的仔猫可被感染发病，表现体衰，嗜睡，腹式呼吸等症状，有的未出现症状即死亡。耐过病猫，7 d后症状逐渐缓和并痊愈。

部分病猫转为慢性，表现为持续咳嗽，呼吸困难、鼻窦炎和结膜-角膜炎；严重病例鼻甲及黏膜充血、溃疡，甚至扭曲变形，角膜树枝状溃疡，溃疡加深则穿孔，进一步扩散，导致全眼球炎，造成永久失明。

技能32 猫传染性鼻结膜炎的症状表现与治疗

1. 症状

潜伏期2～3 d。一般只引起猫口腔和上呼吸道病症。初期发热至39.5～40.5 ℃。特征性症状是发生口腔溃疡，常见于舌和硬腭，尤其是腭中裂周围。有时鼻黏膜也可出现类似病变。病猫精神欠佳，打喷嚏，口腔和鼻、眼分泌物增多，有时出现流涎和角膜炎。鼻、眼分泌物初为浆液性、灰色，后呈黏液性，4～5 d后变为黏液脓性。病毒毒力较强时，可发生肺炎，呼吸困难，肺部有干性或湿性啰音，小于84日龄的猫常可因此致死。某些毒株仅能引起发热和肌肉疼痛而无呼吸道症状。若无其他病毒感染(如传染性鼻支气管炎)和细菌感染，大多能耐过，7～10 d 后症状消失而成为带毒者。

有的病猫表现发热，关节肿胀、疼痛、肌肉疼痛，跛行。但易被忽略，多在 2～4 d 内消失。

2. 治疗

本病无特异性疗法。可根据具体情况采用抗菌消炎和对症治疗措施。发生结膜炎的病猫，可用金霉素或氯霉素眼药水滴眼；发生鼻炎的病猫，可用麻黄素、氢化可的松和庆大霉素滴鼻；口腔溃疡严重时，可涂擦碘甘油或结晶紫。

中药治疗　取青黛、黄连、黄柏、薄荷、桔梗、儿茶各等份为细末，装于纱布袋中，用水浸湿后衔于口中，两端用带子固定于头颈之上，给食时取下，每天 1 次，连用 2～3 d。

【相关知识】

猫传染性鼻结膜炎是由猫杯状病毒引起的猫的一种多发性口腔和呼吸道传染病。临床上以发热、口腔溃疡、鼻炎或关节炎、风湿性跛行等为特征。

1. 病原特征

猫杯状病毒属杯状病毒科、杯状病毒属，核酸型为单股 RNA。该病毒无血凝性，只有 1 个血清型。对脂溶剂如乙醚、氯仿和脱氧胆酸盐具有抵抗力，pH 为 4～5 时稳定，pH 为 3 则失去活力。50 ℃、30 min 灭活，2%氢氧化钠溶液能使之灭活。

2. 流行特点

传染源主要是病猫和带毒猫。病猫在急性期可随分泌物和排泄物排出大量病毒，通过直接接触传播或通过空气传播。带毒猫虽临床症状消失，但可长期排毒，是最重要和最危险的传染源。自然条件下，仅猫科动物易感，常发于 8～12 周龄的猫。拥挤、应激、较差的饲养环境可促使本病的发生或加重病情。

3. 诊断方法

根据病史、临床病状以及流行病学调查，可做出初步诊断。由于多种病原均可引起猫的呼吸道疾患，且症状非常相似，故确诊较为困难。可用眼结膜刮取物、鼻腔分泌物和咽部及溃疡部组织做荧光抗体染色，检测抗原。

4. 预防措施

目前国外已有猫杯状病毒弱毒疫苗。预防本病联苗为猫杯样病毒、猫传染性鼻气管炎、猫泛白细胞减少症的三联苗。一般用于 3 周龄以上小猫，以后每年免疫 1 次。该病康复猫带毒可达 35 d 之久，故对其应严格隔离，搞好猫舍清洁卫生，及时消毒，防止病毒扩散。

任务4　细菌性传染病

技能33　钩端螺旋体病的诊断与防治

1. 诊断

根据流行特点、临床症状以及剖检发现以肝、肾、心为主的出血、坏死、炎症等病变做出初步诊断，确诊需做病原学检查和血清学检验。

（1）病原学检查　采集新鲜尿液、肾组织或肝组织病料做涂片，以吉姆萨及镀银染色，可见着色的菌体，或将上述病料处理后，用暗视野显微镜检查，可见运动着的钩端螺旋体。

（2）血清学检验　在发病早期，血清中即可出现特异性抗体，并能维持相当长的时间。检测特异性抗体的存在及其滴度上升的情况，即可做出诊断。常用微量凝集试验和补体结合试验。

①微量凝集试验。是诊断钩端螺旋体的标准方法。由于钩端螺旋体抗原的复杂性，有必要以多种抗原检验同一份血清。一般初步诊断后应尽快取第1份血清，2～4周后取第二份血清，后者比前者高出4个滴度时，即可基本上确诊为钩端螺旋体感染。

②补体结合试验。宠物感染发病后3～4 d，其血中就有补体结合性抗体出现，第4周达到高峰，并能维持一年之久，故对该病的早期诊断和流行病学调查有价值。抗原为多价抗原，样本血清滴度在1∶20以上者，或双份血清滴度升高4倍以上者判为阳性。

2. 预防

目前用于预防犬钩端螺旋体的菌苗有犬钩端螺旋体和出血性黄疸钩端螺旋体二价菌苗，以及流感伤寒钩端螺旋体和波摩那钩端螺旋体的四价菌苗，通过间隔2～3周进行3次或4次注射，一般可保护1年。对犬群定期检疫，做好驱虫和灭鼠工作。加强卫生消毒，以减少疾病的传播机会。

3. 治疗

采用抗菌消炎和对症治疗。

（1）抗菌消炎　青霉素每千克体重4万～8万IU，每天1次或分为2次肌内注射；双氢链霉素每千克体重10～15 mg，肌内注射，每天2次。一般可先应用青霉素2周，待肾脏功能逐步恢复后改用双氢链霉素再用2周，如此可避免患犬长期带菌和排菌。亦可配合应用四环素或土霉素。

（2）对症治疗　有尿毒症表现者，用5%葡萄糖溶液每千克体重60 mL，肌苷2 mL，维生素C 2 mL，静脉注射；肝功能异常者，用维生素B_1 100～200 mg，口服，维生素B_{12} 0.1～0.2 mg，肌内注射，谷胱苷肽（谷胱甘肽）100～300 mg，口服或静脉注射；血便者，用止血敏或安络血，肌内注射；黄疸者，用肝泰乐（葡醛内酯），肌内注射；口腔发生溃疡时，可用0.1%高锰酸钾溶液冲洗，再涂以碘甘油。

（3）中药治疗　板蓝根、丝瓜络、忍冬藤、陈皮、石膏各10 g。前4种煎水后冲入石膏粉，分3次灌服，每天1剂，连用5 d。

（4）针灸治疗　青霉素每千克体重2万IU，百会或大椎穴注射，每天1次，连用4～5 d。

【相关知识】

犬钩端螺旋体病是由犬钩端螺旋体或出血性黄疸钩端螺旋体感染引起多种动物共患的自然疫源性传染病。临床上以发热、黄疸、出血、血红蛋白尿和肾区压痛等为特征。犬多发，猫少见。

1. 病原特征

钩端螺旋体菌体纤细，螺旋紧密缠绕，一端或两端弯曲呈钩状，长6～20 μm，宽0.1～0.2 μm，革兰氏染色阴性，但很难着色。吉姆萨染色呈淡红色。镀银染色法着色较好，菌体呈褐色、棕褐色。在暗视野检查时，常似细小的珠链状，菌体运动非常活泼，可见旋转、屈曲、前进、后退或围绕长轴做快速旋转。钩端螺旋体严格需氧，生长缓慢，培养基要求一定的酸碱度和添加一定量的血清。对干燥、次氯酸消毒剂敏感。

2. 流行特点

钩端螺旋体几乎遍布世界各地，尤其在气候温暖、雨量充沛的热带、亚热带地区，以江河两岸、湖泊、沼泽、池塘和水田地带为甚，几乎所有温血动物均可感染，而啮齿类动物特别是鼠类是重要的贮存宿主，多呈健康带菌，成为疫源地。病犬和带菌犬是主要传染源，从尿液间歇性或连续性排出钩端螺旋体，污染周围环境，如饲料、饮水、圈舍和其他用具等。甚至在临床症状消失后，体内有较高滴度抗体时，仍可通过尿液间歇地排菌达数月至数年。易感犬主要通过消化道感染，交配、皮肤创伤、胎盘垂直传播及吸血昆虫叮咬等也可传播本病。直接感染只能引起个别发病，间接通过被污染的水感染可导致大批发病。

本病流行高峰多为夏季和秋季，公犬发病率高，幼犬也容易发病，症状也较严重。饲养密度过大、饥饿及其他疾病使机体衰弱时，可使隐性感染者表现出临床症状，甚至死亡。

3. 主要症状

犬感染后的潜伏期为5～15 d。根据病因和病理主要表现为伤寒型和出血性黄疸型两种病型。

（1）伤寒型　主要由犬钩端螺旋体引起。犬钩端螺旋体又称伤寒型钩端螺旋体，故此型常简称伤寒型。以肾炎为主要特征。开始表现为发热、呼吸急促、呕吐。病犬黏膜充血、瘀血，并有出血斑点。可出现结膜炎、鼻炎和扁桃体炎症状。由于肾功能障碍，可出现少尿或无尿。耐过的病犬，其肾功能障碍症状通常于发病后2～3周恢复。有的病犬由于肾功能严重破坏，出现少尿、无尿、臭尿、脱水、肾衰，多经5～7 d死亡。

(2)出血性黄疸型 主要由出血性黄疸钩端螺旋体引起。表现为严重的钩端螺旋体血症。初期症状为发热(39.5～40 ℃)、震颤和广泛性肌肉触痛。而后出现呕吐、迅速脱水和微循环障碍，并可出现呼吸迫促，心率快而紊乱，毛细血管充盈不良。由于凝血功能不良及血管壁受损，可出现呕血、便血、黑粪症和体内广泛性出血。病犬极度沉郁，体温下降，有的尚未出现黄疸就死亡。还有部分病例在发热、呕吐以后，很快出现可视黏膜甚至皮肤黄疸，有的病犬全身呈黄色或棕黄色乃至粪便也呈棕黄色。严重病例，由于肝、肾损伤而出现尿毒症病状，口腔恶臭、昏迷或出现出血、溃疡性胃肠炎，多数以死亡为转归。

剖检可见，尸体可视黏膜呈黄疸样变化，浆膜、黏膜和某些器官表现出血。口腔黏膜、舌局灶性溃疡，扁桃体常肿大。呼吸道水肿，肺呈充血、淤血及出血变化，胸膜面常见出血斑点。肝肿大，色暗，质脆。肾肿大，表现有灰白色坏死灶，有时可见出血点，慢性病例可见肾萎缩及发生纤维变性。心脏呈淡红色，心肌脆弱，切面横纹消失，有时夹杂灰黄色条纹。胃及肠黏膜有出血斑点，肠系膜淋巴结出血、肿胀。

猫能感染多种血清型钩端螺旋体，从血清中可检出相应的特异性抗体，在临床上仅可见到比较轻的肾炎、肝炎病症，几乎见不到急性病例。

技能34 结核病的诊断与防治

1. 诊断

根据病史、临床症状和流行病学调查可以初步诊断，通过以下检查方法确诊。

(1)X线检查 肺部结核可见有钙化病灶或空洞影。

(2)皮内试验 在皮内注射结核菌素250u，观察皮肤肿块是否在判定标准以上。

(3)镜检 用鼻腔分泌物、痰液、乳汁等涂片，抗酸染色后镜检，可以直接看到结核杆菌。

2. 预防

定期对犬猫进行检疫，对阳性病例和可疑病例立即进行隔离。对患开放性结核犬、猫，无治疗价值者尽早扑杀，尸体焚烧或深埋。人或牛发生结核病时，与其经常接触的犬、猫应及时检疫。平时不用未消毒牛奶及生杂碎饲喂犬、猫。

3. 治疗

犬猫结核病可传染给人和其他动物，从公共卫生角度看，除非名贵品种的犬、猫在严格隔离条件下进行治疗外，通常对患病犬猫，尤其是开放性结核病例，应实施安乐死，并进行严格消毒。治疗主要采取病原疗法和对症疗法。

(1)病原疗法 利福平每千克体重10～20 mg，口服，每天2次；异烟肼每千克体重4～8 mg，口服，每天2～3次；链霉素每千克体重12 mg，肌内注射，每天3次(猫对链霉素较敏感，故不宜采用），连用 7 d，必要时重复 1 个疗程。以上化学药物不能真正杀死体内的结核杆菌，疗效主要在于控制病灶扩展和向外排菌，促进病灶愈合，从而逐渐走向痊愈。

（2）对症治疗　咳嗽严重者可用镇咳药，如咳必清（喷托维林）25 mg，复方樟脑酊 2～3 mL 或可待因 15 mg，口服，每天 3 次；体温升高者，可用解热药；继发感染时应选用适当的抗生素治疗；同时注意补充能量和保肝。

此外，应加强饲养管理，给动物以营养丰富的食物，增强机体自身的抗病能力。冬季应注意保暖。

【相关知识】

结核病是由结核分枝杆菌引起的人、畜、禽共患的慢性传染性疾病。临床上以在机体多种组织器官形成肉芽肿和干酪样或钙化病变为特征。犬、猫均可发病。

1. 病原特征

结核分枝杆菌为严格需氧菌，主要分为三个型，即人型、牛型和禽型。革兰氏染色阳性，不形成芽孢和荚膜，不运动，具有抗酸染色特性。常用齐尼二氏（Ziehl-Neelsen）染色法染色，本菌染成红色，非抗酸菌呈蓝色。结核分枝杆菌对外界因素尤其对干燥抵抗力较强，在干燥的痰中能存活 10 个月，在病变组织和尘埃中能生存 2～7 个月或更久，在水中可存活 5 个月，在粪便、土壤中可存活 6～7 个月，但对热比较敏感，60 ℃ 30 min 死亡。常用消毒药经 4 h 可将其杀死。本菌对磺胺类药物、青霉素及其他广谱抗生素均不敏感，但对链霉素、异烟肼、对氨基水杨酸和环丝氨酸等敏感。

2. 流行特点

犬和猫对三型结核菌都能感染，但以人型菌最为常见。主要通过呼吸道和消化道两种途径感染。当宠物主人患结核尤其开放性结核病时，很容易传染给犬和猫。牛型菌感染犬、猫主要通过喂饲未经加热消毒的结核病牛奶或有结核病灶的内脏，以及接触感染牛型菌的结核病人。偶见犬、猫感染禽结核杆菌。

3. 主要症状

犬、猫结核病多为亚临床感染，潜伏期长短不一，短的十几天，长的数月甚至数年才呈现症状，有时则在病原侵入部位引起原发性病灶。病犬、猫常表现低热、消瘦、嗜睡、无力、咳嗽、贫血、呕吐并伴有腹泻和食欲不振等一般虚弱症状。肺部结核，还常出现干咳、咯血、呼吸喘粗，听诊肺部有湿啰音，体重下降，食欲减退；胃肠道结核，常出现呕吐、消化不良、腹泻、营养不良、贫血、肠系膜淋巴结肿大，腹部触压可触到腹腔脏器有大小不同的肿块；骨结核，可表现运动障碍、跛行，并易出现骨折；皮肤结核，主要表现为边缘不整齐，基底部由无感觉的肉芽组织构成的溃疡。

若为禽分枝杆菌感染，主要表现为全身淋巴结肿大，食欲减退，消瘦和发热。实质性脏器形成结节或肿大。

剖检可见，患病动物极度消瘦，在许多器官出现多发性的灰白色至黄色有包囊的结节性病灶。

技能 35　布鲁氏菌病的症状表现与防治

1. 症状

潜伏期长短不一，短的半月，长的 6 个月。在未出现流产症状前，为隐性或仅表现为淋巴结炎。

怀孕母犬常在怀孕 30～50 d 时发生流产，流产前 1～6 周，病犬一般体温不高，阴唇和阴道黏膜红肿，阴道内流出淡褐色或灰绿色分泌物。流产胎儿常发生部分组织自溶，皮下水肿、淤血和腹部皮下出血。部分母犬感染后并不发生流产，而是怀孕早期(配种后 10～20 d)胚胎死亡并被母体吸收。流产母犬可能发生子宫炎，以后往往屡配不孕。有的则发生反复流产。

感染的公犬常发生副睾炎、睾丸炎、阴囊皮炎、阴囊肿大和精子异常等。有的慢性病犬呈现关节炎、腱鞘炎、乳腺炎、骨髓炎、椎间盘炎和体表淋巴结肿胀等症状。

2. 预防

每年进行 1～2 次检疫，隔离、淘汰阳性犬。种公犬在配种前要进行检疫，确认健康后方可参加配种。尽量进行自繁自养，引进的种犬，应先隔离观察一个月，经检疫确认健康后方可入群。犬舍及运动场应经常消毒，流产物污染的场地、笼舍及其他器具均应彻底消毒。对肉、乳类动物性饲料，须经煮熟后喂饲。

3. 治疗

由于布鲁氏菌寄生于细胞内，抗生素对其较难发挥作用，对于雄性动物，药物难以通过血-睾屏障，因此治疗比较困难。主要采用病原疗法和对症治疗。

(1)病原疗法　四环素每千克体重 25 mg，混入 5%葡萄糖注射液中静脉滴注，每天 2 次。或四环素每千克体重 50 mg，口服，每天 2～3 次。土霉素片每千克体重 0.1 g，口服，每天 2 次。硫酸卡那霉素，每千克体重 5 万 IU，皮下或肌内注射，每天 2 次。硫酸庆大霉素，每千克体重 8 000 IU，皮下或肌内注射，每天 2 次。同时，配合维生素 C 0.5～1.0 g/次，口服，每天 2 次，维生素 B_1 0.1 g/次，口服，每天 2 次。

(2)对症疗法　对流产后伴发子宫内膜炎的母犬，可应用 0.1%高锰酸钾溶液冲洗阴道和子宫，每天 1 次，直至无分泌物流出为止，然后用 0.5 g 土霉素粉装入胶囊内投入子宫。

(3)中药治疗　黄连 30 g，黄芩 25 g，黄柏 30 g，栀子 15 g，蛇床子 9 g，白术 30 g，砂仁 15 g。以上各药加水浸泡 1 h，文火煮开，煮沸 20 min，过滤取汁，药渣再加水煎第 2 次，合并

2次药液，1次灌服，每天1次，连用5～7 d。

(4)针灸治疗　阿米卡星每千克体重10 mg，或氨苄西林每千克体重0.1 g，百会穴注射，每天1次，连用4～6 d。

【相关知识】

布鲁氏菌病是由布鲁氏菌引起的一种人兽共患传染病。临床上以生殖器官及胎膜炎症、流产、不育和多种组织的局部病灶为特征。

1. 病原特征

布鲁氏菌属有犬、山羊、绵羊、牛、猪和沙林鼠布鲁氏菌等6个种，其中感染犬的主要是犬布鲁氏菌和羊布鲁氏菌。布鲁氏菌呈球形、球杆状或短杆状，多单在，很少成对，革兰氏染色阴性，需氧菌，无运动性，不产生芽孢和荚膜。巴氏消毒法可杀灭奶液中的布鲁氏菌，一般对革兰氏阴性菌有效的消毒药如0.1%升汞、1%来苏儿、2%福尔马林、5%生石灰乳等15 min均可将其杀死。

2. 流行特点

传染源主要是病犬和带菌犬。传播途径主要是消化道，易感犬因摄取被病菌污染的饲料和饮水而感染。最危险的传染源是受感染的妊娠母犬，在其流产和分娩时随胎儿、胎衣以及流产后的阴道分泌物和乳汁排出大量病菌。感染公犬发生睾丸炎时，精液中含有病菌，可通过交配传染给母犬。

3. 诊断方法

通过流行病学调查、临床症状可怀疑本病，确诊需进行实验室检查。

(1)涂片镜检　取流产胎衣、胎儿胃内容物或有病变的肝、脾、淋巴结等组织材料，制成涂片，以齐-尼氏染色法染色镜检，见到红色细菌即可确诊。也可用革兰氏染色法染色，镜检可见到阴性的球杆菌。

(2)细菌分离培养　无菌采取血液样本接种于营养肉汤，在有氧条件下培养3～5 d，然后取样接种到固体培养基上进行鉴定。犬布鲁氏菌生长比较缓慢，需要48～96 h后才能形成肉眼可见的菌落，然后进行涂片镜检。

技能36　副伤寒的诊断与治疗

1. 诊断

根据流行特点、临床症状可做出初步诊断，通过实验室检查确诊。

(1)血液学检查　取血液样品做血液学检查，若血液中淋巴细胞、血小板和中性粒细胞减少，且在白细胞内见到沙门菌菌体则可诊断为沙门菌病。

(2)细菌分离与鉴定　在疾病急性期，从分泌物、血、尿、滑液、脑脊液及骨髓中发现沙门氏菌可确定为全身感染。剖检时，应从肝、脾、肺、肠系膜淋巴结和肠道取病料，先接种在选择性培养基或增菌培养基(四硫磺酸盐增菌液、亚硒酸钠增菌液、氯化镁-孔雀绿增菌液)，24 h后，再在选择性培养基(如SS琼脂、HE琼脂、麦康凯琼脂等)上传代。然后取分离培养的细菌进一步做生化试验。鼠伤寒沙门氏菌能发酵葡萄糖、甘露醇、麦芽糖、卫矛醇，不发酵乳糖、蔗糖，不利用尿素，不液化明胶，赖氨酸脱羧酶反应阳性，β-半乳糖苷酶反应阴性，酒石酸盐反应阳性。

(3)粪便检查　沙门氏菌感染时，粪便中出现大量白细胞。

2. 治疗

立即隔离病犬、猫，给予易消化、富有营养的流质饲料。采取抗菌消炎、补液强心和对症治疗的综合措施。

(1)抗菌消炎　卡那霉素每千克体重10 mg，静脉滴注，同时用甲氧苄啶每千克体重4～8 mg，口服，每天2次。或呋喃唑酮每千克体重10 mg，口服，每天2次，连用7 d。

(2)补液强心　应用等渗盐水、复合氯化钠溶液或乳酸林格氏液，根据脱水情况适量静脉滴注，以调节水电解质平衡。

(3)对症治疗 呕吐，可用硫酸阿托品或盐酸山莨菪碱(654-2)或胃复安等肌内注射。为保护心脏功能，可肌内注射0.5%强尔心注射液，成年犬1～2 mL，幼犬0.5～1 mL。肠道出血，可用维生素K_1或止血敏皮下或肌内注射，每天2～3次。清肠止酵，保护肠黏膜，也可用0.1%高锰酸钾溶液或活性炭和碱式酸铋混悬液做深部灌肠。

(4)中药治疗　藿香正气水5～10 mL，1次灌服。或大蒜酊20～40 mL，1次灌服，每天3次，连用3～4 d。

(5)针灸治疗　穿心莲注射液2 mL注入后海穴。

【相关知识】

副伤寒又称沙门氏菌病，是由沙门氏菌属细菌引起的犬、猫及其他动物的传染病。临床上以肠炎和败血症为主要特征。

1. 病原特征

引起犬、猫沙门氏菌病的病原主要是鼠伤寒沙门氏菌，具有沙门氏菌属的形态特征，有周鞭毛，能运动，无芽孢和荚膜，革兰氏染色阴性。本菌在普通琼脂平板上形成中等大小、无色半透明的S形菌落。不发酵乳糖和蔗糖，大多数产生H_2S。沙门氏菌对外界环境有一定的抵抗力，在水中可存活2～3周，粪便中可存活1～2个月，在土壤中可存活数月，在含有有机物的土壤中存活时间更长。但对热和消毒药敏感，60 ℃经5 min可杀死肉类中的细菌，一般消毒药均能使之灭活。

2. 流行特点

传染源主要是病犬、猫以及污染的食物、饮水、土壤、用具和器械。主要经消化道传播,偶尔经呼吸道途径感染。该菌在健康动物体内,常潜藏于消化道、淋巴组织和胆囊内,当机体抵抗力降低时,菌体即可增殖而发生内源性感染。本病一年四季均可发生,无性别、品种、年龄之分。犬、猫舍密度过大、外科手术、长期使用抗生素破坏肠道正常菌群、免疫抑制疗法等可增加发病的危险性。

3. 主要症状

严重程度取决于动物年龄、营养状况、免疫状态及感染细菌的数量和毒力。临床上主要分为如下几个类型。

(1)胃肠炎型　潜伏期 3～5 d,往往幼龄宠物及老年宠物较为严重。开始表现为发热(40～41.1 ℃),精神萎靡,食欲下降,而后呕吐、腹痛和剧烈腹泻。腹泻开始时粪便稀薄如水,随后转为黏液性,重者出现血便。体重减轻,严重脱水,黏膜苍白,黄疸,虚弱,休克,可发生死亡。有的伴发神经症状,表现后肢瘫痪,失明,抽搐。部分病例出现肺炎症状,表现咳嗽和呼吸困难等。体质健壮的成年动物发生沙门氏菌感染时,通常只表现为短时间(1～2 d)的剧烈腹泻,随即转为正常,一般很少发生死亡。妊娠动物感染沙门氏菌后,可致流产和死胎,产下的幼仔常体弱消瘦。

(2)菌血症和内毒素血症型　主要见于幼龄动物和由于某种因素致使免疫力降低的成年动物。一般为胃肠炎过程前期症状。患病动物表现极度沉郁,虚弱,休克,出现瘫痪、抽搐等神经系统症状。大部分患病动物随后出现胃肠炎症状,但也有少数病例不呈现胃肠炎症状。

沙门菌病的病程 3～4 周,部分幼小和老年体弱动物可死于急性发作期,大部分病例可康复,也有少数病例转为慢性或间歇性腹泻。治愈或耐过本病的动物,往往呈现带菌状态,并可持续 6 周以上,成为危险的传染源。

4. 预防措施

保持犬、猫房舍的清洁卫生,对笼具、食盆等用品应经常清洗消毒。肉、蛋、乳应煮熟后饲喂。对患病宠物隔离治疗,对污染的场地用 5%氨水或 2%～3%火碱溶液彻底消毒。

技能 37　仔犬大肠杆菌病的诊断与防治

1. 诊断

根据流行病学特点、临床症状和剖检特征可做出初步诊断,确诊须做细菌学检查和血清学检查。

2. 预防

加强饲养管理，搞好环境卫生，定期消毒。同时对临产母犬的乳房进行清洗和消毒，尽早使新生仔犬吃到洁净初乳，以预防本病。

3. 治疗

以抗菌消炎、止泻和提高抵抗力为治疗原则。

(1)抗菌消炎　庆大霉素或丁胺卡那霉素每千克体重20 mg，肌内注射，每天2次，连用3～5 d。

(2)对症治疗，提高抵抗力　用复方生理盐水每千克体重30～50 mL、50%葡萄糖注射液每千克体重5～10 mL，另加三磷酸腺苷20 mg、辅酶A 50 IU、维生素C 0.5 g、盐酸山莨菪碱10 mg，静脉注射，每天1～2次，连用3 d。

(3)中药治疗　人参(或党参)4 g，附子1.5 g，黄芪4 g，当归4 g，银花3 g，板蓝根3 g，丹参4 g，麦门冬4 g。以上为5～6只仔犬1次用量，水煎2次，合并药液，候温1次灌服，每天1剂，连用2～3 d。

(4)针灸治疗　庆大霉素每千克体重5 mg，地塞米松1 mg，脾俞穴、后海穴注射，每天1～2次，连用3～4 d。

【相关知识】

大肠杆菌病是由致病性大肠杆菌引起的新生仔犬的一种急性肠道传染病。临床上以发生腹泻和败血症为主要特征。

1. 病原特征

大肠杆菌为革兰氏阴性杆菌，两端钝圆，有的近似球杆状，不形成芽孢，有鞭毛，能运动，但有无鞭毛、不运动的变异株。多数菌株有荚膜。为兼性厌氧菌，在普通琼脂平板上生长良好，经37 ℃、24 h形成圆形、隆起、光滑、湿润、乳白色、半透明、边缘整齐的菌落；在液体培养基内呈均匀浑浊，管底常有絮状沉淀，有特殊粪臭味；在血液琼脂上菌株产生β型溶血；在麦康凯琼脂上呈红色菌落；在伊红美蓝琼脂上产生黑色带金属闪光的菌落。能分解葡萄糖、乳糖、麦芽糖、甘露醇产酸产气。

已知大肠杆菌有菌体(O)抗原171种，表面(K)抗原103种，鞭毛(H)抗原64种，各种抗原之间可组合成几千个血清型。血清型用O∶K∶H(如O_8∶K_{25}∶H_9)、O∶K(如O_8∶K_{88})、O∶H(如O_{166}∶H_{27})表示。根据其致病机制的不同可分为肠致病性大肠杆菌、肠侵袭性大肠杆菌、肠产毒素性大肠杆菌。

大肠杆菌对外界环境的抵抗力不强，55 ℃ 1 h或60 ℃ 20 min即可死亡，一般消毒药能在短时间内将其杀死。

2. 流行特点

主要发生于1周龄以内的仔犬。病犬与带菌犬从粪便排菌，广泛地污染了环境（犬舍、场地、用具和空气）、饲料、饮水和垫料，从而通过消化道、呼吸道传染。本病一年四季均可发生，犬舍卫生条件差、天气突变、长期阴雨等环境因素的影响，使仔犬抵抗力下降，常是诱发本病的重要因素。

3. 主要症状

病初精神沉郁，食欲不振，体温升高。剧烈腹泻，粪便腥臭，呈黄白色、黄绿色或绿色。肛门周围及尾部被粪便污染。病犬逐渐脱水，体温降低，肛门松弛，皮肤弹性下降，黏膜发绀，步态不稳，四肢末端冰凉。病后期出现抽搐、痉挛等神经症状，死前体温常降至37 ℃以下。

4. 剖检变化

肠道呈卡他性或出血性炎症，肠腔扩张，肠壁变薄，肠黏膜脱落，肠内容物黄白或黄绿色，呈黏液样或水样。肠系膜淋巴结肿大，肝、肾有点状坏死。

技能38 破伤风的防治

1. 预防

防止发生外伤，一旦受伤应及时清理、消毒伤口，并在24 h内注射破伤风抗毒素。犬、猫去势或做其他外科手术时，可注射破伤风抗毒素以预防本病发生。

2. 治疗

本病必须尽早发现，发病后4～7 d是治疗的关键期。以加强护理、创伤处理、抗菌消炎、中和毒素、镇静解痉和对症治疗为原则。

（1）加强护理　一旦发现病犬猫应立即置于干净及光线幽暗的环境中，冬季应注意保暖，要保持环境安静，以减少各种刺激因素。如有食欲，给予易消化营养丰富的食物和足够的饮水。

（2）创伤处理　及时进行清创和扩创，清除创伤中脓汁、坏死组织及异物等。可用1%高锰酸钾溶液、3%过氧化氢或5%～10%碘酊进行消毒，再洒布碘仿硼酸合剂，不缝合伤口，避免提供该菌所需的厌氧环境，并结合青霉素、链霉素做创伤周围组织分点注射，以消除感染，防止或减少毒素的产生。

（3）中和毒素　立即注射破伤风抗毒素每千克体重500～1 000 IU，加入输液剂中静脉注射、肌内注射或皮下注射，每天2次，连用2～3 d。

(4)镇静解痉 氯丙嗪每千克体重1～5 mg，肌内注射。或25%硫酸镁注射液2～5 mL，静脉注射。以上两种药物可交替使用，即第1天用氯丙嗪，第2天则用硫酸镁。牙关紧闭者，可用普鲁卡因青霉素注射液，在咬肌处封闭治疗。

(5)抗菌消炎 常用青霉素、氨苄青霉素或磺胺嘧啶钠静脉或肌内注射，每天2～3次，连用7～10 d。

(6)对症疗法 防止酸中毒，每天用5%碳酸氢钠注射液加入葡萄糖生理盐水或10%～25%葡萄糖注射液中，静脉注射。也可用口服补液盐加水，经直肠灌入，以达补液、补充营养、调节体内电解质平衡之作用。喉头痉挛造成严重呼吸困难，可施行气管切开术。

(7)中药治疗 细辛、升麻、防风、荆芥、当归、川芎、生姜各6 g，天南星、全蝎各4 g，半夏、蝉蜕、桑螵蛸各3 g，蜈蚣、乌蛇各2 g。水煎后浓缩至200～300 mL，候温灌服。每天1剂，连用3～5 d。

【相关知识】

破伤风是由破伤风梭菌在感染组织中产生的特异性嗜神经型毒素而引起的一种毒血症。临床上以机体呈强直性痉挛、抽搐为特征。犬易感，而猫对该菌的抵抗力较强，故猫破伤风极为罕见。

1. 病原特征

破伤风梭菌，为厌氧性革兰氏阳性杆菌。繁殖体四周有鞭毛，能运动，无荚膜。芽孢呈圆形，大于菌体，位于菌体一端呈鼓槌状。破伤风梭菌可产生溶血毒素(可使一些动物红细胞溶解)、痉挛毒素(又称神经毒素，可作用于神经系统)和溶纤维素(对神经末梢有麻痹作用)。其中毒性最强、对发病最为重要的是痉挛毒素。繁殖体抵抗力弱，用一般消毒药均能在短时间内杀死，芽孢较耐高温，但3%碘酊、10%漂白粉溶液、30%双氧水等10 min可将其杀灭。

2. 流行特点

细菌在自然界中分布极广，各种动物和人均可感染，通过钉伤、刺伤、脐带伤、阉割伤等侵入机体，但并非一切创伤均可感染，必须具备缺氧条件，如伤口小而深，创伤内组织损坏严重，有出血和坏死，伤口被粪便、泥土、痂皮封盖，或与需氧菌混合感染等，使创伤内形成厌氧环境，破伤风梭菌才能发育，产生毒素引起发病。本病多散发，无季节性。

3. 主要症状

潜伏期一般为5～10 d，有时可长达3周。创伤离中枢越近潜伏期越短、发病越迅速，病情也越严重。

本病的主要表现是全身肌肉强直性收缩及应激性增高，患病动物步态僵硬，尾巴高举，呈现典型的角弓反张姿势；瞳孔散大，屈肌反射降低，牙关紧闭，咀嚼及吞咽困难，流涎，眼瞬膜外露，面肌痉挛，体温正常或偏高，终因呼吸中枢麻痹而死亡。

4. 诊断方法

根据受伤史和临床症状可做出初步诊断，必要时可取创伤分泌物或坏死组织进行革兰氏染色镜检，并进行细菌的分离和鉴定。

技能39 链球菌病的诊断与治疗

1. 诊断

根据流行情况、临床症状可做出初步诊断，微生物学检查可以确诊。

(1)涂片镜检　无菌采取母犬乳汁、死亡犬内脏或胸腹腔积液做涂片，镜检可见革兰氏染色阳性，成对或呈短链的球菌。

(2)分离培养　取病料接种于血液琼脂培养基上，37 ℃培养 24 h，可见到灰白色、透明、湿润黏稠、露珠状菌落，并有溶血圈。

(3)动物接种　取病料悬液、分离培养物，皮下或腹腔接种小鼠或家兔，经 3～4 d 发病死亡，取病料做涂片镜检和分离培养可获得阳性结果。

2. 治疗

通过药敏试验选择敏感药物进行治疗。对革兰氏阳性菌有效的抗生素类药物有氨苄青霉素、头孢菌素、青霉素 G、四环素、土霉素和磺胺类药物等。如青霉素 20 万～40 万 IU，肌内注射，连用 3～5 d。或磺胺类药物 0.2～0.3 g，口服，每天 2 次，连用 7 d。配合给予口服盐溶液、B 族维生素和维生素 C 等。

局部肿胀可用抗生素加利多卡因做封闭疗法，如形成脓肿则切开排脓做外科处理。

【相关知识】

链球菌病是指由致病性链球菌感染引起的犬、猫等动物化脓性感染、败血症以及中毒性休克综合征的总称。

1. 病原特征

链球菌呈圆形或卵圆形，常排列成链状，不形成芽孢，多数无鞭毛，革兰氏染色阳性。为需氧或兼性厌氧菌，对生长要求很高，在普通琼脂上生长不良，在加有血液、血清的培养基中生长良好。在血液琼脂上形成 β-溶血圈。能水解精氨酸，能发酵乳糖、山梨醇产酸，不发酵甘露醇、海藻糖，不产生靛基质，VP 阴性，不液化明胶。根据其细胞壁中不同多糖抗原分为 A、B、C、D、E、F、G、H、K、L、M、N、O、P、Q、R、S、T、U 和 V 等 20 个抗原群，寄生并侵害犬、猫的菌群常是A、B、C、G等。链球菌对一般消毒药敏感，对青霉素、红霉素、金霉素、四环素及磺胺类药物敏感。

2. 流行特点

链球菌作为犬、猫体表、眼、耳、口腔、上呼吸道、泌尿生殖道后段的常在寄生菌，大多数为条件性致病菌，也可通过呼吸道、消化道、交配、产道感染以及接触污物间接感染。机体体质虚弱、外伤、环境卫生恶劣、饲养密度过大等因素都可诱发本病。

3. 主要症状

感染A、B、C、G等4类菌群，其症状稍有差异。

（1）A群链球菌感染　犬、猫一般不出现明显的症状，或仅见扁桃体肿大。

（2）B群链球菌感染　引起子宫内膜炎，新生幼犬菌血症，肾小球肾炎和坏死性肺炎。

（3）C群链球菌感染　引起犬的急性出血性和化脓性肺炎。表现为虚弱、咳嗽、发热、呼吸困难、咯血等。

（4）G群链球菌感染　大部分犬、猫链球菌感染均可由G群引起。如新生动物经产道、脐带感染引起败血症，存活的犬、猫可发生颈淋巴结炎和关节炎等。G群链球菌中的犬链球菌，可引起败血症和栓塞性病变，特别是肺脏和心脏部分；同时还可引起犬中毒性休克综合征和坏死性筋膜炎。表现为发热、感染病位热、痛和肿胀，筋膜有大量渗出积聚，筋膜和脂肪组织坏死，有的出现皮肤溃疡和化脓，并伴有淋巴结肿大，随后发展为深度的蜂窝织炎等，常发生败血性休克。

4. 剖检变化

轻者肝肿大质脆，肾肿大有出血点。严重者腹腔积液，肝脏有化脓性坏死灶，肾大面积出血，呈花斑状，胸腔积液有纤维素性沉着，心内膜有出血斑点。

5. 预防措施

加强饲养管理，保持犬猫舍清洁、干燥、通风，定期更换褥垫，定期消毒，减少应激因素的诱发作用。

技能40 莱姆病的诊断与预防

1. 诊断

根据流行季节、被蜱叮咬史及临床症状可做出初步诊断，确诊应进行实验室诊断。常采用免疫荧光抗体技术（IFA）和酶联免疫吸附试验（ELISA）。血清效价低于1∶128判为阴性，1∶（128～256）为弱阳性，1∶512或更高为强阳性。有临床症状而血清学检验阴性时，应在1个月后再检验，如果血清效价升高说明正被感染。此外，还可检测关节液中的抗体。

2. 预防

国外已有犬莱姆病灭活菌苗上市，必须在被感染性蜱叮咬前进行免疫接种，通常12周龄以上的犬可用灭活苗，隔3周肌内注射2次，1 mL/次，以后每年免疫1次。

控制犬只进入自然疫源地。及时清除环境和犬、猫身上的蜱，贝特液（浓缩溴氰菊脂）可用来环境杀虫和犬、猫药浴。受本病威胁的地区，要定期检疫，发现病例及时治疗。

【相关知识】

莱姆病又称疏螺旋体病，是由疏螺旋体引起的多系统性疾病，是一种由蜱传播的自然疫源性人兽共患病。临床上以多发性关节炎为主要特征。

1. 病原特征

主要是伯氏疏螺旋体。形态似弯曲的螺旋状，呈疏松的左手螺旋，有数个大而疏的螺旋弯曲，末端渐尖，有多根鞭毛。革兰氏染色阴性，吉姆萨染色着色良好。暗视野下可见菌体做扭曲和翻转运动。本菌微需氧，最适培养温度为33 ℃。对青霉素、红霉素、四环素等敏感，但对庆大霉素、卡那霉素和新霉素有抵抗力。

2. 流行特点

人和多种动物（牛、马、犬、猫、鹿、浣熊、狼、野兔、狐及多种小啮齿类动物）对本病均易感，主要通过感染蜱的叮咬传播。动物与人进入有感染蜱的流行区即可能被感染。另外，伯氏疏螺旋体也可能通过黏膜、结膜及皮肤伤口感染。传染常在夏秋季蜱的活动处于高峰期时发生。

3. 主要症状

病犬体温升高，食欲减少，精神沉郁，嗜睡。出现急性关节僵硬和跛行，跛行常为间歇性，并且轮流作痛。慢性感染病犬可出现心肌炎症，表现为心肌坏死和赘疣状心内膜炎。有些病犬可继发肾小球肾炎和肾小管损伤，出现氮血症、蛋白尿和血尿。有时还可能继发脑膜炎和脑炎。

猫，人工感染伯氏疏螺旋体后，主要表现为厌食、疲劳、跛行或关节异常。

4. 治疗方法

对有临床症状或血清学阳性犬主要应用抗生素治疗。四环素，每千克体重15～25 mg，口服，每天3次；强力霉素，按每千克体重10 mg，口服，每天2次，连用2～3周。或选用头孢菌素、氨苄青霉素、红霉素等。如果治疗见效，应在1～3个月之后再做一次血清学检验。如果某种抗生素治疗效果不佳，应考虑选用另一种抗生素或做进一步诊断。

任务5 真菌性传染病

技能41 皮肤癣菌病的诊断与防治

1. 诊断

根据病史、症状和流行情况可以做出初步诊断，确诊需进行实验室检查。

(1)荧光性检查　用伍氏灯在暗室里照射病变区、脱发和皮屑，犬小孢子菌感染可发出苹果绿色的荧光，石膏样小孢子菌和须毛癣菌感染无荧光或荧光颜色不同。

(2)镜检　取病灶区毛发置载玻片上，滴加几滴10%～20%氢氧化钾溶液，加盖玻片，室温30 min或稍加热15 s，待样本软化透明后，在高倍镜下检查真菌孢子和菌丝，若在毛干周边有发外孢子型孢子，呈圆形或卵圆形、绿色透明串珠状，毛干内有菌丝，即可确诊。

2. 预防

注意环境卫生，及时清除地板、地毯及家具上的毛发，对耐消毒剂的地面、用具等用10%漂白粉溶液进行消毒。加强检疫，用伍氏灯对引进的可疑犬、猫进行照射检查，阳性者立即隔离治疗，防止发生交叉感染或疾病散播。

3. 治疗

采用局部用药和全身治疗相结合的原则。

(1)局部用药　剪除患部及周边被毛，去掉痂皮，洗净毛屑，用克霉唑软膏、咪康唑软膏、癣净等药物涂擦，每天2次，直至痊愈。

(2)全身性治疗　灰黄霉素，犬每千克体重25～100 mg，口服，每天1～2次；猫每千克体重25～50 mg，口服，每天2次。直至痊愈，妊娠动物忌用。或酮康唑，每千克体重10 mg，口服，每天3次，连用2～8周，服药期间忌喂牛奶与碱性食物。

【相关知识】

皮肤癣菌病是由皮肤癣菌引起的皮肤真菌病。以出现脱毛斑、皮肤损伤而有渗出液、鳞屑、结痂等为特征。

1. 病原特征

皮肤癣菌按大小分生孢子的形态可分为毛癣菌属、小孢子菌属和表皮癣菌属，引起犬、猫皮肤癣菌感染的病原主要是犬小孢子菌、石膏样小孢子菌和须毛癣菌等。

(1)犬小孢子菌　镜检呈圆形,小孢子密集成群围绕于毛干上。在皮屑中可见直而有隔菌丝,大分生孢子呈纺锤状,小分生孢子少,呈棍棒状。本菌在葡萄糖蛋白胨琼脂培养基上室温培养生长快速,菌落中心表面覆以白色或淡黄色粉末,周围是白色羊毛状气生菌丝。随菌落扩大,表面出现同心圆的沟纹,菌落表面变为淡棕黄色,背面呈橘黄色或红棕色。

(2)石膏样小孢子菌　镜检可见大量纺锤形大分生孢子,菌丝较少。初代培养物有少数棍棒状小分生孢子。病料镜检时在毛外可见孢子呈链状排列或密集包绕毛干。葡萄糖蛋白胨培养基上生长快,3～5 d 出现菌落,中心隆起有一小环,周围覆以绒毛样气生菌丝。菌落初为白色,后为淡黄色至棕黄色粉末状。

2. 流行特点

皮肤癣菌广泛分布于土壤、空气、水及腐败有机物中。主要通过与污染的环境、患病动物直接或间接接触而感染。阴暗、潮湿、温暖、拥挤、污浊的环境中易传播本病。

3. 主要症状

病犬皮肤脱毛,并出现圆形或椭圆形的秃斑,上面覆以灰色的鳞屑。多处发生时可互相融合成片,上有鳞屑或有渗出、痂皮等。石膏样小孢子菌感染多在犬的四肢和颜面部出现毛囊破裂、疖病及脓性肉芽肿性炎症反应,形成圆形、隆起的结节性病变,且多继发葡萄球菌感染;须毛癣菌引起犬的甲癣,主要表现为指甲、趾甲干燥、开裂、质脆及变形等,在甲床和甲褶处易并发细菌感染。患免疫缺陷病的成年犬可发生全身性皮肤癣菌病,表现为广泛性脱毛和脂溢性皮炎,皮肤明显增厚。

病猫表现对称性脱毛,因为瘙痒、毛囊炎等过度梳舔使毛发大量脱落。有的表现溃疡性、结节性皮炎。

技能42 念珠菌病的主要症状与治疗

1. 症状

本菌主要侵害犬、猫的上部消化道,在口腔、食管黏膜形成一个或多个隆起的软斑,并覆有黄白色伪膜,故俗称为“鹅口疮”,剥离伪膜则露出溃疡面。重者整个食管被黄白色伪膜所覆盖,表现疼痛不安,流涎。皮肤念珠菌病主要发生于擦伤后的局部感染,有时也见于趾间,表现为患部潮红、湿润、丘疹、糜烂和结痂。

局部感染可以通过血液途径扩散而侵害消化道、肺、心、肾等器官,此时病犬常出现腹泻、体温升高、咳嗽和呕吐等症状。同时皮肤出现急性隆起红斑,常因肌炎和骨髓炎而有疼痛表现。猫扩散性感染很少出现皮肤病变。

2. 治疗

除非优良种犬、猫,否则治疗价值不大。通常根据发病部位不同可以采取局部治疗和全身治疗，局部治疗时常用两性霉素B软膏和龙胆紫(皮肤用2%，黏膜用1%)涂擦，连擦1～2周可治愈；严重病例和深部念珠菌病，则可用伊曲康唑每千克体重5 mg，每天1～2次，连用4周以上。或用制霉菌素片每千克体重10万IU，口服，每天3次。

【相关知识】

念珠菌病是由念珠菌引起的真菌性疾病。临床上以口腔、咽喉等局部黏膜溃疡，表面有灰白色的伪膜样物质覆盖，或全身多处脏器出现小脓肿为特征。

1. 病原特征

白色念珠菌是念珠菌属中最重要和最常见的致病菌。在培养基上呈白色或乳白色酵母样菌落；镜检菌体呈圆形或椭圆形，营芽生方式繁殖，形成假菌丝，而后可形成真菌丝。本菌容易在萨布罗氏培养基表面生长，形成突起的奶油状菌落。能发酵葡萄糖、麦芽糖产酸产气，发酵蔗糖产酸，不分解乳糖。

2. 流行特点

白色念珠菌通常是动物和人的皮肤和消化道黏膜的常在菌，是一种条件性致病菌。当饲养管理不良、维生素缺乏、长期使用广谱抗生素或免疫抑制剂，导致机体抵抗力下降，常引起内源性感染而发病。此外，也可因吸入带有本菌的尘埃或食入被病菌污染的食物而感染。幼龄和体质虚弱者易感性和发病率增高。

3. 诊断方法

根据病因、病状及流行状态可以做出初步诊断，确诊要依赖实验室检查。采取病变组织如口腔病灶伪膜、皮屑、甲屑等置于载玻片上，滴加20%氢氧化钾溶液后制成压片，在油镜下观察。当看到许多芽生孢子互相连接而成的特征性假菌丝时，为确诊提供根据。念珠菌对家兔和小白鼠最为敏感，取1%培养菌悬液1 mL，经耳静脉接种家兔，多经5～7 d死亡，肾皮质有播散状粟粒大小脓肿，并能在病变涂片标本发现白色念珠菌。

4. 预防措施

加强饲养管理和卫生消毒工作。给予全价营养饲料，经常添加多种维生素，以提高机体抵抗力。饲养密度要适当、避免过度拥挤，保持舍内通风、干燥。尽量避免长期使用抗生素、皮质类固醇激素和免疫抑制剂等药物。

技能43　芽生菌病的诊断与防治

1. 诊断

根据症状和流行特点可做出初步诊断。X线检查，肺脏有实变，肺间质有小结节病灶。

取病灶部组织、渗出物等病料涂片，革兰氏染色，镜检可见芽生酵母样细胞。也可用免疫荧光和乳胶凝集试验等进行检查。

2. 预防

加强饲养管理和卫生防疫工作，环境、场地（特别是泥土地）要经常消毒。病死尸体不得土埋，应焚烧，以防止其在土壤中再繁殖。

3. 治疗

两性霉素B，首次于5%葡萄糖注射液中加入每千克体重0.5 mg，静脉注射，如无发热、恶心、呕吐等不良反应，于第2次可增加至每千克体重1 mg，隔日1次，但累加量不得超过每千克体重8 mg。也可用酮康唑治疗。

【相关知识】

芽生菌病是由皮炎芽生菌引起的一种深部真菌性疾病。临床上以皮肤、骨骼、肺脏和消化道发生肉芽肿、脓肿和溃疡为特征。

1. 病原特征

皮炎芽生菌属隐球酵母科真菌，具有双相性，在土壤内或在沙氏培养基上培养时，为霉菌相。镜检可见直径为1～2 μm的分枝、分隔菌丝，并有圆形或卵圆形分生孢子；在动物病灶和渗出物中呈壁厚酵母相，菌落酵母样，奶油色或棕色，表面有皱褶，稍隆起。本菌繁殖方式为无性繁殖，即成熟的酵母细胞先长出小芽，芽细胞成熟后脱离母细胞，再出芽形成新个体，如此循环往复。

2. 流行特点

污染的土壤、空气和环境等是主要的传染源，主要通过皮肤伤口和呼吸道吸入或经消化道食入孢子而感染。幼犬发病多，猫较少发生。

3. 主要症状

临床主要分为肺脏型、皮肤型和眼型。

（1）肺脏型　病原体首先侵害肺组织，肺有局限性小结节或脓肿。常表现干性咳嗽及呼吸困难。体温有时升高，精神不振，食欲减少，逐渐消瘦。X线检查可见肺有小结节及肺门淋巴结肿大。

（2）皮肤型　由肺脏型蔓延而来。病初皮肤发生丘疹或脓疱，在数周或数月内发展为溃疡，出现溃疡性肉芽肿或化脓性病灶。溃疡面暗红或紫红色，隆起1～3 mm。体表淋巴结肿大。

(3)眼型 眼球突出、羞明、流泪和角膜浑浊,最终可导致失明。

此外,还可能侵害关节和骨髓,出现跛行。有时会侵害睾丸和脑等。

技能44 球孢子菌病的诊断

本病根据临床表现及剖检变化不易诊断,确诊需做实验室检查。

(1)涂片镜检 采取病灶脓汁、干酪样物和组织、渗出物等病料置载玻片上,再加1滴10%氢氧化钾溶液使之溶解、透明,发现具有本菌特征的圆形厚壁孢子时,即可确诊。

(2)分离培养 取病料接种沙氏培养基培养,根据菌落形态确诊。

(3)变态反应试验 取1∶1 000稀释的球孢子菌素0.1 mL,在犬、猫尾根部无毛处做皮内注射,于24～72 h在接种局部出现直径大于5 mm的红肿硬结即为阳性反应。

(4)X线检查 初期可见不明显的阴影区,经1～2周后阴影变清晰,发生肺炎型浸润时,则出现模糊不清的同质性阴影,由肺门伸向肺的中下部。播散性球孢子菌,X线检查可见急性进行性病变区和结核样浸润变化。

【相关知识】

本病是由粗球孢子菌引起的多种动物和人的一种深部真菌病。临床上以肺和淋巴结的脓性肉芽肿为特征。

1. 病原特征

粗球孢子菌属双相型真菌,当在土壤中营腐生时及接种在沙氏培养基上生长迅速,初期为白色、膜状菌落,逐渐变为粉末样淡黄色或棕色菌落,取菌落镜检可见分枝、分隔菌丝长方形关节孢子。关节孢子是一种感染性孢子,抵抗力极强,在4 ℃干燥环境中可存活数年;在组织内为圆形厚壁孢子,其内充满内生孢子,成熟后孢壁破裂,内生孢子从孢壁涌出,进入附近组织而致病,或经淋巴和血流转移到其他器官组织生长发育成新孢子囊,引起新的病变。

2. 流行特点

本菌存在于夏季和秋季比较潮湿的低洼处土壤内,在适宜的温湿度等条件下大量增殖,产生许多孢子,当干燥刮风的时候,大量孢子被吹入空气中,易感动物经呼吸道吸入感染,也可由污染的尘土、物品接触皮肤创伤而经伤口感染。

3. 主要症状

原发性病例,主要侵害肺和皮肤。侵害皮肤时,在皮肤损伤局部形成硬结,继而发展成中心溃疡面,所属淋巴结肿胀成硬结。肺型主要损伤支气管,有的侵害肺,出现低烧,厌食,咳嗽,呼吸困难。如果动物抵抗力较强,上述局部病变经过一段时间后可以自愈。若机体瘦弱,营养不良,免疫状态不佳,往往发展为播散性球孢子菌病,病菌随血流、淋巴播散到机体其他部位，侵害骨骼、关节、皮肤和内脏等，动物表现持续高烧，精神沉郁，厌食，咳嗽，消瘦和贫血。多预后不良。

4. 剖检变化

体表淋巴结和患病器官附近淋巴结肿大，脾、肾、肺和胃肠可见到肉芽结节，切开见有脓汁或干酪样物。

5. 治疗方法

酮康唑，每千克体重 10～30 mg，口服，每天 2 次，连用 60 d。或用伊曲康唑，每千克体重 5～10 mg，口服，每天 1 次，直至痊愈。

6. 预防措施

加强饲养管理，搞好环境卫生，经常消毒场地和用具。患病动物的渗出物、排泄物和尸体进入土壤，会成为污染源，或加重了土壤污染的程度，应加以防范。

任务 6 其他传染病

技能 45 血巴尔通体病的诊断与治疗

1. 诊断

根据临床症状和剖检特征可以做出初步诊断，血液检查结果可作为参考，确诊有赖于病原体检查。

(1)血液检查　红细胞数减少到 1.0×10^{12}/L 以下，血红蛋白值降至 7 g/L 以下，红细胞压积常在 20%以下，重者降至 10%以下。并出现大量弥散性嗜碱性细胞、有核红细胞及大小不一的红细胞等典型的再生性贫血现象。

(2)病原体检查　由于病原体在红细胞内周期性出现，精确的诊断可连续数天采取外周血液做涂片，用瑞氏或吉姆萨染色系列血涂片，镜检可见寄生或附着于红细胞表面的紫色或蓝色病原体。还可用 PCR 技术检测病原体特异性的核酸片段。

2. 治疗

采用消除病原和对症疗法相结合的治疗原则。

(1)消除病原　强力霉素每千克体重 5～10 mg，口服，每天 2 次，连服 10～14 d。或四环素，每千克体重 35～110 mg，口服，或土霉素，每千克体重 35～44 mg，口服。或用恩诺沙星，每千克体重 5 mg，口服，每天 2 次，连服 10～14 d。同时，配合应用氢化泼尼松，每千克体重 2.2 mg，口服，以终止免疫介导性损伤。

(2)对症疗法　急性贫血时需输血，每隔 2～3 d 输入 30～80 mL 全血。重度呼吸困难时应吸氧气。及时调节体液、电解质和酸碱平衡。

【相关知识】

血巴尔通体病是由血巴尔通体所引起的猫和犬以免疫介导性细胞损伤，导致贫血和死亡为特征的疾病。

1. 病原特征

猫和犬的病原分别是猫血巴尔通体和犬血巴尔通体，属无浆体科、血巴尔通体属。该微生物由嗜碱性小体组成，多数呈杆状，大小为 0.2～3.0 μm。具有宿主特异性，主要寄生在宿主红细胞表面，并引起免疫介导性红细胞自身损伤，即患病动物能形成抗自身红细胞的抗体，导致自身溶血性贫血。血涂片革兰氏染色阴性，吉姆萨染色呈紫色或蓝色。

2. 流行特点

吸血昆虫、咬伤、输血都可能发生传染。已证实可发生子宫内传染。1～3 岁龄的猫发病率较高，尤其是雄猫。相当一部分猫群以隐性形式感染，最终可能在体弱或应激反应时使病情恶化。

3. 主要症状

猫急性感染表现精神沉郁，虚弱倦怠，食欲不振，间歇性发热，体温升高到 39.5～41 ℃，贫血，有的出现可视黏膜黄染，体重减轻，腹部触诊可摸到脾显著肿大。急性病例若不及时救治，多因贫血死亡。慢性病猫体温正常或低于常温，消瘦，虚弱无力，不愿活动且失去对外界刺激的敏感性，但少见黄疸和脾肿大。两种类型病例均发生呼吸困难，其严重程度与贫血程度有关。

犬通常无临床症状，但脾切除或使用皮质类固醇类药物等引起免疫抑制时，可加重病情。

4. 剖检变化

可视黏膜、浆膜黄染，血液稀薄，脾脏明显肿大，肠系膜淋巴结肿胀多汁。

5. 预防措施

注意经常性的杀虫灭鼠，定期消毒，保持清洁的卫生环境。选择一次性医疗器械，输血时选择供血的猫，要经检查确认为病原阴性方能输血。

技能46 猫衣原体病的诊断

诊断

根据病史、临床症状和流行病学调查可做出初步诊断，涂片镜检、病理组织切片、分离培养、动物接种、血清学检查以及PCR技术测定其特异的DNA片段等，均有助于确诊。

（1）涂片镜检　取新鲜的分泌物、渗出物和病灶组织病料做涂片，吉姆萨染色后镜检，可见到细胞浆内小的亮红色或紫色的感染小体及大的蓝色的非感染性始体。

（2）病理组织学检查　取病灶组织病料做切片，吉姆萨染色，镜检可见到眼结膜、鼻腔黏膜上皮细胞内有大量衣原体，肺泡内巨噬细胞浸润，间质内白细胞浸润及肺泡上皮细胞增生。

（3）分离培养　取眼结膜、鼻腔棉拭子标本及病料组织匀浆悬液，接种5～7日龄鸡胚卵黄囊，鸡胚多于接种后5～12 d死亡。剖检可见水肿、充血、出血病变，做涂片染色镜检，可见典型的衣原体。或取病料按常规制成无菌匀浆悬液，接种原代或传代细胞进行培养，可见到细胞病变，取细胞培养物制片做染色镜检，可见到胞浆内的衣原体。

【相关知识】

猫衣原体病又称猫肺炎，是由鹦鹉热衣原体引起的一种以结膜炎和肺炎为特征的猫传染病。目前，临床上也有犬感染衣原体的报道，引起结膜炎、肺炎及脑炎综合征。

1. 病原特征

鹦鹉热衣原体猫株，属衣原体目、衣原体科、衣原体属、鹦鹉热衣原体种。革兰氏染色阴性，为严格的细胞内寄生。在形态上分体小的原生小体和体大的始体。原生小体，吉姆萨染色呈紫色，在体外有高度感染性；始体，吉姆萨染色呈蓝色，是细胞内的繁殖体，无感染性。鹦鹉热衣原体在抗原性和致病性上有明显的株特异性。猫型毒株对眼结膜、鼻黏膜、气管和细支气管黏膜上皮细胞有亲和性，并在细胞内繁殖致病。衣原体猫株抵抗力不强，37 ℃ 48 h、56 ℃ 5 min死亡，70%酒精和3%过氧化氢溶液能很快将其杀死。

2. 流行特点

猫对鹦鹉热衣原体猫株十分易感，不同品种、年龄的猫都可感染。病猫、带毒猫是主要的传染源，从眼及呼吸道分泌物大量排菌，污染空气、尘埃、飞沫、饲料等经黏膜感染。

3. 主要症状

猫发病后，首先发生单侧性结膜炎，出现脓性分泌物，5～7 d后另一侧眼发病，结膜水肿，全眼球炎，食欲不振，不愿活动。伴发鼻炎的病猫阵发性打喷嚏和流鼻液。随病情发展继发支气管炎和肺炎，表现呼吸困难、咳嗽、发热、流脓性鼻液、萎靡、倦怠等症状，甚至鼻腔和口腔黏膜出现溃疡。

4. 剖检变化

典型病变在眼、鼻、肺等器官。结膜充血、肿胀。有的病例可见化脓性鼻炎，鼻腔内有脓液，黏膜充血出血，有溃疡灶。肺脏有间质性肺炎病灶。

5. 治疗方法

衣原体对四环素类和一些新的大环内酯类抗生素比较敏感。强力霉素每千克体重5～10 mg，口服，每天2次，连用3～4周。同时配合四环素眼膏局部用药，每天3次。有些猫对四环素眼膏易产生过敏，主要表现为结膜充血和睑缘炎，一旦出现过敏，应立即停药。

6. 预防措施

目前应用于猫衣原体的疫苗，只能减轻症状和缩短病程，不能阻止感染。因此，加强卫生防疫、检疫和改善饲养管理，防止和减少各种应激因素的作用，隔离治疗感染猫等是预防的关键。

项目3 犬、猫寄生虫病

问题1 寄生虫病的综合防治措施是(　　)。

A. 消灭感染源　　B. 阻断传播途径　　C. 提高自身抵抗力

D. 免疫预防　　E. 以上都是

问题2 弓形虫的感染来源非常广泛，不属于该病感染来源的是(　　)。

A. 血液　　B. 乳汁　　C. 胎盘及羊水

D. 尿液　　E. 损伤的皮肤黏膜

问题3 华支睾吸虫的寄生部位是(　　)。

A. 气管　　B. 小肠　　C. 胰腺

D. 肺脏　　E. 肝脏

问题4 巴贝斯虫病又称为(　　)。

A. 红尿病　　B. 焦虫病　　C. 蜱热

D. 德克萨斯热　　E. 以上都是

问题5 黑热病的病原体是(　　)。

A. 巴贝斯虫　　B. 伊氏锥虫　　C. 利什曼原虫

D. 住白细胞原虫　　E. 泰勒虫

问题6 某警队的警犬表现精神沉郁，喜卧厌动，活动时四肢无力，身躯摇晃，发热(40～41 ℃)，持续3～5 d后，有5～10 d体温正常期，呈不规则间歇热型。渐进性贫血，结膜、黏膜苍白，食欲减少或废绝，营养不良，明显消瘦。触诊，脾脏肿大，肾脏肿大且疼痛，尿呈黄色至暗褐色，少数病犬有血尿。轻度黄疸，部分病犬有呕吐，鼻流清液、眼有分泌物等症状。该犬最可能的诊断是(　　)。

A. 华支睾吸虫病　　B. 犬巴贝斯虫病　　C. 犬心丝虫病

D. 犬复孔绦虫病　　E. 犬钩虫病

问题7 关于犬心丝虫病，下列说法错误的是(　　)。

A. 犬心丝虫病的中间宿主为中华按蚊、白纹伊蚊、淡色库蚊等多种蚊，犬类因被含感染性幼虫的蚊叮咬而遭感染

B. 患犬可发生心内膜炎、心脏肥大及右心室扩张，严重时因静脉淤血导致腹水和肝肿大

等病变，表现咳嗽、心悸、脉细而弱，心内有杂音，腹围增大，呼吸困难。后期严重贫血，逐渐消瘦衰弱致死

C. 成虫主要在肺动脉和右心室寄生，雌虫直接产幼虫，成为微丝蚴

D. 根据临床症状，并在粪便中发现微丝蚴即可确诊

E. 治疗原则是驱杀成虫及微丝蚴，结合对症治疗

问题 8 防治犬疥螨病可选用(　　)。

A. 吡喹酮　　B. 贝尼尔　　C. 氨丙啉

D. 丙硫咪唑　　E. 伊维菌素

问题 9 病猫腹泻、呕吐，粪便时干时稀，贫血，消瘦。在猫的肛门周围有小芝麻粒大小的白色节片出现，使肛门部瘙痒。该病可能是(　　)。

A. 猫肠道冠状病毒感染　　B. 猫结核病　　C. 猫杯状病毒病

D. 猫华支睾吸虫病　　E. 猫绦虫病

任务 7 原虫病

技能 47 犬巴贝斯虫病的诊断与防治

1. 诊断

根据流行病学和临床症状可做出初步诊断。采病犬末梢血做涂片，吉姆萨染色镜检，发现红细胞内的虫体即可确诊。

2. 预防

(1)做好灭蜱工作，在蜱出没的季节消灭犬体、犬舍以及运动场的蜱。于发病季节开始，每隔 15 d 用 1%敌百虫溶液或 0.05%除癞灵溶液喷雾或洗刷犬体一次。或用 7.5%溴氰菊酯溶液 2 000 倍稀释后，给犬全身药浴，每 2 个月药浴 1 次。

(2)引进犬的时候要选择在非流行季节，尽可能不从流行地区引进犬。

(3)发现病犬后，对其他健康犬可用三氮脒等药物进行紧急预防注射。

3. 治疗

(1)阿卡普林，每千克体重 0.5 mg，配成 5%溶液，皮下或肌内注射。有时需隔日重复 1 次。对早期急性病例，效果较好。用药后，如出现兴奋、流涎、呕吐等副作用，则将剂量减至每千克体重 0.3 mg，多次低剂量给药。

(2)三氮脒(贝尼尔，血虫净)，每千克体重 7 mg。配成 1%水溶液，深层肌内注射，间隔 5 d 再用药 1 次。

(3)咪唑苯脲，每千克体重 5 mg，配成 1%溶液，肌内注射，间隔 24 h 重复用药一次。

(4)氧二苯脒,每千克体重 15 mg,配成 5%溶液,皮下注射,连用 2 次。

(5)蒿甲醚,每千克体重 7 mg,肌内注射,每天 1 次,连用 2 d。

以上药物对处于发热和贫血重症期的病犬治疗效果最佳,对于慢性病犬可用类固醇药物诱发原虫生长,再使用抗原虫药物。对病程较长的病犬,除上述疗法外,还应进行对症和支持疗法。高度贫血时,按每千克体重 5～10 mL 及时输血。体质虚弱时,还可适当补液以及口服生脉饮等药物。

【相关知识】

犬巴贝斯虫病是由巴贝斯科巴贝斯属的原虫寄生于犬的红细胞内而引起的疾病。临床上以严重贫血和血红蛋白缺乏为特征。对良种犬,尤其是军犬、警犬和猎犬危害很大。

1. 病原体

主要有 2 种。

(1)犬巴贝斯虫　虫体很大,一般长 4～5 μm,最长的可达 7 μm。典型虫体呈梨籽型,一端尖,一端钝,梨籽形虫体之间可以形成一定的角度。此外还有变形虫样、环形等其他多种形状的虫体。一个红细胞内可以感染多个虫体,多的可达 16 个。血片用吉姆萨染色,原生质呈淡蓝色,染色质呈紫红色。

(2)吉氏巴贝斯虫　虫体很小,长 1～2.5 μm。多位于细胞边缘或偏中央,呈环形、椭圆形、圆点形、梨形、小杆形等。圆点形虫体为一团染色质,吉姆萨染色呈深紫色,多见于感染的初期。环形的虫体为浅蓝色的细胞质包围一个空泡,有一团或两团染色质,位于细胞质的一端。小杆形虫体的染色质位于两端,染色较深,中间细胞质着色较浅,呈巴氏杆菌样。在一个红细胞内可寄生 1～13 个虫体,但以寄生 1～2 个虫体者多见(图 3-1)。

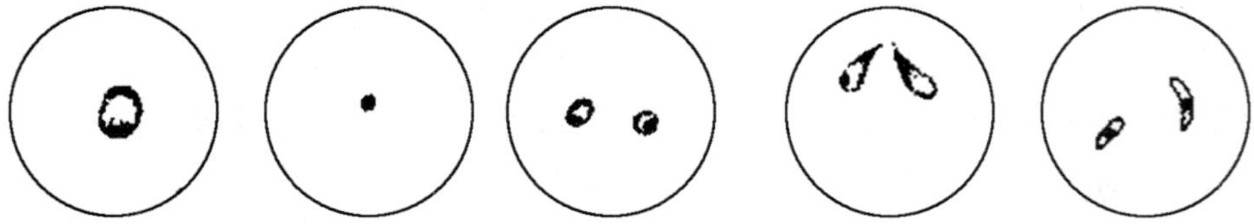

图 3-1　红细胞内的吉氏巴贝斯虫

2. 生活史

终末宿主蜱在吸食动物血时,将巴贝斯虫的子孢子注入中间宿主犬的体内,子孢子进入犬红细胞内,以二分裂或出芽方式进行分裂增殖,产生裂殖子,当红细胞破裂后,虫体逸出,虫体再侵入新的红细胞,如此反复分裂,破坏红细胞,几代后形成配子体。

蜱叮咬吸血的时候,配子体在蜱的肠管上皮细胞内形成配子,而后结合形成合子。合子可以运动,进入各种器官反复分裂形成更多的动合子。动合子侵入蜱的卵母细胞,在子代蜱发育成熟和采食时，进入子代蜱的唾液腺，进行孢子生殖，形成子孢子。子代蜱吸血的同时向宿主体内注入大量唾液，从而将巴贝斯虫子孢子传给动物。

该病的分布和发病季节与蜱的分布和活动季节有密切关系。多发生于春季和秋季。有在灌木丛林狩猎，出勤工作或放养后7～10 d发病的病史。纯种犬和引进犬最易发生，地方土犬和杂种犬对本病有较强的抵抗力。

3. 主要症状

急性病犬，体温升高，常为39～40 ℃，有的在40 ℃以上，且持续数天不退。黏膜先呈淡红色，随之发绀或黄染。常见化脓性结膜炎。从口鼻流出具有不良气味的液体。呼吸、心跳加快，呼吸困难。食欲减退或废绝，饮水增加，有时出现腹泻，明显消瘦。四肢无力，行走困难，喜卧。尿呈黄色或暗褐色。

慢性病犬病初体温升高，持续3～5 d后，有5～10 d的体温正常期，呈不规则的间歇热型。高度贫血，口色苍白，轻度黄疸。逐渐出现精神沉郁，食欲减退。脾脏肿大，触诊敏感。重者明显消瘦，站立不稳。尿呈黄褐色。常死于衰竭。

技能48　弓形虫病的诊断与防治

1. 诊断

根据流行病学资料、临诊症状和病理剖检可做出初步诊断。通过实验室诊断查出病原性虫体和检出特异性抗体即可确诊。

（1）病原学检查　可取病犬和猫发热期的体液、脑脊液作为检查材料，死后可采取肝、肺、淋巴结为病料，制成涂片，吉姆萨或瑞氏染色后，镜检有无滋养体。

（2）血清学检查　适用于流行病调查和生前早期诊断，其方法有染色试验（DT）、间接血凝试验（IHA）、间接荧光抗体试验（IFA）、酶联免疫吸附试验（ELISA）、抗弓形虫单克隆抗体试验、PCR检测等，目前已有快速诊断试剂盒应用于临床。

2. 预防

防止猫粪污染食物、饮水和环境；消灭鼠类；病死动物和流产胎儿要深埋或高温处理；发现患病动物及时隔离治疗；禁止用未煮熟的肉喂猫和犬；加强饲养管理，提高动物抗病能力。

3. 治疗

（1）磺胺甲氧吡嗪（SMPZ）与甲氧苄氨嘧啶（TMP）同时应用。磺胺甲氧吡嗪，每千克体重30 mg，甲氧苄氨嘧啶，每千克体重10 mg，口服，每天1次，连用4次。

（2）12%复方磺胺甲氧吡嗪注射液（SMPZ∶TMP＝ 5∶1），每千克体重50～60 mg，肌内注射，每天1次，连用3次。

【相关知识】

弓形虫病是由肉孢子虫科弓形虫属的刚地弓形虫引起的人兽共患原虫病。犬和猫多为隐性感染，但有时也可引起发病。临床上以高热稽留、呼吸困难、肠炎等为特征。

1. 病原体

虫体不同发育阶段的形态各异，在终末宿主猫体内为裂殖体、配子体和卵囊，在中间宿主犬和其他动物体内为速殖子和缓殖子。

(1)速殖子　又称滋养体。呈弓形、月牙形或香蕉形，一端较尖，一端钝圆，中央有一细胞核，稍偏钝端。平均大小为(4～8) μm×(2～4) μm。经吉姆萨或瑞氏染色后，胞浆呈淡蓝色，有颗粒，核呈深蓝色。速殖子主要出现在急性病例，多数在细胞内，亦可游离于血液、组织液及腹水中。有时众多速殖子集聚在宿主细胞内，被宿主细胞膜所包围，形成假囊(图 3-2)。

1　　2　　3

图 3-2　弓形虫

1. 滋养　2. 分裂中的滋养体　3. 假囊

(2)包囊　又称组织囊。呈圆形或卵圆形，有较厚的囊壁，直径 8～100 μm，囊内的虫体以缓慢的方式增殖，称为慢殖子，有数十个至数千个。包囊见于慢性病例的多种组织，如脑、眼、骨骼肌等处。在机体免疫力低下时，包囊可破裂，慢殖子从包囊中逸出，重新侵入新的细胞，引起宿主发病。

(3)裂殖体　呈圆形，直径 12～15 μm，内含 4～24 个裂殖子。见于终末宿主肠上皮细胞内。

(4)配子体　小配子体呈圆球形，直径 10 μm，发育成熟的小配子体可形成 12～32 个小配子。小配子呈新月形，2 根鞭毛，长约 3 μm；大配子体呈卵圆形，发育成熟后称大配子，其形态变化不大，仅体积增大，可达 15～20 μm。大、小配子结合形成合子，最后发育为卵囊。见于终末宿主肠上皮细胞内。

(5)卵囊　呈圆形或近圆形。大小为(11～14) μm×(9～11) μm。卵囊在终末宿主小肠绒毛上皮细胞内产生，随终末宿主粪便排出，在外界环境中发育至具感染性的孢子化卵囊。孢子化卵囊内含有 2 个椭圆形孢子囊，每个孢子囊内有 4 个子孢子。

2. 生活史

弓形虫为细胞内寄生虫，猫为终末宿主。中间宿主犬因食入孢子化卵囊而感染。如果感染的虫株毒力强，而且宿主又未能产生足够的免疫力，即可引起该病的急性发作；反之，如果虫株毒力较弱，而且宿主又能很快产生免疫力则虫体的繁殖受阻，疾病的发作较慢，或者成为无症状的隐性感染，虫体在宿主的一些脏器中形成包囊。此外，呼吸道、输血、损伤的皮肤黏膜及胎盘和乳汁等也可成为感染途径。人、畜和多种野生动物均具有易感性，没有严格的地区分界线，可在任何季节发生，但动物发病一般以夏秋季节居多（图3-3）。

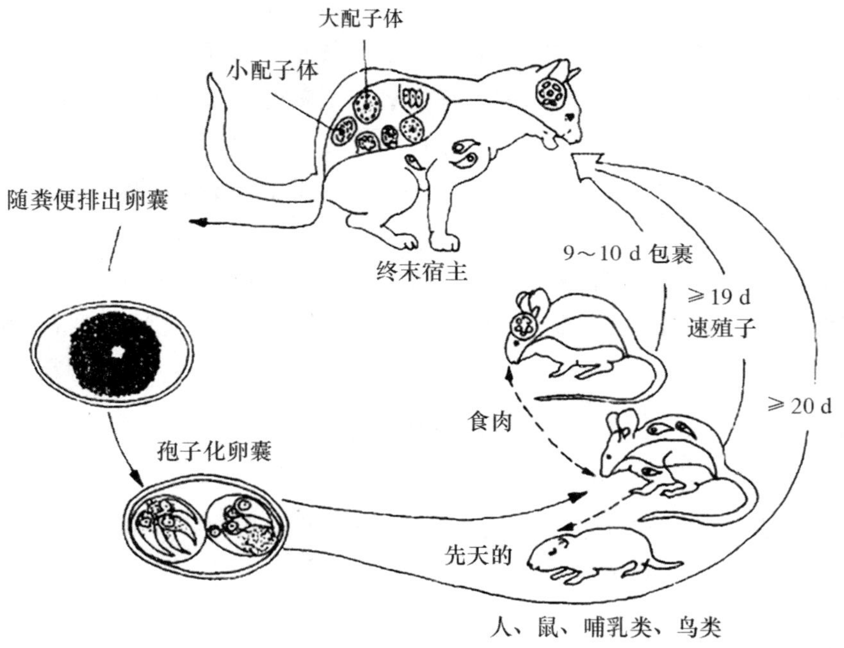

图3-3　弓形虫生活史

3. 主要症状

猫的症状分为急性型和慢性型。急性型主要表现厌食、嗜睡，持续高热，体温40 ℃以上，呼吸困难，咳嗽，有肺炎的症状。有的出现呕吐，腹泻，黄疸，过敏，眼结膜充血，脉络膜视网膜炎，对光反应迟钝，甚至眼盲。怀孕母猫出现流产或新生仔猫出生后数日死亡。慢性型病猫时常复发，厌食，发热，腹泻，虹膜发炎，贫血。有些猫出现惊厥，抽搐，瞳孔不均，运动失调。怀孕母猫流产或死产。剖检可见肝炎，肺炎，心肌炎和胰腺坏死。腹腔内常有多量渗出液。

犬弓形虫病多发生于幼犬，主要表现发热，呼吸困难，咳嗽。拒食、呕吐，排水样或血样粪便。精神沉郁，眼和鼻流出黏液样分泌物，黏膜苍白，体质虚弱，运动失调和下痢。怀孕母犬易发生早产和流产。剖检可见肝脏肿大充血，有灰色坏死灶。肺脏充血、水肿，有大小不等的灰白色结节病灶。胃和肠道黏膜溃疡，肠腔有血液和黏液。胸腹腔积水。

技能49 球虫病的诊断与治疗

1. 诊断

根据临床症状和粪便漂浮法检出卵囊可确诊。但在感染初期，因卵囊尚未形成，可刮取肠黏膜压片，镜下可检出裂殖体。

2. 治疗

(1)磺胺六甲氧嘧啶，每千克体重 50 mg，口服，每天 1 次，连用 7 d。

(2)磺胺二甲嘧啶，每千克体重 55 mg，加甲氧苄氨嘧啶每千克体重 10 mg，口服，每天 2 次，连用 5 d。

(3)氨丙啉，每千克体重 110～220 mg，混入食物，连用 7～12 d，当出现呕吐等副作用时，应立即停止使用。

同时采用对症疗法，如长期食欲减退者肌内注射复合维生素 B；贫血严重者肌内注射维生素 B_{12}；便血者肌内注射止血敏；脱水者静脉注射 5%葡萄糖生理盐水和能量合剂等。

【相关知识】

球虫病是由艾美耳科等孢属的球虫寄生于犬、猫的小肠和大肠黏膜上皮细胞内而引起的疾病。临床上以血便、贫血和肠炎为特征。

1. 病原体

(1)犬等孢球虫　寄生于犬的小肠和大肠，具有轻度至中度致病力。卵囊呈椭圆形或卵圆形，大小为(35～42) μm×(27～33) μm，囊壁薄而光滑，无色或淡绿色。孢子化卵囊内含 2 个孢子囊，每个孢子囊含 4 个香蕉形子孢子，无卵膜孔、极粒和卵囊残体。孢子囊呈椭圆形，无斯氏体，有孢子囊残体(图 3-4)。

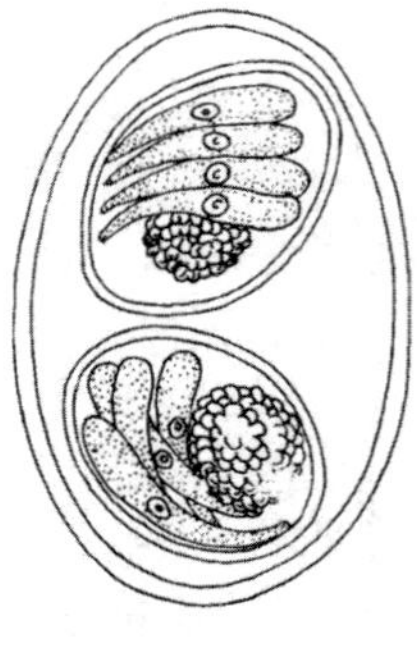

图 3-4　等孢球虫孢子化卵囊模式图

(2)二联等孢球虫　寄生于犬的小肠。卵囊呈宽椭圆形、亚球形或球形，大小为(10～14) μm×(10～12) μm，其形态和犬等孢球虫相似。

(3)猫等孢球虫　寄生于猫的小肠，有时在盲肠寄生，具有轻微的致病力。卵囊呈卵圆形，大小为(32～53) μm×(27～39) μm，囊壁光滑，粉红色。其他形态和犬等孢球虫相似。

(4)芮氏等孢球虫　寄生于猫的小肠、盲肠和结肠。具有轻微的致病力。卵囊呈椭圆形至卵圆形，大小为(21～28) μm×(18～23) μm，囊壁光滑，无色或淡褐色。其他形态和犬等孢球虫相似。

2. 生活史

球虫为直接发育型，不需要中间宿主。整个发育过程分2个阶段，3种繁殖方式，在犬、猫体内进行裂殖生殖和配子生殖，在外界环境中进行孢子生殖。

卵囊随粪便排到体外，在适宜的条件下，很快发育为具有感染力的孢子化卵囊，犬、猫吞食后感染。孢子化卵囊在其肠道内释放出子孢子，侵入小肠或大肠上皮细胞，进行裂殖生殖，首先发育为裂殖体，其内含有8～12个或更多的裂殖子。裂殖体成熟后破裂，释放出的裂殖子侵入新的肠上皮细胞，再发育为裂殖体。经过3代或更多的裂殖发育后，进入配子生殖阶段，即形成大配子体和小配子体，继而分别发育为大、小配子，结合成为合子，合子周围形成囊壁即变为卵囊，卵囊一经产生即随粪便排出体外。

本病多发于幼犬和幼猫，常见于高温潮湿季节，尤其在环境不良和饲养密度较大时严重流行。

3. 主要症状

轻度感染时不显症状。严重感染时，幼犬和幼猫于感染后3～6 d，出现水泻或排出泥状粪便，有时排带黏液的血便。轻度发热，精神沉郁，食欲不振，消化不良，消瘦，贫血，脱水。感染3周以后，症状自行消失，若无继发感染，大多数可自然康复。成年犬、猫呈慢性经过。

剖检可见整个小肠(尤其回肠下段)出现卡他性肠炎或出血性肠炎，黏膜肥厚，上皮剥蚀。慢性者小肠黏膜有白色卵囊结节。

技能50　犬利什曼原虫病的诊断与治疗

1. 诊断

由于本病早期多不显症状，外观患犬的健康状况良好，皮肤损害和精神萎靡仅见于晚期，所以本病的确诊均以查到利什曼原虫为准。

(1)病原学检查　从病犬髂骨和肋骨穿刺抽取骨髓，或刮取耳部皮肤组织，或体表淋巴结(一般选择肩部淋巴结)及脾脏穿刺，制成涂片，染色检查虫体。

(2)免疫学诊断　常用于检测血清抗体的方法有酶联免疫吸附试验、间接血凝试验、对流免疫电泳、间接荧光试验、直接凝集试验等。近年来，国内学者应用单克隆抗体一抗原斑点试验方法检测循环抗原，具有较高的敏感性和特异性。

2. 治疗

(1)葡萄糖酸锑钠　每千克体重150 mg，配成10%注射液，分6次静脉注射或肌内注射，每天1次。必要时再用一个疗程。

(2)戊烷脒　配成4%溶液，肌内注射，每天1次，每次每千克体重4 mg，共15次为一个疗程，总剂量为每千克体重40 mg。

【相关知识】

利什曼原虫病又称"黑热病"，是由锥体科利什曼属的杜氏利什曼原虫寄生于犬和人的内脏而引起的疾病。临床上以发热、贫血、肝脾肿大、消瘦及皮肤病变为特征。

1. 病原体

在人、犬等的肝、脾、骨髓的巨噬细胞内寄生的杜氏利什曼原虫，为无鞭毛体阶段，虫体呈圆形或卵圆形，大小为(2.9～5.7) μm×(1.8～4.0) μm。瑞氏液染色后，胞质呈浅蓝色，胞核呈红色圆形，常偏于虫体一侧，动基体呈紫红色细小杆状，位于虫体中央或稍偏于另一端(图3-5)。

在传播媒介中华白蛉体内的虫体称为前鞭毛体。虫体细长呈柳叶形，长12～16 μm，动基体前移至核前方，前端有一根与体长相当的游离鞭毛，在新鲜标本中，可见鞭毛不断摆动，虫体运动非常活泼。

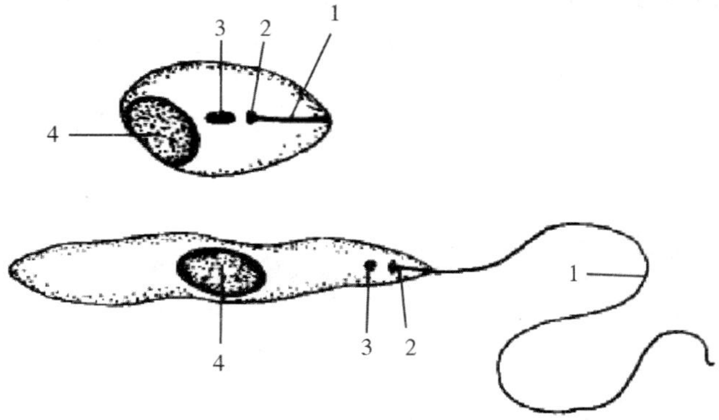

图3-5　杜氏利什曼原虫

1. 鞭毛　2. 鞭毛基体　3. 动基体　4. 核

2. 生活史

当雌性白蛉吸食病犬或病人的血液时，无鞭毛体被吸入白蛉胃内，在白蛉消化道内发育为具感染力的前鞭毛体。当白蛉再次吸食健康犬或人的血液时，前鞭毛体即随白蛉唾液进入健康动物或人的体内，失去游离鞭毛成为无鞭毛体，随血液循环到达机体各部，无鞭毛体被巨噬细胞吞食后，在其细胞内进行分裂增殖。巨噬细胞破裂。游离的无鞭毛体又可被其他巨噬细胞吞噬，重复上述增殖过程(图3-6)。

3. 主要症状

多数犬感染后呈隐性带虫状态。少数犬表现被毛粗糙及脱落，脱毛处有皮脂外溢，形成鳞屑或溃疡。晚期出现食欲不振，消瘦，贫血，衰弱，精神沉郁，叫声嘶哑，眼缘发炎和鼻衄等症状。有的体温中度升高，足关节肿胀和僵直。

4. 预防措施

在流行区，应加强对犬的管理，定期对犬进行检查，除对特别珍贵的犬种进行隔离治疗外，其他病犬以扑杀为宜；在流行季节，用杀虫药有机磷制剂或拟除虫菊酯类药物杀灭白蛉。

图 3-6 利什曼原虫生活史

技能51 阿米巴病的诊断与治疗

1. 诊断

根据流行病学、症状和病变仅能做出初步诊断，确诊需做病原体的检查。采用生理盐水涂片法或碘液涂片法，在粪便中发现滋养体和包囊即可确诊。

鉴别诊断：肠阿米巴病应与细菌性痢疾相鉴别。后者起病急，发烧，全身状态不良，粪便中白细胞多见，抗生素治疗有效。

2. 治疗

(1)甲硝唑(灭滴灵) 犬每千克体重 10 mg，口服，每天 2 次，连用 7 d。

(2)痢特灵 每千克体重 2 mg，口服，每天 3 次，连用 7 d。

【相关知识】

阿米巴病是由内阿米巴科内阿米巴属的溶组织内阿米巴寄生于人和动物的大肠黏膜所引起的疾病。临床上以顽固性腹泻为特征。

1. 病原体

溶组织内阿米巴可分为包囊和滋养体两个不同时期。滋养体形态多变，大小在 10～60 μm 。运动活泼，有透明的外质和富含颗粒的内质，内外质区分明显，运动时外质伸出，形成指状伪足。具一个球形的泡状核，直径 4～7 μm。核仁小，大小为 0.5 μm，常居中，周围围以纤细无色的丝状结构。

包囊呈球形，直径为 5～20 μm，外包一层透明的囊壁，内含 1～4 个核，各有 1 个位于中央的核仁。未成熟包囊含核 1～2 个，胞质内含拟染色体和糖原泡。成熟包囊含有 4 个核，圆形，直径 10～16 μm，外包囊壁厚，光滑。核为泡状核，与滋养体相似但稍小。

2. 生活史

包囊随粪便排至外界，犬、猫、猪、人等动物食入粪便中的包囊而感染。在回肠末端或结肠的中性或碱性环境中，由于包囊中的虫体运动和肠道内酶的作用，包囊壁在某一点变薄，囊内虫体多次伸长，伪足伸缩，虫体脱囊而出。4 核的虫体经三次胞质分裂和一次核分裂发展成 8 个滋养体，随即在结肠上端摄食细菌并进行二分裂增殖。虫体在肠腔内下移的过程中，随着肠内容物的脱水和环境变化等因素的刺激，形成圆形的前包囊，分泌出厚的囊壁，经二次有丝分裂形成四核包囊，随粪便排出，经口感染新的宿主。

3. 主要症状

本病多数情况下无明显症状或症状轻微，犬、猫严重感染出现精神萎顿，体重下降，厌食，水样腹泻，粪中含有黏液和潜血，少数可导致死亡。滋养体侵入肠组织并大量增殖，引起组织损伤，形成溃疡，发生大肠炎。虫体随血流转入其他部位，引起肝、肺、脑等部位的脓肿，或皮肤和黏膜的溃疡。

4. 预防措施

加强饲养管理，改善环境卫生条件，对粪便进行无害化处理，以杀灭包囊，保护水源、食物免受污染，从而控制和减少本病的发生。

任务 8　蠕虫病

技能 52　绦虫病的诊断与防治

1. 诊断

依据临床症状，结合粪检虫卵和节片即可确诊。刚爬出肛门的绦虫节片类似大米粒大小，白色或淡黄色，能伸缩活动，时间长者节片变干，粘于肛周的被毛上，形似芝麻粒状。粪便虫卵检查用饱和盐水漂浮法。

2. 预防

保持犬、猫舍内外清洁和干燥，定期消毒，用拟除虫菊酯类药物灭虱、蚤，大力防鼠和灭鼠;对犬、猫定期驱虫,驱虫时收集粪便无害化处理。也可根据对虫卵或虫体的检查,及时发现及时驱虫;禁止用未经无害化处理的非正常肉食品喂犬、猫。不饲喂生鱼虾或含幼虫的家畜内脏。

3. 治疗

(1)吡喹酮 犬每千克体重 5 mg,猫,每千克体重 2 mg,1 次口服。

(2)丙硫咪唑 每千克体重 10～15 mg,口服,连用 3～4 d。

(3)灭绦灵(氯硝柳胺) 每千克体重 100～150 mg,1 次口服。但对细粒棘球绦虫和复孔绦虫效果较差。

(4)硫双二氯酚(别丁) 犬每千克体重 200 mg,猫每千克体重 50～100 mg,1 次口服。

(5)盐酸丁萘脒 猫每千克体重 25～50 mg,1 次口服,用于猫的曼氏迭宫绦虫感染。

(6)中药治疗 槟榔 100 g,南瓜籽 150 g。南瓜籽炒熟捣碎与槟榔同煎成 300 mL,按每千克体重 10 mL,1 次内服。

【相关知识】

绦虫病是由多种绦虫寄生于犬、猫小肠而引起的一种慢性寄生虫病。临床上以慢性肠炎、贫血、消瘦为特征。

1. 病原与生活史

绦虫扁平带状,不透明,雌雄同体,多为自体受精。由头节、颈节和链体三部分组成,链体由很多成熟程度不一的节片组成,越是最后节片(称孕节)越成熟。孕节里面含有成熟的卵子,孕卵节片不断脱落,新的节片不断形成,所以绦虫始终能保持着它们每个种别的固有长度与一定的节片数目。寄生于犬、猫小肠的绦虫主要有以下 10 种。

(1)犬复孔绦虫 属双壳科、复孔属。寄生于犬、猫小肠。虫体长 15～70 cm,最宽处约 3 mm。头节有 4 个吸盘和 1 个顶突,顶突上有 30～150 个小钩,玫瑰刺状,排列为 3～4 圈。成熟节片外观呈黄瓜籽状,含 2 套生殖器官。生殖孔开口于节片侧缘中部。孕节内子宫形成许多卵囊,每个卵囊内含 2～40 个虫卵。虫卵圆球形,透明,直径 25～40 μm,卵壳 2 层。内含六钩蚴。

孕卵节片随粪便排出体外,卵孵出,被中间宿主蚤类吞食,在其体内发育形成似囊尾蚴,犬、猫吞食含有似囊尾蚴的蚤类而感染。

(2)带状带绦虫 属带科、带属。主要寄生于猫的小肠,也见于犬。虫体乳白色,长 15～60 cm,顶突肥大,上有小钩 26～52 个,排成 2 圈。孕节子宫充满虫卵。虫卵直径 31～36 μm。

孕卵节片随粪便排出体外,卵孵出,被中间宿主鼠类吞食,在其体内发育形成链尾蚴,猫吞食含有链尾蚴的鼠类而感染。

(3)豆状带绦虫　属带科、带属。寄生于犬、猫小肠。成虫乳白色，虫体长 60～200 cm。头节上有吸盘和顶突，顶突上有小钩 34～48 个，排成 2 圈。体节边缘呈锯齿状，又称锯齿带绦虫。孕节子宫充满虫卵。虫卵大小(36～40) μm×(32～37) μm。

豆状带绦虫在中间宿主兔体内发育形成豆状囊尾蚴，犬、猫吞食含豆状囊尾蚴的兔内脏器官而受感染。

(4)泡状带绦虫　属带科、带属。寄生于犬小肠，少见于猫。虫体乳白色或淡黄色，长可达 5 m。头节上有 4 个吸盘和顶突，顶突上有小钩 26～46 个，排成 2 圈。孕节子宫分枝并充满虫卵。虫卵卵圆形，大小为(36～39) μm×(31～35)μm，内含六钩蚴。

在中间宿主猪、牛、羊等体内发育为细颈囊尾蚴。犬、猫食入含细颈囊尾蚴的脏器而感染。

(5)绵羊带绦虫　属带科、带属。寄生于犬、猫小肠。虫体乳白色，体长 45～110 cm。头节上有吸盘和顶突，顶突上有小钩 32～38 个，排成 2 圈。虫卵大小为(30～40) μm×(24～28) μm。

绵羊带绦虫在中间宿主绵羊和山羊肌肉等部位形成囊尾蚴，犬猫因吞食含囊尾蚴的羊肉而感染。

(6)多头带绦虫　属带科、带属或多头属。寄生于犬科动物小肠内。虫体长 40～100 cm。头节上有 4 个吸盘和顶突，顶突上有小钩 22～32 个，排成 2 圈。虫卵直径 29～37 μm，内含六钩蚴。

虫卵随粪便排出体外，在中间宿主绵羊、山羊等反刍动物脑和脊髓中形成脑多头蚴，犬因食入含多头蚴的脑、脊髓而受感染。

(7)细粒棘球绦虫　属带科、棘球属。寄生于犬科动物小肠内。虫体长不超过 7 mm，仅由 1 个头节和 3～4 个节片组成。头节上有 4 个吸盘，顶突上有 2 圈小钩。虫卵大小为(32～36) μm×(25～30) μm(图 3-7)。

细粒棘球绦虫的中间宿主有绵羊、山羊、牛、猪、马等，在肝、肺中发育形成细粒棘球蚴，犬吞食含棘球蚴的脏器而感染。

(8)线中殖孔绦虫　属中绦科、中绦属。寄生于犬、猫等小肠。虫体乳白色，长 30～250 cm。头节上有 4 个长圆形吸盘，无顶突和小钩。子宫位于体节中央呈纵长囊状，眼观似一条纵线贯穿体节中央，孕节呈桶形。虫卵长圆形，大小为(40～60) μm×(35～43) μm。

在第一中间宿主地螨体内发育为似囊尾蚴，第二中间宿主为蛙、蛇、蜥蜴、鸟类、啮齿类等，吞食了含似囊尾蚴的地螨后，可在其体内形成四槽蚴。犬猫吞食这些第二中间宿主后，在小肠经 16～20 d 发育为成虫。

(9)曼氏迭宫绦虫　属双叶槽科、迭宫属。寄生于犬、猫等小肠。虫体长 40～60 cm，有的长达 1 m，最大宽度 8 mm。头节细小，背腹各有一纵行吸槽。体节宽大于长，孕节几乎长宽相等，子宫有 3～5 次的盘旋。虫卵淡黄色，椭圆形，一端有卵盖，大小为(52～76) μm×

(31～44) μm，内含许多卵黄细胞和一个胚细胞，相近于吸虫的虫卵。

在第一中间宿主剑水蚤体内发育为原尾蚴，在第二中间宿主蝌蚪和蛙类体内发育为裂头蚴。若受感染蛙类被蛇、鸟、鼠、刺猬、猪等捕食，裂头蚴可在腹腔、肌肉、皮下等处寄生，但不继续发育，称为转续宿主。当犬吞食了受感染的蛙类和转续宿主体内的裂头蚴时即受感染，在肠内发育为成虫。

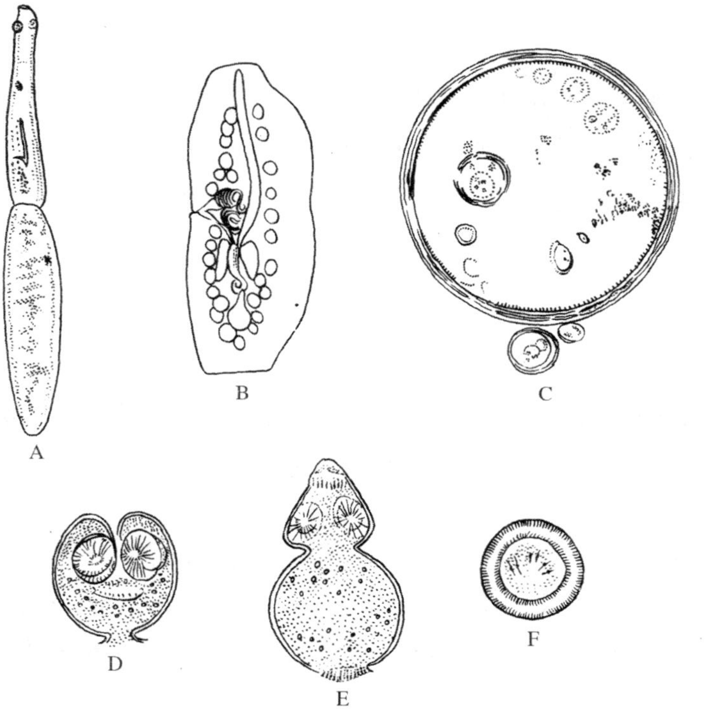

图 3-7　棘球蚴和细粒棘球绦虫

A. 成虫　B. 成熟节片　C. 棘球蚴模式图　D. 反转嵌于囊内的头部　E. 伸出的头部　F. 虫卵

(10)阔节裂头绦虫　属双叶槽科、双叶槽属。寄生于犬、猫等动物小肠。虫体长达 2～12 m，呈灰黄色至棕色。头节上有两个纵行的狭而深的吸槽。成熟节片和孕节均呈四方形。虫卵呈卵圆形，微棕色，有卵盖，大小为(67～71) μm×(40～51) μm。

剑水蚤和镖水蚤为第一中间宿主，淡水鱼类为第二中间宿主。虫体在第一中间宿主体内发育成原尾蚴，在鱼的肌肉或内脏形成裂头蚴。犬、猫吞食了含裂头蚴的鱼而感染。

2. 主要症状

主要体现在虫体吸盘和顶突上小钩吸住肠黏膜引起炎症、夺取宿主营养、产生毒素和阻塞肠管等 4 个方面。

轻度感染时常不显症状。严重感染时，表现为呕吐、慢性肠炎、食欲异常(贪食、异嗜)、渐进性消瘦、贫血、精神不振、肛门发痒、腹泻与便秘交替发生。有时出现剧烈兴奋，痉挛和四肢麻痹等。如虫体大量聚积在肠道时可引起肠梗阻、肠套叠和肠扭转，甚至肠破裂死亡。

技能53 蛔虫病的诊断与防治

1. 诊断

根据症状可做出初步诊断，粪便中检出虫体或虫卵可确诊。粪便虫卵检查，常采用直接涂片法和饱和盐水漂浮法。

2. 预防

及时清除粪便，并将粪便进行发酵处理。犬、猫笼舍应经常用火焰（喷灯）或开水浇烫，以杀死虫卵。定期驱虫，幼犬与哺乳母犬应在幼犬出生后 2 周、4 周、6 周和 8 周给予药物驱虫，幼犬也可于出生后 20 d 开始驱虫，以后每月 1 次，8 月龄后每季度 1 次。新购进的幼犬应间隔 14 d 驱虫 2 次。

3. 治疗

以驱虫、杀虫为治则。常用以下药物。

（1）驱蛔灵（枸橼酸哌嗪） 每千克体重 100 mg，口服，对成虫有效；而按每千克体重 200 mg 口服，则可驱除 1～2 周龄幼犬体内的未成熟虫体。

（2）左旋咪唑 每千克体重 10 mg，口服。

（3）甲苯咪唑 每千克体重 22 mg，口服，每天 2 次，连用 2 d。

（4）丙硫苯咪唑（抗蠕敏） 每千克体重 22 mg，口服，每天 1 次，连用 3 d。

（5）伊维菌素 每千克体重 0.2 mg，皮下注射或口服。但柯利犬及有柯利犬血统的犬禁用。

（6）中药治疗 槟榔 5 g，雷丸 5 g，使君子 6 g，川楝子 6 g，木香 5 g，大黄 6 g。水煎取汁，于早晨空腹时 1 次投服，隔天再用 1 剂。

【相关知识】

蛔虫病是由弓首属和弓蛔属的虫体寄生于犬猫小肠而引起的寄生虫病。以危害幼犬、幼猫为主，造成生长缓慢，发育不良，严重感染者可致死亡。

1. 病原体

主要是弓首属的犬弓首蛔虫、猫弓首蛔虫和弓蛔属的狮弓首蛔虫。

（1）犬弓首蛔虫 寄生于犬小肠中。虫体浅黄色、头端有 3 个唇瓣，缺口腔，食道简单，食道与肠管连接处有一个小胃，虫体有狭长的颈翼膜，头部向腹面弯曲。雄虫体长 50～100 mm，尾端弯曲，有尾翼膜，尾尖有圆锥状突起物，交合刺两根，左右不等长。雌虫体长

90～180 mm，尾端直，阴门开口于虫体前半部(图 3-8)。虫卵呈亚球形，卵壳厚，表面麻点状，大小为(68～85) μm×(64～72) μm。

(2)猫弓首蛔虫　寄生于猫的小肠中。成虫与犬弓首蛔虫相似，只是其颈翼膜短而宽，近头端处颈翼膜变窄，使虫体前端如箭头状。雄虫体长 30～60 mm，交合刺两根，等长。雌虫体长 40～120 mm(图 3-8)。虫卵呈短椭圆形，大小为 65 μm×70 μm，具有厚的凹凸不平的卵壳(麻点状)。

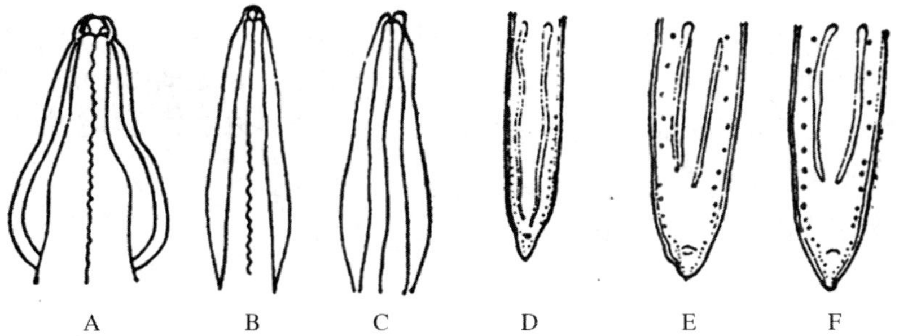

图 3-8　犬与猫的蛔虫

A. 猫弓首蛔虫头部　B. 犬弓首蛔虫头部　C. 狮弓蛔虫头部　D. 猫弓首蛔虫雄虫尾部　E. 犬弓首蛔虫雄虫尾部　F. 狮弓蛔虫雄虫尾部

(3)狮弓蛔虫　寄生于犬、猫的小肠中。虫体头端常向背侧弯曲，食道与肠管连接处无小胃构造；从头端开始到近食道末端的两侧具有狭长而对称的颈翼膜。有三片近似长圆形的唇片，唇缘具有细小的锯齿状缺刻，每片唇的中部两侧各有一个圆丘状乳突，镶嵌于凹窝中。雄虫体长 35～70 mm，有两根等长的交合刺，无尾翼膜，肛前有 21～28 对乳突，肛后有 5 对乳突。雌虫体长 30～100 mm，阴门开口于虫体前 1/3 与中 1/3 交界处，尾直而尖细(图 3-8)。虫卵近圆形，卵壳光滑，大小为(49～61) μm×(74～86) μm。

2. 生活史

(1)犬弓首蛔虫　虫卵随粪便排出体外，在适宜条件下，经 10～15 d 发育为感染性虫卵(含第二期幼虫)。感染性虫卵在不同年龄的犬体内生活史不完全相同。

数周至 3 月龄的幼犬吞食了感染性虫卵后，在小肠内孵出第二期幼虫，幼虫进入肠壁经淋巴管和毛细血管进入血液循环，到达肝脏，再进入肺脏，蜕皮变为第 3 期幼虫，经细支气管、支气管、气管到达咽喉，进入口腔，被咽下后进入消化道，在胃内变为第 4 期幼虫。进入小肠后变为第 5 期幼虫，再发育为成虫。

6 月龄以上的犬吞食感染性虫卵后，幼虫进入血液循环，多随体循环到达脏器和组织，形成包囊，不进一步发育，但虫体可存活 6 个月。有时妊娠母犬包囊内的虫体被某种因素激活后，可经胎盘感染幼崽。

(2)猫弓首蛔虫　猫吞食含第二期幼虫的感染性虫卵后，孵出的幼虫进入胃壁，然后进入肝、肺，经气管到达咽喉，回到胃内，进入胃壁，发育为第 3 期幼虫，再回到胃内，进入肠腔，发育为第4、5期幼虫，进一步发育为成虫。此外，猫也可通过吞食含有蛔虫包囊的老鼠而感染。

(3)狮弓蛔虫　虫卵在适宜外界环境(30 ℃)经3日即发育为感染性幼虫，被宿主吞食后，幼虫钻入肠壁发育后又回到肠腔，发育为成虫。

3. 主要症状

蛔虫是犬猫体内的大型虫体，对机体的致病作用主要为机械作用、夺取营养和毒素作用。早期幼虫移行可引起肝、肺、肠等组织损伤，形成肝炎、肺炎和肠炎，伴有咳嗽、消化不良、腹痛、腹泻和呼吸窘迫。成虫阶段，幼犬、猫消瘦，吸收障碍，生长迟缓，被毛粗乱无光泽，腹泻物中有大量黏液。呕吐物恶臭可能伴有虫体。严重感染时可出现肠阻塞、胆管阻塞，腹部膨大，急性腹痛。有时可见痉挛、惊厥等神经症状。死亡多因小肠虫体嵌塞或肠穿孔。

技能54 钩虫病的诊断与防治

1. 诊断

根据临床症状和发病年龄做出初步诊断，确诊必须在粪便中找到虫卵。粪便虫卵检查可采用直接涂片法或饱和食盐溶液漂浮法。取新鲜粪便1 g放入试管中，先加入少量饱和食盐水并充分混合，然后用饱和盐水加满并使液面突出试管口部，静置30 min，最后用载玻片盖取液面，镜检虫卵。

2. 预防

保持犬、猫舍干燥，及时清除粪便并做无害化处理，对笼舍和环境进行消毒(开水烫或酒精喷灯消毒)或曝晒，以杀灭虫卵。及时驱虫。幼犬出生后20～25 d即可进行第1次驱虫，1～6月龄每月1次，6～24月龄每季度1次，24月龄以上每半年1次。

3. 治疗

驱虫杀虫，结合对症治疗，同时给予高蛋白食物。

(1)驱虫杀虫　左旋咪唑，每千克体重10 mg，1次口服；或丙硫咪唑，每千克体重50 mg，口服，连用3 d；或甲苯咪唑，每千克体重22 mg，混于饲料中饲喂；或伊维菌素每千克体重0.2 mg，皮下注射，间隔3～4 d，注射1次，连用3次。但柯利犬及有柯利犬血统的犬禁用。

(2)对症治疗　对贫血严重的犬要输血，同时投服止血药、收敛药、维生素B_{12}、铁制剂等。

【相关知识】

钩虫病是由钩口属、板口属和弯口属虫体寄生于犬、猫小肠而引起的疾病。临床上以高度贫血和消瘦为特征。

1. 病原体

感染犬、猫的钩虫包括犬钩口线虫、美洲板口线虫、巴西钩口线虫和狭头弯口线虫4种。

(1)犬钩口线虫　属钩口属，寄生于犬、猫小肠。虫体呈灰色或淡红色，头端稍向背侧弯曲，口囊发达。口囊前缘腹面有3对锐利的巨齿，各向内呈钩状弯曲，深部有一对三角形尖齿。雄虫长10～12 mm，雌虫长14～16 mm。虫卵呈椭圆形，浅褐色，大小为(56～75) μm×(34～47) μm，新排出的虫卵内含8个卵细胞(图3-9)。

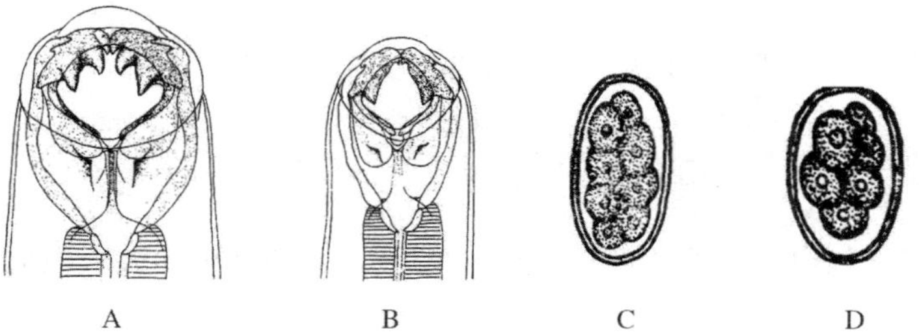

图3-9　犬钩口线虫和巴西钩口线虫

A. 犬钩口线虫　B. 巴西钩口线虫　C. 犬钩口线虫虫卵　D. 巴西钩口线虫虫卵

(2)美洲板口线虫　属板口属，寄生于犬的小肠。头端弯向背侧，口孔腹缘上有1对半月形的切板。口囊呈亚球形，底部有2个三角形的亚腹侧齿和2个亚背侧齿。雄虫长5.2～10 mm，交合伞有2个大的侧叶和小的背叶。雌虫长7.7～13.5 mm，阴门位于虫体中线略前，有明显的阴门瓣。虫卵大小为(53～66) μm×(28～44) μm。

(3)巴西钩口线虫　属钩口属，寄生于犬、猫小肠。口囊为长椭圆形，囊内腹侧有2对齿，底部有齿1对。雄虫长5～7.5 mm，交合刺细长。雌虫长6.5～9 mm，阴门位于体后端1/3处。虫卵大小为80 μm×40 μm。

(4)狭头弯口线虫　属弯口线虫属，寄生于犬、猫小肠。淡黄色，头端狭，体细。较犬钩虫小。口囊前缘腹面有1对角质板，近底部有1对亚腹侧齿。雄虫长5～8.5 mm，雌虫长7～12 mm。虫卵大小为(65～80) μm×(40～50) μm。

2. 生活史

虫卵随粪便排出体外，在适宜条件下(温度25～30 ℃、潮湿土壤)，经1周左右，发育为感染性幼虫。犬通常经口感染，也可经皮肤和黏膜感染。感染性幼虫进入血液循环，到达肺脏，进入呼吸道，上行到咽部，经吞咽到达消化道，在小肠发育为成虫。此外，犬钩口线虫还可通过胎盘、初乳感染。

本病在我国主要流行于气候温暖的长江流域及华南地区。多发生于夏季，特别是狭小而又潮湿的犬、猫舍更易发生。

3. 主要症状

钩虫对犬、猫的危害主要是移行过程中的机械性破坏和吸血。严重感染(短时间内被大量幼虫感染)的急性病例,多发生于幼龄犬、猫。

感染性幼虫大量侵入皮肤时,可引起钩虫性皮炎,皮肤瘙痒,出现充血斑点或丘疹、水疱,若继发感染,可形成脓疮。在肺脏移行时,出现咳嗽、发热等症状。

成虫在肠道寄生时,表现食欲不振或废绝,异嗜,呕吐,消瘦,贫血,眼结膜苍白,下痢与便秘交替发作,粪便带血或呈黑色柏油状,带有腐臭气味,最后极度衰竭而死亡。经胎盘或初乳感染的仔犬,生后2周左右出现严重贫血,导致昏迷和死亡。

成年犬感染少量虫体时,一般只出现轻度贫血、营养不良和胃肠功能紊乱等症状。

技能55 鞭虫病的诊断与防治

1. 诊断

根据临床症状可做出初步诊断,饱和盐水漂浮法发现粪便中腰鼓状鞭虫虫卵可以确诊。

2. 预防

本病发生主要是由于食入被病犬粪便污染的饲料和饮水所致,故要搞好犬舍和环境清洁卫生,及时清除粪便并做发酵处理。污染严重时,可在清洁、干燥后,用开水浇烫杀死虫卵。平时用左旋咪唑进行预防性驱虫。

3. 治疗

驱虫杀虫,配合对症治疗。

(1)羟嘧啶(酚嘧啶) 每千克体重2 mg,1次口服。

(2)甲苯咪唑 每千克体重22 mg,口服,每天1次,连用3～5 d。

(3)左旋咪唑 每千克体重5～11 mg,1次口服。

(4)丙硫咪唑 每千克体重22 mg,口服,每天1次,连用3 d。

【相关知识】

鞭虫病又称毛尾线虫病,是由狐毛尾线虫寄生于犬和狐的盲肠而引起的一种寄生虫病。主要危害幼犬,临床上以消化吸收障碍和贫血为特征。

1. 病原体

狐毛尾线虫属毛尾科、毛尾属。虫体长45～75 mm,乳白色,前部细长呈毛发状,约占虫体的2/3,后部粗短,整个虫体外形似鞭状,故称鞭虫。雄虫尾端卷曲,有一根交合刺,外被有小刺的刺鞘,雌虫后端钝直,阴门开口于虫体粗细交界处。虫卵黄褐色,腰鼓状,两端有透明塞状结构。壳厚,光滑,大小为(70～89) μm×(30～41) μm,内含单个胚细胞。

2. 生活史

随粪便排出体外的虫卵，在适宜条件下，经3～4周发育为感染性虫卵。犬吞食了感染性虫卵后，幼虫在十二指肠或空肠孵出，钻入肠黏膜内，停留2～10 d，进入盲肠内发育为成虫。

3. 主要症状

轻度感染一般无临床表现。当严重感染时，由于虫体头部深深的钻入黏膜内，可引起急性或慢性出血性肠炎、腹泻，粪便中带血，消瘦，贫血，营养不良，食欲减少。幼犬生长发育停滞，并可引起死亡。

技能56 食道虫病的诊断与防治

1. 诊断

根据症状可做出初步诊断。X线检查，胸透在食道上1/3处有肿瘤样阴影，钡餐造影检查食道及胃壁有无肿瘤发生。采用饱和硝酸钠漂浮法检查粪便中特征性虫卵，但由于虫卵是周期性排出的，故需要反复多次的检查。

2. 预防

搞好环境卫生，及时清除粪便，并对患犬的粪便进行无害化处理，防止甲虫滋生。

3. 治疗

(1)丙硫咪唑　每千克体重10 mg，1次口服。
(2)左旋咪唑　每千克体重6～8 mg，1次口服，7 d后再服1次。
(3)乙胺嗪(海群生)　每千克体重20～50 mg，口服，以后隔天用药1次，一直用到粪内检不出虫卵为止。
(4)伊维菌素　每千克体重0.2 mg，1次皮下注射。柯利犬对本药敏感，应慎用，剂量不得超过每千克体重0.05 mg。

【相关知识】

犬食道虫病又称犬尾旋线虫病，是由狼尾旋线虫寄生于犬的食道壁及主动脉壁引起的以食道瘤为主要特征的线虫病。

1. 病原体

狼尾旋线虫俗称食道虫，属旋尾科旋尾属。成虫血红色，螺旋形，有2个唇瓣，每个唇瓣又分为 3 叶。雄虫长 30～54 mm，有尾翼，肛前乳突 4 对，中乳突 1 个，肛后乳突 2 对，有 1 对不等长的交合刺。雌虫长 54～80 mm（图 3-10）。虫卵大小（30～37）μm×（11～15）μm，椭圆形，卵壳厚，内含弯曲幼虫。

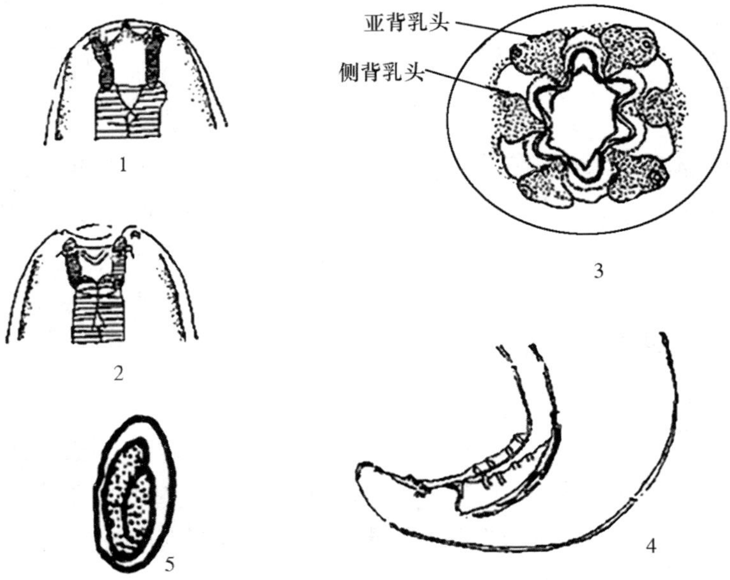

图 3-10 犬血色食道线虫

1～2.头端 3.头顶面 4.雄虫后端 5.虫卵

2. 生活史

食粪甲虫、蜣螂、蟋蟀等为中间宿主，蛙、蜥蜴、蛇、鸟、小鼠、刺猬等可以作为转运宿主。成虫通过食管破口产卵于食管腔，卵随粪便排出体外，被中间宿主吞食后发育为感染性幼虫。若含有感染性幼虫的甲虫等被转运宿主吞食，则在转运宿主体内形成包囊。犬因吞食含有感染性幼虫的中间宿主或吞食含有包囊的转运宿主而感染。感染性幼虫钻入胃壁动脉壁，移行到主动脉壁，再经胸腔结缔组织移行到食管壁，在此发育为成虫。

3. 主要症状

幼虫在组织中移行可引起出血、炎症及坏疽性脓肿，此类病灶虽在幼虫离去后自愈，但可造成管腔狭窄。有时形成动脉瘤或管壁破裂，发生大出血而死亡。成虫在食道壁、胃壁、大动脉壁形成肿瘤，内含一个或数个虫体。患犬表现呼吸、吞咽困难，厌食，大量流涎，呕吐，极度消瘦，并常并发肥大性肺性骨关节病，胫部长骨肿大。

技能57 犬恶丝虫病的诊断与防治

1. 诊断

根据病史和临床症状可做出初步诊断，确诊应在血液中找到微丝蚴。

（1）改良 Knott 氏试验 取新鲜全血 1 mL 加 2%甲醛溶液 9 mL 混合，1 000～1 500 r/min 离心 5～8 min，弃去上清液，取 1 滴沉渣与 1 滴 0.1%亚甲蓝水溶液混合后，显微镜下检查微丝蚴。

（2）毛细管离心法 取抗凝血，吸入特制的毛细管内，用橡皮泥封住下端，离心后在显微镜下于红细胞和血浆交界处直接观察微丝蚴。

隐性感染动物外周血液中常查不出微丝蚴，此时可根据病史、临床症状结合胸部 X 线诊断。犬的特征性 X 线病变有肺动脉扩张，有时弯曲，肺动脉明显隆起，血管周围实质化，尾叶有动脉分布，右心扩张。猫的 X 线病变最常见肺尾叶动脉扩张。

2. 预防

控制和杀灭中间宿主蚤和蚊。在蚊活动季节，可用药物预防。海群生，每千克体重 2.5～3 mg，在每年的 5～10 月份，每日或隔日给药。或左旋咪唑，每千克体重 10 mg，每天分 3 次口服，连用 5 d 为 1 个疗程，隔 2 个月重复用药 1 次。或伊维菌素，每千克体重 0.06 mg，皮下注射，每月 1 次。

3. 治疗

驱杀成虫及微丝蚴，结合对症治疗，必要时手术摘除虫体。

（1）驱杀成虫及微丝蚴

①乙胺嗪（海群生），每千克体重 22 mg，口服，连用 14 d。

②硫乙胂胺钠，每千克体重 0.22 mL，缓慢静脉注射，每天 2 次，连用 2～3 d。主要驱杀成虫，用药后 2～3 周内限制运动。该药有一定毒性，若病犬反复呕吐，食欲减退和黄疸，应停止用药。

③左旋咪唑，每千克体重 11 mg，口服，每天 1 次，连用 6～15 d。第 7 天以后验血呈阴性时可停药。

④伊维菌素，每千克体重 0.05～0.2 mg，1 次皮下注射，驱杀微丝蚴。但柯利犬及有柯利犬血统的犬禁用。

⑤碘化噻唑氰胺，每千克体重 6～11 mg，口服，每天 1 次，连用 7 d。驱杀微丝蚴。

（2）对症治疗 对呼吸困难和循环障碍者，用安钠咖每次 0.2～0.5 g，肌内注射；病情严重者，用 25%葡萄糖溶液 20～40 mL，细胞色素 C 15 mg，静脉缓慢推注，每天 1 次，连用 2～3 d；有腹水者，用速尿每千克体重 2～4 mg，维生素 B_1 每次 50～100 mg，肌内注射；肺部和肝脏病变者，采用肾上腺皮质激素、抗生素和护肝药等药物治疗。

【相关知识】

犬恶丝虫病又称犬恶心丝虫病，是由犬恶丝虫寄生于右心室及肺动脉而引起的一种寄生虫病。临床上以贫血、循环障碍和呼吸困难为特征。本病主要见于犬，偶见于猫。

1. 病原体

犬恶丝虫属丝虫科、恶丝虫属。细长白色，雄虫长 12～18 cm，尾部呈螺旋状弯曲，有窄的尾翼膜。雌虫长 25～30 cm，尾端较直钝圆，阴门开口于食道后端。胎生，雌虫直接产出微丝蚴，长 220～360 μm，无鞘膜，进入外周血液循环，在血液中呈蛇形或环形运动(图 3-11)。

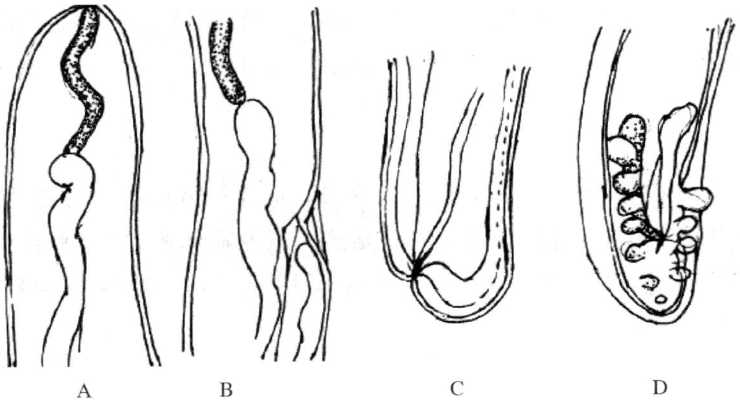

图 3-11　犬恶丝虫

A. 虫体前端　B. 雌虫阴门部分　C. 雌虫后端　D 雄虫后端

2. 生活史

中间宿主为蚊、蚤(犬蚤、猫蚤)。夏季蚊在犬体叮咬吸血时，吸入微丝蚴，发育为感染性幼虫，再次叮咬犬体吸血时使犬感染。感染性幼虫首先在犬皮下或浆膜下发育，然后移行至右心室，发育为成虫。从感染开始至外周血液中出现微丝蚴，需时 6～7 个月。

3. 主要症状

临床危害主要有幼虫移行时对组织器官的损害、成虫寄生时对血流的阻碍作用，以及抗体作用于微丝蚴产生免疫复合物沉积所造成的影响等。

病犬常发生结节性皮肤病，以瘙痒和沿背线分布且易破溃的多发性结节为特征。初期症状为慢性咳嗽，运动时加重，易疲劳。随着病情的发展，病犬心悸亢进、脉细弱、有心内杂音，腹围增大(肝肿大、胸腹腔积液)，全身浮肿，呼吸困难，咳嗽剧烈。右心房和腔静脉内有大量虫体寄生时，出现贫血、黄疸，突然衰竭，死亡。

猫最常见的症状为食欲减退，嗜睡，咳嗽，呼吸痛苦和呕吐，体重下降和突然死亡。

技能58 肺毛细线虫病的诊断和防治

1. 诊断

根据症状，结合粪便、鼻液检出特征性的虫卵即可确诊。

2. 预防

定期驱虫。保持犬窝、猫舍的干燥，及时清除粪便。

3. 治疗

(1)左旋咪唑，每千克体重 5 mg，口服，每天 1 次，连用 5 d，停药 9 d，再按上法重复治疗 2 次。也可皮下注射每千克体重 5 mg，每天 1 次，连用 2 d，15 d 后加倍剂量重复 1 次。

(2)甲苯咪唑，每千克体重 6 mg，口服，每天 2 次，连用 5 d。

【相关知识】

肺毛细虫病是由肺毛细线虫寄生于犬、猫、狐等的支气管和气管内而引起的一种线虫病。

1. 病原体

肺毛细线虫属毛细科、毛细属。成虫细长乳白色，雄虫长 15～25 mm，尾部有两个尾翼和 1 根纤细的外披刺鞘的交合刺。雌虫长 20～40 mm，阴门开口接近食道的末端。虫卵大小为(59～80) μm×(30～40) μm，腰鼓形，卵壳厚，表面有纹，淡绿色，两端各有一个卵塞。

2. 生活史

不需中间宿主。雌虫在肺内产卵，卵随痰液上行到咽，咽下后经消化道随粪便排出体外。在外界适宜环境下，发育为感染性虫卵。宿主吞食了感染性虫卵后在小肠孵出幼虫。随血液移行至肺，感染后 40 d 幼虫发育为成虫。

3. 主要症状

感染数量少时，临床上基本不表现症状，偶见轻微咳嗽。犬猫严重感染时，常引起慢性支气管炎、气管炎、肺炎或鼻炎，流黏液性混有血液的鼻液，夜间咳嗽剧烈，呼吸困难，继而消瘦、贫血、被毛粗糙。

技能59 肾膨结线虫病的诊断与防治

1. 诊断

在尿液中检出特征性虫卵可以确诊。X 线检查有助于诊断。

2. 预防

长期有计划进行驱虫，以随时杀死其移行中的幼虫。防止犬、猫吞食生鱼或其他水生生物。

3. 治疗

（1）丙硫咪唑　每千克体重 25 mg，1 次口服。
（2）左旋咪唑　每千克体重 5～7 mg，1 次肌内注射。

【相关知识】

肾膨结线虫病又称肾虫病，是由肾膨结线虫寄生于犬或猫的肾或腹腔而引起的线虫病。临床上以体重减轻、血尿、频尿、不安、腹痛等为特征。

1. 病原体

肾膨结线虫属膨结科膨结属。成虫圆柱形，活体呈血红色，体表具横纹。口无唇、口孔周围有两圈乳突。雄虫长 14～45 cm，宽 3～4 mm，交合伞钟状，交合刺 1 根，呈刚毛状。雌虫长 20～103 cm，宽为 5～12 mm，阴门开口于食道后端处。虫卵椭圆形，大小为(60～80) μm×(40～48) μm。卵壳厚，其表面有许多小凹陷。

2. 生活史

虫体发育过程中以环节动物(蛭蚓类)为第一中间宿主，淡水鱼类或蛙类为第二中间宿主。成虫寄生于犬、猫的肾盂内，虫卵随尿液排出体外，第一中间宿主吞食含第一期幼虫的虫卵后，发育为第二期幼虫。第二中间宿主吞食第一中间宿主，幼虫发育至第三期幼虫，犬猫等因食入含感染性幼虫的生鱼、蛙而感染。

3. 主要症状

如果仅有一侧肾脏受到侵袭，症状一般不明显。在虫体发育期可见血尿、脓尿及尿频。寄生时间长的可见体重减轻、贫血、呕吐、脱水、便秘或腹泻、腹痛。若虫体阻塞输尿管，可见肾肿大。当两侧肾脏同时受到侵袭，可出现肾功能不全、神经症状、尿毒症，甚至死亡。若虫体寄生于腹腔或肝脏，可引起腹膜炎、腹水及肝组织损害。

技能 60　吸吮线虫病的诊断与治疗

1. 诊断

在眼内发现虫体可确诊。检查眼结膜囊及瞬膜下，可见半透明的蛇行活泼运动的乳白色虫体。

2. 治疗

保定病犬猫，用去掉针头的注射器抽取5%盐酸左旋咪唑注射液1～2 mL，由病犬、猫眼角徐徐滴入眼内，用手轻揉1～2 min，翻开上下眼睑，用镊子夹灭菌湿纱布或棉球轻轻擦拭黏附其上的虫体，直到全部清除，再用生理盐水缓缓地反复冲洗患眼，用药棉拭干，涂布四环素或红霉素眼膏。或用2%可卡因溶液点眼，按摩眼睑5～20 s，待虫体麻痹不动时，用眼科镊子去除虫体，再用3%硼酸溶液洗眼后，涂抹抗生素软膏。

【相关知识】

吸吮线虫病又称眼虫病，是由丽嫩吸吮线虫寄生在眼部而引起的一种人畜共患寄生虫病。临床上以结膜炎和角膜炎为特征。

1. 病原体

丽嫩吸吮线虫属旋尾目、吸吮科、吸吮属。虫体乳白色，半透明，虫体表面具有粗横纹，侧面观呈锯齿状。雄虫长7～11.5 mm，尾端卷曲，交合刺左右不等长。雌虫长7～17 mm，尾端钝，阴门在虫体前方开口于食道中线的水平略后位置，近肛门端子宫内含盘曲的幼虫，直接产出幼虫。幼虫大小为(350～414) μm×(13～19) μm，外被鞘膜，尾部有一气球状囊膜(图3-12)。

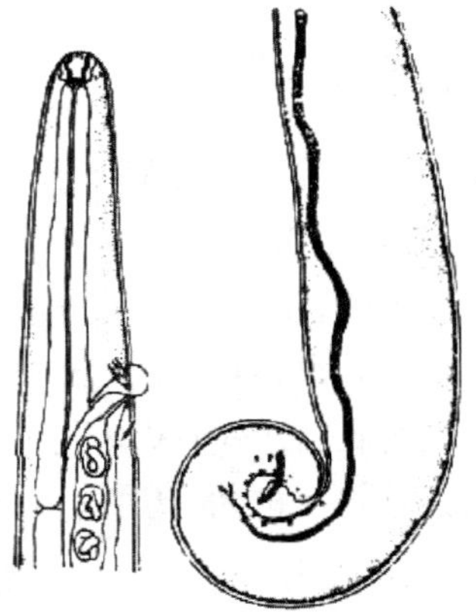

1　　　2

图3-12　丽嫩吸吮线虫

1. 雌虫前端　2. 雄虫尾部

2. 生活史

吸吮线虫寄生于犬、猫瞬膜下，蝇为中间宿主。雌虫产幼虫于结膜囊内，果蝇舐吸终宿主眼部分泌物而被吸入蝇体，发育为感染性幼虫，当蝇再次舐吸犬猫或人眼时，幼虫自蝇口器逸出侵入眼部，经15～20 d发育为成虫。成虫寿命可达2年以上。本病多流行在蝇类活动的夏秋季节。

3. 主要症状

幼虫移行对眼造成机械性损伤，导致急性结膜炎症状。结膜充血，眼球湿润，羞明流泪，以后逐渐变为慢性结膜炎，可见黏稠的眼屎。结膜和瞬膜下有滤泡肿大和出血。严重的可引起角膜浑浊、角膜糜烂和溃疡，甚至角膜穿孔及失明。由于眼部剧痒，病犬、猫常用爪抓挠或摩擦患眼。

4. 预防

搞好环境卫生，及时清除粪便和污水，消灭蝇类。

技能61 华支睾吸虫病的诊断与防治

1. 诊断

根据临床症状可疑为本病。粪便沉淀法检查发现大量虫卵可确诊。

2. 预防

流行地区犬、猫应定期检查和驱虫。禁止饲喂生的或未煮熟的鱼、虾。管好人、畜粪便，防止粪便污染水塘。做好灭螺工作。

3. 治疗

采用驱虫杀虫和对症治疗措施。

(1)驱虫杀虫

①吡喹酮，每千克体重 50～75 mg，1 次口服。

②丙硫咪唑，每千克体重 30 mg，口服，每天 1 次，连用 12 d。

③海涛林，每千克体重 50～60 mg，口服，每天 1 次，连用 5 d。

④六氯对二甲苯，每千克体重 50 mg，口服，每天 1 次，连用 10 d。

(2)对症治疗　保肝，用复合氨基酸注射液 250～500 mL，静脉注射，每天 1 次，肌苷 100～150 mg，肌内注射，每天 1 次。同时，用 10％的葡萄糖注射液、维生素 C、B 族维生素等静脉注射；利尿，用速尿每千克体重 2.0～4.0 mg，口服，每天 2 次。

【相关知识】

华支睾吸虫病是由华支睾吸虫寄生于肝脏胆管和胆囊而引起的一种人兽共患寄生虫病。

1. 病原体

华支睾吸虫属后睾科支睾属。外形似葵花籽，扁平，透明，前端稍尖，后端较钝，体表光滑。成虫大小为(10～25) mm×(3～5) mm，口吸盘大于腹吸盘。睾丸呈分枝状，前后排列在虫体的后 1/3 处。卵巢分叶，位于睾丸之前。受精囊发达，卵黄腺颗粒状排列于虫体的中部两侧。子宫在卵巢之前盘绕向上，生殖孔开口于腹吸盘前缘。虫卵黄褐色，大小为(27～35) μm×(12～20) μm，有卵盖，卵盖两侧有肩峰样突起。底端有个小突起，内含毛蚴(图 3-13)。

2. 生活史

发育过程中以淡水螺为第一中间宿主,以淡水鱼、虾作为第二中间宿主。虫卵随胆汁进入消化道,和粪便一起排出体外,被淡水螺吞食后,毛蚴在其体内孵出,并进一步发育为胞蚴、雷蚴和尾蚴。尾蚴游于水中,遇到鱼则钻入体内并在其肌肉中形成囊蚴。犬、猫等吞食生的或未煮熟的含有囊蚴的鱼、虾而感染。囊蚴逆胆汁流向经总胆管到达胆管发育为成虫,或经血流或穿过肠壁到达胆管发育为成虫。

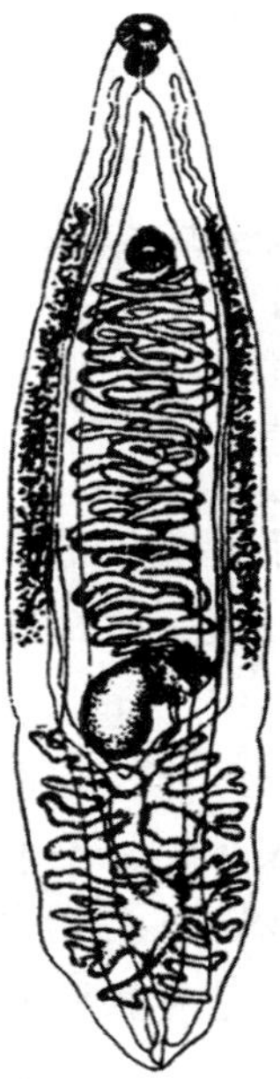

图 3-13　华支睾吸虫

3. 主要症状

本病危害主要表现虫体机械性刺激引起胆管和胆囊引起炎症、胆汁代谢障碍引起消化不良、虫体分泌毒素以及肝实质损害和功能下降等,严重者引起肝硬化。

患猫、犬多呈慢性经过。病初食欲逐渐减少,继而呕吐,腹泻,脱水,可视黏膜黄染,尿液呈橘黄色,触诊肝区疼痛。严重感染时出现顽固性下痢,贫血,消瘦,腹水。

技能62　并殖吸虫病的诊断与防治

1. 诊断

根据病史调查和临床症状可做出初步诊断,痰液或粪便检出虫卵可确诊。虫卵检查可用直接涂片法或沉淀法。

2. 预防

严禁给犬、猫饲喂生蟹和螯虾。加强粪便的卫生管理。及时治疗患病犬、猫。

3. 治疗

(1)吡喹酮　每千克体重 3～10 mg,1 次口服。

(2)丙硫咪唑　每千克体重 15～25 mg,口服,每天 1 次,连用 6～12 d。

(3)苯硫咪唑　每千克体重 50～100 mg,口服,每天 2 次,连用 7～14 d。

(4)硫双二氯酚　犬每千克体重 100 mg,猫每千克体重 40～50 mg,口服,每天 1 次,连用 7 d。

【相关知识】

并殖吸虫病又称肺吸虫病，是由卫氏并殖吸虫寄生于犬、猫和人的肺脏而引起的一种重要人兽共患寄生虫病。

1. 病原体

卫氏并殖吸虫属于并殖科、并殖属。成虫虫体肥厚，深红色，椭圆形，腹部扁平，背面隆起，大小为(7.5～16) mm×(4～8) mm。体表有小棘。口、腹吸盘大小略同，口吸盘位于虫体前端，腹吸盘常位于体中横线之前，两条肠支呈波浪状弯曲。睾丸2个，分5～6枝，并列于虫体后1/3处。卵巢分5～6叶，位于睾丸之前。子宫位置与卵巢相对(图3-14)。虫卵呈金黄色，椭圆形，大小为(75～118) μm×(48～67) μm，卵盖大，稍倾斜，卵壳厚薄不均匀。

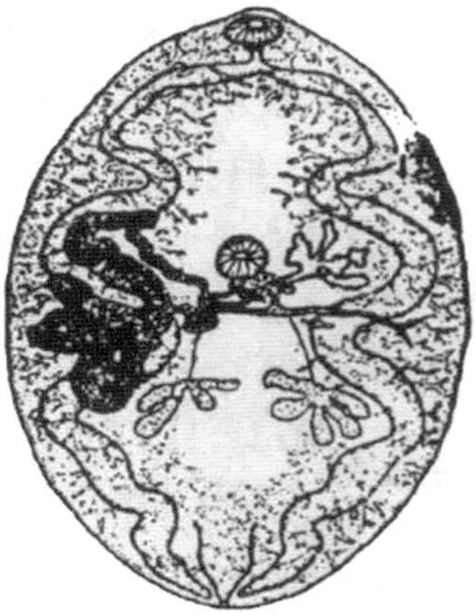

图 3-14 卫氏并殖吸虫

2. 生活史

发育过程中以淡水螺类为第一中间宿主，以淡水蟹或螯虾为第二中间宿主。成虫在肺部产卵，沿气管进入口腔，咽下后随粪便排出体外。在外界适宜的环境下，毛蚴孵出，钻入第一中间宿主体内发育至尾蚴，离开螺体进入第二中间宿主体内发育为囊蚴。犬、猫生食或食入未煮熟的含囊蚴的溪蟹或螯虾而感染，囊蚴在肠内破囊而出，进入腹腔，经在脏器间移行窜扰后进入肺脏。有时可侵入脑、脊髓、肌肉等处。

3. 主要症状

一般发病缓慢，患猫、犬表现精神不振，咳嗽，早晨较剧烈，初为干咳，后有浓稠、铁锈色痰液，有时混有血液。有时还出现气喘，发热，腹痛，腹泻，大便带血和神经症状等。

任务9 蜘蛛昆虫病

技能63 蚤病的防治

1. 预防

注意环境卫生，保持环境干燥、通风。搞好犬、猫的卫生，常洗澡、勤梳理，多晒太阳。佩戴“杀蚤药物项圈”，以预防蚤病。

2. 治疗

许多杀虫剂都可杀死犬、猫的跳蚤，但杀虫剂都有一定的毒性，猫对杀虫剂比犬敏感，用时需加以注意。

①根据具体情况可选用有机磷酸酯、氨基甲酸酯、除虫菊酯类等，但一般杀虫剂只能杀灭蚤的成虫，卵具有很强的抗药性，难以杀死，因此必须连续喷洒药物，一般每周 1 次，连用 4 次。

②伊维菌素，每千克体重 0.2 mg，皮下注射。

③给犬、猫佩戴“杀蚤药物项圈”。

对过敏性皮炎和剧烈瘙痒的病犬、猫，投以泼尼松、扑尔敏及抗生素。脱屑或慢性病例，可用洗发液全身清洗，涂布肾上腺皮质激素软膏及抗生素软膏，以促进痊愈。

【相关知识】

犬、猫蚤病是由蚤科栉首蚤属的蚤类寄生于犬、猫体表所引起的皮肤病。猫栉首蚤主要寄生于猫和犬，而犬栉首蚤只限于家犬和野生犬科动物。两种蚤均可寄生于人体。

1. 病原体

蚤目昆虫一般称为跳蚤。栉首蚤的个体大小变化较大，雌蚤长，有时可超过 2.5 mm，雄蚤则不足 1.0 mm。雌蚤吸血后腹部不膨大，跳跃能力极强。蚤为深褐色，体表有较厚的几丁质外皮，刺吸式口器。头小，与胸紧密相连。触角短而粗，分三节，平卧于触角沟内。胸部小，有能活动的三个胸节。足大而粗，基节甚大，有五个跗节，上有粗爪。腹部由十节组成，通常只见前七节，后三节变为外生殖器（图 3-15）。卵为白色，小，呈球形。

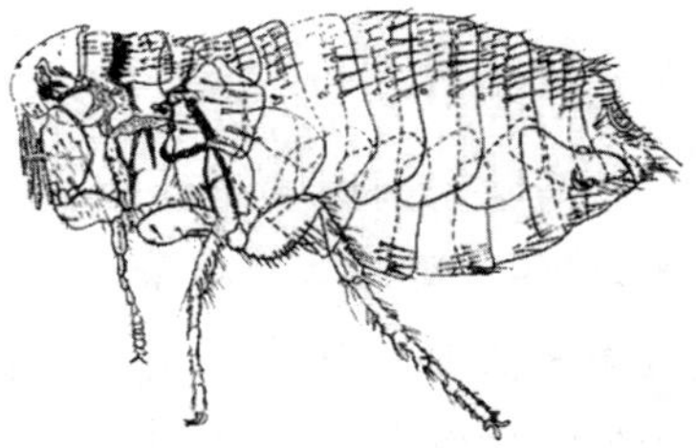

图 3-15　雌蚤侧面

2. 生活史

蚤的发育属于完全变态，包括卵、幼虫、蛹、成虫四个阶段。雌蚤在宿主被毛上产卵，卵很快从毛上掉下，在适宜的条件下经 2～4 d 孵化为幼虫。幼虫有 3 龄，1 龄幼虫和 2 龄幼虫以植物性物质和动物性物质（包括成蚤的排泄物）为食，3 龄幼虫不食，吐丝做茧。茧为卵圆形，肉眼不易发现，常附着于犬、猫垫料上，数天后化蛹。幼虫期大约需 2 周。蛹期一般 1～2 周，蛹羽化，成蚤破茧而出。成蚤羽化后立即交配，然后开始吸血，并在 1～2 d 后产卵（图 3-16）。犬、猫通过直接接触或进入有成蚤的地方而发生感染。蚤除咬啮宿主吸血外，尚为犬复孔绦虫的中间宿主。

3. 主要症状

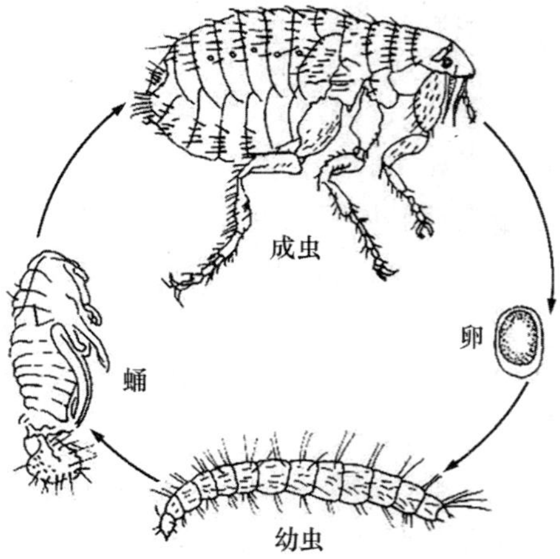

图 3-16 蚤的生活史

蚤多寄生于犬、猫的尾根、腰荐背部、腹后部等，主要症状为瘙痒。蚤刺蜇吸血初期引起皮炎，可见丘疹、红斑和瘙痒，表现不安、啃咬、摩擦皮肤，引起脱毛、断毛和擦伤，重者皮肤磨损处有液体渗出，甚至形成化脓创。寄生数量多时可致犬、猫消瘦性贫血。

蚤的唾液可成为变应原，使寄生部位皮肤发生过敏性皮炎，时间较长时，则脱毛、落屑，形成痂皮，皮肤增厚，有色素沉着。

4. 诊断方法

根据临床症状可做出初步诊断，在犬、猫的毛间检查到蚤，即可确诊。体内感染犬复孔绦虫，粪便检查时检出绦虫节片或虫卵的犬，体表一般有蚤寄生，应仔细检查被毛和皮肤。

技能 64 硬蜱的预防与治疗

1. 预防

清除周围环境的杂草，避免犬、猫在蜱滋生地活动和采食。对有蜱孳生密度较高的草场，可用二嗪农等有机磷杀虫剂喷雾灭蜱。犬舍经常用 0.1％畏丙胺溶液或 1％敌百虫水溶液喷雾消毒。用泥巴堵塞犬舍内所有的缝隙和裂口，然后用石灰乳粉刷。引进或输出犬、猫必须进行检查和灭蜱，防止将蜱带入或带出。佩戴除虫项圈可有效驱除体表的蜱。

2. 治疗

(1)用手摘除动物体上的蜱并及时杀死　摘出时应使蜱体与犬的皮肤成垂直状，以避免蜱的口器断落在犬体内，引起局部炎症。

(2)化学药物灭蜱　可用 1％～2％敌百虫溶液，0.2％辛硫磷溶液、20％双甲脒乳油等局部涂擦或喷洒。

(3)蜱致麻痹症　在摘除蜱后，用每千克体重 30 mg 氢化可的松静脉注射，以缓解症状。

【相关知识】

硬蜱俗称草爬子、狗豆子、壁虱、扁虱等，是寄生于动物体表的一类很常见的外寄生虫。除寄生于犬、猫和各种动物体表直接损伤和吸血外，还常成为多种重要的传染病和寄生虫病的传播者。分泌的神经毒素可致使犬、猫神经传导功能发生障碍而引起麻痹症。

1. 病原体

寄生于犬体的硬蜱主要有扇头蜱属的血红扇头蜱、血蜱属的二棘血蜱和长角血蜱、革蜱属的草原革蜱和牛蜱属的微小牛蜱等。其中血红扇头蜱较为常见。

（1）血红扇头蜱　雄虫长 2.7～3.3 mm，宽 1.6～1.9 mm。雌虫长约 2.8 mm，宽约 1.6 mm。呈长椭圆形，背腹扁平，由假头与躯体两部分组成。假头基呈三角形，盾板无花斑，有眼，有缘垛，气门板呈逗点状，有肛后沟（图 3-17）。

（2）长角血蜱　雄虫体长 2.10～2.38 mm（包括假头），宽 1.29～1.57 mm；雌虫未吸血时体长 2.52～3.00 mm（包括假头），宽 1.57～1.75 mm。有肛后沟，盾板无花斑，无眼，须很短，第二节外展，超出假头基之外。假头呈矩形，雄虫腹面无几丁质板（图 3-18）。

图 3-17　血红扇头蜱雄蜱背面

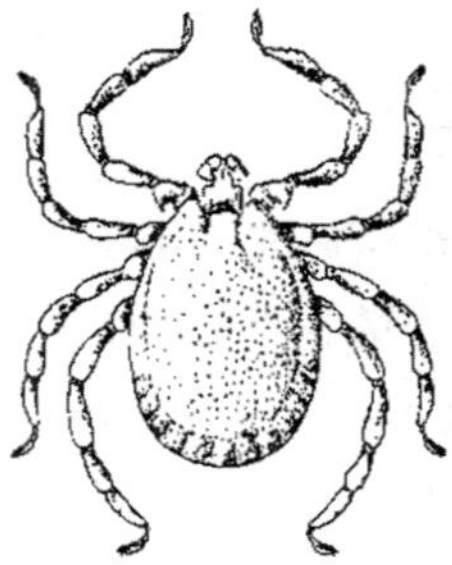

图 3-18　长角血蜱雄蜱背面

（3）二棘血蜱　雄虫体长约 1.96 mm（包括假头），宽约 1.26 mm；雌虫未吸血时体长约 2.38 mm（包括假头），宽约 1.40 mm。形态与长角血蜱相似，区别是二棘血蜱体型较小，盾板刻点细而较少，基节Ⅱ～Ⅳ内距较短。

（4）草原革蜱　雄虫体长约 6.2 mm（包括假头），宽约 4.4 mm；雌虫饱食后体长约 17 mm（包括假头），宽约 11 mm。有肛后沟，盾板上有银灰色花斑，有眼，须肢粗短，假头基呈方形，气门板呈卵圆形或逗点形。雄蜱腹面无几丁质板。

（5）微小牛蜱　雄虫体长 1.9～2.4 mm（包括假头），宽 1.1～1.4 mm，体中部最宽；雌虫未吸血时体长 2.1～2.7 mm（包括假头），宽 1.1～1.5 mm，饱食后虫体达 12.5 mm×7.8 mm。此虫无肛沟，盾板无花斑，有眼，假头基呈六角形，气门板呈卵圆形（图 3-19）。

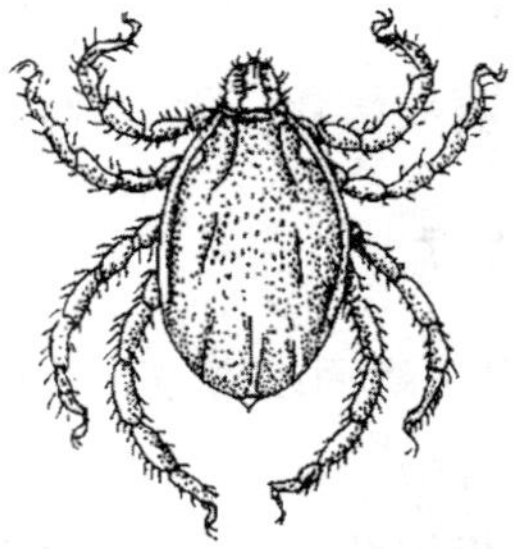

图 3-19　微小牛蜱雄蜱背面

2. 生活史

硬蜱的发育为不完全变态，分为虫卵、幼虫、若虫和成虫四个阶段。

大多数硬蜱在动物体上交配，雌蜱吸饱血后离开宿主落地，爬到缝隙或土块下产卵。蜱的产卵量与蜱的种类和吸血量有关，可产卵数十个、千余个甚至万个以上。虫卵大小为 0.5～1 mm，卵圆形，黄褐色，常堆集成团，在适宜的条件下，经 2～4 周孵化出幼蜱。幼蜱爬到宿主体上吸血，经过 2～7 d 吸饱血后蜕皮变为若虫，若虫再侵袭动物，经 3～9 d 吸饱血后，蛰伏数十天，蜕化变为成蜱（图 3-20）。

硬蜱活动有明显的季节性，在四季变化明显的地区，多数在温暖季节活动。蜱还能传播多种病毒、细菌、螺旋体和某些原虫病等，如血孢子虫病、出血热、布鲁氏菌病、巴贝斯虫病、埃利希体病等。

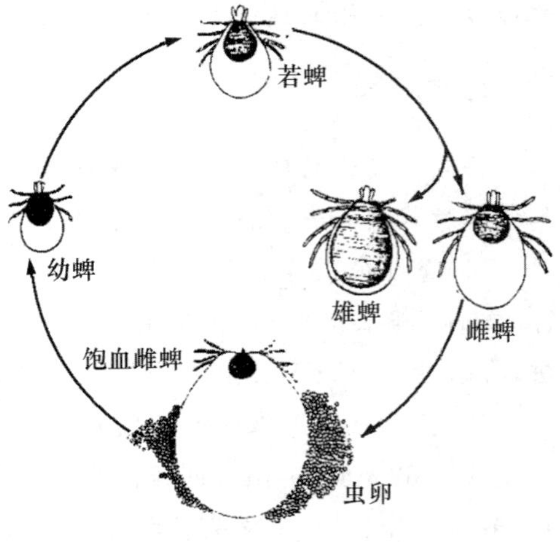

图 3-20　硬蜱的生活史

3. 主要症状

犬、猫被叮咬时皮肤损伤，痛痒不安，经常摩擦、抓挠或啃咬皮肤，导致寄生部位出血、水肿、发炎和角质增生，或继发伤口蛆病。由于大量吸食血液，引起贫血、消瘦、发育不良等。有些种类的硬蜱叮咬犬、猫时，分泌的毒素可引起“蜱致麻痹症”。通常带毒的蜱叮咬犬之后，开始出现不安，流涎，轻度震颤，步态不稳，无力和跛行等症状。听诊心音心律不齐，呼吸浅表，呼气时出现异常音质，并逐渐衰竭死亡。猫在病初出现声音变化，伴随干呕和咳嗽，瞳孔散大，全身无力，厌食，有时出现醉酒样行走，有的前肢爬行，后肢拖地，一般在症状出现后 7～10 d 死亡。

技能 65　虱病的防治

1. 预防

保持犬、猫舍干燥及清洁卫生，并搞好定期消毒工作，常给犬、猫梳刷洗澡。发现有虱者，及时隔离治疗。做好检疫工作，无虱者方可混群。

2. 治疗

（1）1%敌百虫溶液　药浴或局部涂布，但虫卵不易杀死，应于 10～14 d 后重复用药 1 次。

（2）伊维菌素　每千克体重 0.2 mg，皮下注射。

（3）0.5%西维丹溶液　涂擦患部。

如继发湿疹或感染时，可用氨苄青霉素每千克体重 5～10 mg，肌内注射。剧烈瘙痒时，用泼尼松每千克体重 0.5～1.0 mg，肌内注射。

【相关知识】

虱病是由虱目血虱亚目和食毛亚目的虱寄生于犬、猫体表所引起的外寄生虫病。

1.病原体

寄生于犬的虱主要有两种，即犬棘颚虱和犬啮毛虱。犬棘颚虱属于血虱亚目颚虱科颚虱属，呈淡黄色，刺吸式口器，头圆锥形，较胸部狭窄，腹大于胸。触角短，通常由5节组成。眼退化。足3对，较粗短，其末端有一强大的爪。腹部有11节，第1、2节多消失。雄虱长1.75 mm，末端圆形，雌虱长2.02 mm，末端分叉。虫体以血液、淋巴为食；犬啮毛虱属于食毛亚目毛虱科毛虱属，呈淡黄褐色，具褐色斑纹，咀嚼式口器，头扁圆宽于胸部，腹大于胸。腹部明显可见由8或9节组成。触角1对。足3对，较细小，足末端有一爪。雄虱长1.74 mm，雌虱长1.92 mm。不吸血，以毛、皮屑等为食。

寄生于猫的虱主要是近状猫毛虱，属于毛虱科毛虱属，虫体呈淡黄色，腹部白色，并具明显的黄褐色带纹，咀嚼式口器，头呈五角形，较犬啮毛虱稍尖些，胸较宽，有触角1对，足3对。以皮肤碎屑为食。

2.生活史

各种虱发育过程基本相同，为不完全变态，其发育过程包括卵、若虫和成虫三个阶段，终生不离开宿主。雌雄交配后雄虱即死亡，雌虱于2～3 d后开始产卵，卵黄白色，(0.8～1.0) mm×0.3 mm，长椭圆形，有卵盖，黏附于被毛上。卵经9～20 d孵化出若虫。若虫分3龄，每隔4～6 d蜕化1次，3次蜕化后变为成虫。

犬、猫通过直接接触患病动物或接触被虱污染的房舍、用具、垫草等物体而被感染。圈舍拥挤，卫生条件差，营养不良及身体衰弱的犬、猫易患虱病。

犬啮毛虱是犬复孔绦虫的中间宿主，可以传播此病。

3.主要症状

虱栖身活动于体表被毛之间，刺激皮肤神经末梢，犬颚虱吸血时还分泌含毒素的唾液，从而使犬剧烈瘙痒，引起不安，常啃咬搔抓痒处而出现脱毛、断毛或擦伤，有时皮肤上出现小结节，出血点或坏死灶，严重时引起化脓性皮炎。

患猫发生瘙痒和不安，常因啃咬而损伤皮肤，可继发引起湿疹，出现丘疹、水疱、脓疱等。严重时，致使脱毛，食欲不振，不安，产生营养性衰竭。

4.诊断方法

虱多见于犬、猫的颈部、耳翼及胸部等避光部位，仔细检查，发现虱和虱卵，即可做出诊断。

技能66 疥螨病的诊断与治疗

1. 诊断

根据发病季节、剧痒、患病皮肤的变化等可确诊。症状不明显时,需采取皮肤刮取物检查,发现螨虫即可确诊。

(1)病料的采取　在患病皮肤与健康皮肤交界处,先剪毛,取凸刃刀,在酒精灯上消毒,用手握刀,使刀刃与皮肤表面垂直,刮取皮屑,直到皮肤轻微出血。在室外进行时,为了避免风将刮下的皮屑吹去,可根据所采用的检查方法不同,在刀上先蘸一些水、煤油或5%氢氧化钠溶液,使皮屑黏附在刀上。将刮下的皮屑集中于培养皿或试管内,带回供检查。

(2)直接检查法　将刮下的干燥皮屑,放于培养皿内或黑纸上,在日光下曝晒,或用热水或炉火等对皿底或黑纸底面给以40～50 ℃的加温,经30～40 min后,移去皮屑,用肉眼观察(如在培养皿中,在观察时则应在皿下衬以黑色背景),可见白色的虫体在黑色背景上移动。此法适用于体形较大的螨(如痒螨)。

(3)显微镜直接检查法　将刮下的皮屑,放于载玻片上,滴加煤油,覆以另一张载玻片。搓压玻片使病料散开,分开载玻片,置显微镜下检查。煤油有透明皮屑的作用,使其中虫体易被发现,但虫体在煤油中容易死亡。如欲观察活螨,可用10%氢氧化钠溶液、液状石蜡或50%甘油水溶液滴于病料上,能观察到活动的虫体。

2. 治疗

①伊维菌素,每千克体重0.2 mg,1次皮下注射,间隔10 d再注射1次。

②剪去患部被毛,用温肥皂水刷洗,除去污垢和痂皮,用抗皮脂香波清洗,去掉一些碎屑,用杀螨剂涂擦。5%溴氰菊酯,配成0.005%～0.008%溶液,局部涂擦,间隔7～10 d,再用1次。或10%硫黄软膏,涂于患部,每天1次,连用数次。

③0.05%双甲脒溶液、0.005%溴氢菊酯溶液、0.025%螨净溶液药浴,1周后重复用药1次。

如瘙痒症状严重,可使用皮质激素类药物或抗组胺类药物;如有皮肤开裂,应用抗生素以防细菌感染。

④中药治疗,荆芥、防风、苦参、苍术、地肤子、白鲜皮、生地、牛蒡子各10 g,蛇床子、蝉蜕、甘草各8 g,水煎取汁洗患处,每天2次,每次10～15 min,连用5～7 d。

【相关知识】

犬猫疥螨病又称为"癞",是由疥螨科疥螨属的犬疥螨和背肛螨属的猫背肛螨寄生于犬、猫皮肤内所引起的疾病。主要临床特征为剧烈瘙痒、脱毛和皮炎。

1. 病原体

(1)疥螨　呈圆形,微黄白色,背面隆起,腹面扁平。雌螨体长0.30～0.40 mm,雄螨体长0.19～0.23 mm。躯体可分为两部(无明显界线),前为背胸部,有第1和第2对足,后为背腹部,有第3和第4对足,体背面有细横纹、锥突、圆锥形鳞片和刚毛。口器呈蹄铁形,咀嚼式。假头后方有一对短粗的垂直刚毛,背胸上有一块长方形的胸甲。肛门位于背腹部后端的边缘上。躯体腹面有4对短粗的足,第3、4对不突出体缘。在雄螨的第1、2、4对足上,雌螨的第1、2对足上各有一个盂状吸盘,长在一根中等长短的盘柄的末端。在雄螨的第3对足和雌螨的第3、4对足的末端,各有一根长刚毛(图3-21)。

(2)猫背肛螨　比疥螨小,雄虫为0.122～0.147 mm,雌虫为0.170～0.247 mm,圆形,背面的锥突、鳞片和刚毛等均比疥螨细小,数目亦较少,肛门位于背面。虫体寄生于猫的面部、鼻、耳及颈部,也称为“耳疥螨”(图3-22)。

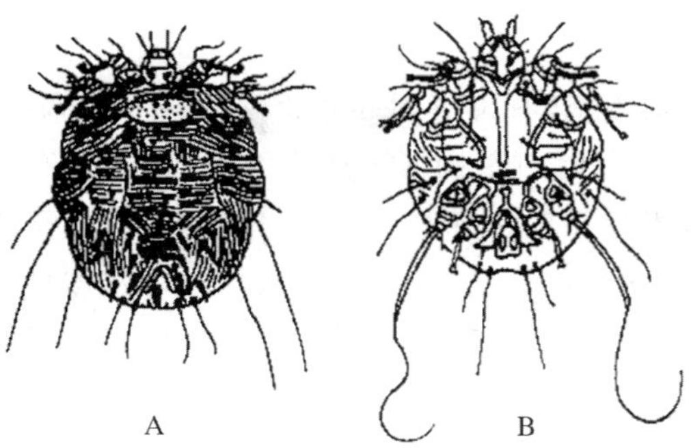

图3-21　疥螨

A. 疥螨雌虫背面　B. 疥螨雄虫腹面

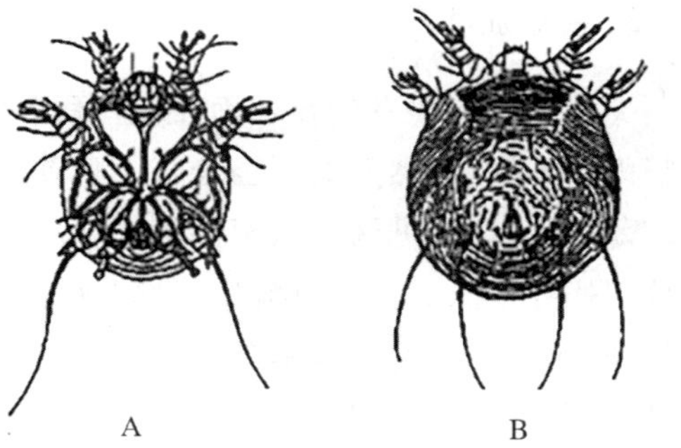

图3-22　背肛螨

A. 背肛螨雄虫腹面　B. 背肛螨雌虫背面

2. 生活史

疥螨属于不完全变态,发育过程包括卵、幼虫、若虫和成虫4个阶段,其中雄螨有一个若虫期,雌螨有两个若虫期。

雌虫和雄虫在皮肤表面交配后,雄虫死亡,雌虫在宿主表皮内挖凿与体表平行的蜿蜒隧道,在此产出虫卵(图3-23)。雌虫每天产卵1～2粒,持续4～5周,可产卵40～50粒。卵一般经3～4 d孵化为幼虫,离开隧道,沿毛囊和毛孔钻入皮肤,经3～4 d蜕皮发育为若虫。若虫有大小两型,小型若虫为雄性若虫,在皮肤浅穴道中蜕皮成为雄螨,大型若虫为雌性第一期若虫,有4对足,经蜕皮发育为雌性第二期若虫,再蜕皮成为雌螨。雌螨的寿命为4～5周。疥螨整个发育过程8～22 d,平均15 d。

猫背肛螨的生活史与疥螨相似。

健犬、猫与病犬、猫直接接触或通过被疥螨及其虫卵污染的房舍、用具等间接接触引起感染。另外,饲养人员或兽医人员的衣服和手等也可机械传播病原。疥螨病主要发生在冬季、秋末和夏初,窝舍潮湿、犬和猫体卫生状况不良时,最适合疥螨的发育繁殖。幼龄犬、猫易患螨病且病情较重,成年后有一定的抵抗力,但往往成为感染来源。

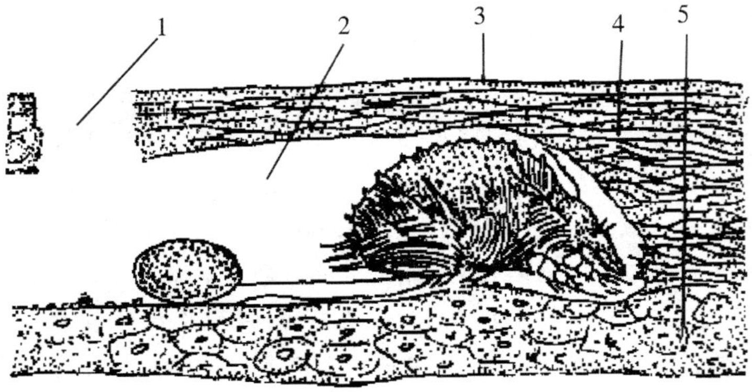

图 3-23 疥螨在皮肤内挖凿隧道

1.隧道口 2.隧道 3.皮肤表面 4.角质层 5.细胞层

3. 主要症状

犬疥螨病主要发生在鼻梁、眼眶、耳廓的基底部等，有时也可能起始于前胸、腹下、腋窝、大腿内侧和尾根，然后蔓延至全身。病初在皮肤上出现红斑，接着发生小结节，特别是在皮肤较薄之处，还可见到小水疱甚至脓疱。此外，有大量麸皮状脱屑或湿疹，使皮肤肥厚，被毛脱落。病变皮肤表面覆有痂皮，除掉痂皮时皮肤呈鲜红色且湿润，往往伴有出血。增厚的皮肤特别是面部、颈部和胸部的皮肤常形成皱褶。剧痒贯穿于整个疾病过程中，病犬终日啃咬、摩擦和烦躁不安，日见消瘦，继之陷于恶病质，重者则死亡。

猫背肛螨主要寄生在猫的面部、鼻、耳以及颈部等处。感染严重时，使皮肤增厚、龟裂，出现棕色痂皮，常引起死亡。

4. 预防措施

犬、猫舍要宽敞、干燥、通风、采光良好，并应经常打扫，至少每两周用杀螨药物消毒一次。感染的犬猫要隔离治疗，与其接触的饲养管理人员和兽医师要做好个人防护，经常消毒。治愈犬猫应继续隔离观察 20 d，对未复发者再进行一次杀螨处理，方可混群。

项目4
犬、猫内科疾病

问题1 一犬患有口炎，口腔恶臭，洗涤口腔的溶液最好选用（ ）。

A. 3%硼酸溶液 B. 1%明矾水 C. 0.1%高锰酸钾溶液

D. 1%食盐水 E. 1%鞣酸溶液

问题2 一犬患有咽炎，在临床治疗上应严禁（ ）。

A. 胃管投药 B. 冷敷 C. 热敷

D. 抗生素治疗 E. 激素治疗

问题3 一例胃肠炎患犬，实验室检查见血液血细胞比容升高，血红蛋白含量升高，红细胞数、白细胞数也相对升高，其可能的病理原因是（ ）。

A. 体况好转 B. 造血功能加强 C. 肝合成加强

D. 脱水 E. 免疫机能加强

问题4 鼻黏膜分泌物增多、流鼻液是鼻炎的基本症状。鼻炎早期鼻液性质多为（ ）。

A. 浆液性 B. 黏液性 C. 纤维素性

D. 脓性 E. 血性

问题5 急性支气管炎最主要临床症状是（ ）。

A. 流鼻液 B. 呼吸困难 C. 气喘

D. 体温升高 E. 咳嗽

问题6 由心肌炎引起的心力衰竭，禁用（ ）。

A. 高渗葡萄糖溶液 B. 安钠咖注射液 C. 洋地黄毒苷注射液

D. 硝酸士的宁注射液 E. 肾上腺素注射液

问题7 下列关于急性肾炎的描述中，不正确的是（ ）。

A. 尿比重下降 B. 血压升高 C. 不同程度的血尿

D. 水肿 E. 肾区叩诊或压诊呈疼痛反应

问题8 下列关于尿石形成的原因中，描述不正确的是（ ）。

A. 维生素A缺乏可促进尿石形成

B. 长期使用钙、镁等盐类含量过高的饲料和饮水易发生尿石症

C. 长期饮水不足，尿液盐类过高容易结晶

D. 肾和尿路感染是尿石症的原因之一

E. 犬猫尿液呈碱性不易形成碳酸钙和磷酸铵镁结晶

问题 9 某家饲养的宠物犬，与主人一起吃了主人家包的饺子，1 d后出现食欲不振，精神沉郁，排红色尿液，黏膜黄染，脉搏加快，喘气，虚弱，体温降低。该病最有可能是（　　）。

A. 沙门氏菌感染　　B. 洋葱中毒或大葱中毒　　C. 巴贝斯虫病

D. 亚硝酸中毒　　E. 氢氰酸中毒

问题 10 犬尿道结石完全阻塞尿道时的错误治疗方法（　　）。

A. 水压冲洗　　B. 尿道切开　　C. 尿道造口

D. 注射呋塞米　　E. 服用尿石通

问题 11 某病犬排便困难，常试图排便，但排不出，常因疼痛而吠叫。肠音停止，持续性呕吐，肛门部指压过敏，在直肠内可触到干硬的粪球，按压时有疼痛表现。该病可能是（　　）。

A. 胃扩张　　B. 肠便秘　　C. 肠炎

D. 肠套叠　　E. 犬细小病毒感染

问题 12 猫糖尿病的特征性症状是（　　）。

A. 消瘦、多饮、少食、多尿　　B. 消瘦、多饮、多食、多尿　　C. 肥胖、多饮、多食、多尿

D. 肥胖、多饮、少食、多尿　　E. 消瘦、少饮、少食、少尿

问题 13 一幼犬出生后即出现不同程度的衰弱，数天后仍不能自行站立，辅助站立时背腰拱起，四肢弯曲不能伸直，多向一侧扭转，躺卧时亦呈不自然姿势。该犬患的疾病是（　　）。

A. 骨软症　　B. 佝偻病　　C. 纤维素性骨营养不良

D. 贫血　　E. 维生素 A 缺乏症

问题 14 哈士奇犬，4 周龄，雄性，购回 5 d，食欲一直不好，嗜睡，四肢无力，体温 36.5 ℃，排粪正常，最有可能的病因是（　　）。

A. 低血脂　　B. 低血钠　　C. 低血镁

D. 低血钙　　E. 低血糖

问题 15 八哥犬，8 岁，雄性，体胖。精神沉郁，嗜睡并厌食，被毛无光泽，眼窝凹陷，腹上区触诊疼痛，消化不良，脂肪便，不断排出大量橙黄色酸臭味粪便，粪便中带有未消化的食物。最可能的诊断是（　　）。

A. 腹膜炎　　B. 肝炎　　C. 胰腺炎

D. 肠炎　　E. 肾炎

任务 10　犬、猫消化系统疾病

技能 67　口炎的治疗

加强护理，除去病因，喂以柔软易消化食物，重者可喂流质食物。

①排除口腔异物，拔去或锉平异常牙齿，去除牙结石及已经松动的病齿，再用 2%～3%

硼酸溶液或0.1%高锰酸钾溶液清洗口腔。

②流涎较多者，可用2%明矾溶液清洗。口腔黏膜溃疡者，可先用5%硝酸银溶液腐蚀后再用生理盐水冲洗，在患处涂布碘甘油或抗生素软膏，每天1～2次。也可用西瓜霜喷涂口腔，每天2～3次，具有清热消肿、促进愈合的作用。在食物中适当添加B族维生素和维生素A及微量元素，可有利于本病的愈合。

③中药治疗，用青黛15 g，黄连10 g，黄柏10 g，薄荷5 g，桔梗10 g，儿茶10 g，研细末装入细长布袋，用水浸湿后衔于口中，两端用带子固定于头颈之上，给食时取下，每天1次，连用2～3 d。或用枯矾20 g，冰片1 g。共研细末，用淡盐水冲洗口腔后，敷于患处。

【相关知识】

口炎是指口腔黏膜的炎症。临床上可分为卡他性、水疱性、溃疡性及霉菌性口炎等类型。

1. 发病原因

(1)原发性口炎　主要因为局部受不良刺激引起。见于机械损伤，如牙齿磨灭不整、畸形齿以及骨渣、鱼刺等尖锐物体刺激；化学因素如强酸、强碱及辛辣食物的刺激。另外，过热食物烫伤也可引起本病。

(2)继发性口炎　见于咽炎、鼻炎等邻近器官炎症的蔓延；微量元素及维生素A缺乏；汞、铜、铅等中毒，以及犬瘟热、钩端螺旋体病等传染病。

2. 主要症状

采食、咀嚼障碍，大量流涎。咀嚼缓慢小心，尤其在咬较硬食物时，常突然吐出食物并发出惊叫声，重则食欲废绝。口腔检查，可见黏膜潮红、肿胀，舌、唇、齿龈、上腭及颊等处有时可见水疱和溃疡；如为霉菌感染，则可见有白色或灰白色稍高于口腔黏膜的菌斑。唾液分泌增多，气味多腥臭，有时混有血液或脓汁。

长期慢性口炎可因咀嚼不充分而致消化不良、消瘦。

3. 诊断方法

根据临床症状可确诊，须注意区别原发病。

技能68　咽炎的诊断与治疗

1. 诊断

根据吞咽障碍、头颈伸直和流涎等表现，结合咽部触诊可做出诊断。

2. 治疗

去除病因，减少咽部不良刺激。打开口腔检查咽部，如有异物，可在麻醉后用镊子取出，并消毒处理。轻症的可给予流质食物，重症者要通过输液来补充营养。

(1)杀菌消炎　盐酸土霉素 0.5 g，5%葡萄糖溶液 500 mL，混合一次静脉注射，每天 2 次，连用 3～4 d；或肌内注射普鲁卡因青霉素 10 万～20 万 IU，每天 2 次，连用 3～4 d。

(2)消肿止痛、对症治疗　病初于咽部施冷敷，后期施温敷，也可用西瓜霜做咽部喷涂。

(3)中药治疗　用青黛、硼砂各 1.5 g，雄黄 0.2 g，冰片 0.5 g，甘草 3 g，共研细末，加入白糖 15 g、鸡蛋清 10 mL、凉开水 150 mL，调匀，1 次灌服，每天 1 剂，连用 3～5 剂。或浙贝母、薄荷、玄参各 15 g，水煎 2 次对匀，1 d 分 2 次口服，每天 1 剂，连用 3～5 d，幼犬用量减半。或复方板蓝根冲剂，每次 0.5～1 包，加水适量冲服，每天 3 次，连用 3～5 d。

(4)针灸治疗　0.25%普鲁卡因溶液 3～5 mL，青霉素 20 万～40 万 IU，混合后于两侧喉俞穴注射，以防止炎症扩散，每天 1～2 次，连用 3～4 d。若有窒息表现，则巧治喉俞穴。

【相关知识】

咽炎是指咽部黏膜及其深层组织的炎症，包括咽、软腭、扁桃体炎等。临床上以流涎、吞咽障碍、咽部肿胀及敏感为特征。

1. 发病原因

原发性咽炎主要因为局部受不良刺激引起。机械刺激如骨渣、鱼刺、尖锐异物以及胃管投药时动作粗暴造成的损伤；刺激性化学物质如强酸、强碱的灼伤；以及过热食物和饮水的烫伤，进而发生炎症。

本病也可继发于口炎、喉炎、感冒等疾病过程中，另外，全身性烈性传染病如犬瘟热、狂犬病等也可引发本病。

2. 主要症状

精神沉郁，采食缓慢，食欲减退，吞咽困难，常出现食物和饮水由口、鼻中喷出。重则头颈伸直不敢转头。多流涎，有时伴有咳嗽、体温升高；触诊咽部发热、肿胀，按压有挣扎、呻吟等疼痛反应；下颌淋巴结、咽背淋巴结肿胀，严重时可压迫喉及气管而引起呼吸困难，甚至发生窒息。

技能 69　食管阻塞的诊断与治疗

1. 诊断

根据临床有突发吞咽困难、食物和饮水从口鼻反流等症状，结合胃管探查可确诊。

2. 治疗

(1)取出堵塞物，疏通食管　由食团引起者，如堵塞发生在食管上部，可先灌液状石蜡或植物油 10～15 mL，用手按摩颈部，将堵塞物推至近咽部，再用长镊子取出；如发生在食管下部，则在灌润滑油后用胃管轻轻向下推送，同时还可接上打气筒边打气边推送，将堵塞物送入胃中。

如堵塞物为尖锐物体或不易消化的异物，要尽早将其取出。发生于颈部者，可在作全身或局部麻醉后，待润滑后将堵塞物推至近咽部，再用长镊子取出；如堵塞物较大、锐利或发生于胸段食管，则须手术切开食管后将之取出。如食管已发生炎症，用抗生素做全身抗感染治疗。

(2)中药治疗　先用威灵仙 100 g，水煎成 100 mL 药液，另加 100 mL 醋，在 2～4 d 内频频灌服；待犬能吃小块食物时，改用威灵仙 100 g，白及 100 g，水煎成 200 mL 药液，在 2～4 d 内频频灌服。

【相关知识】

食管阻塞是指食团或异物停留于食管内不能后移的疾病。临床上以突发吞咽障碍、流涎为特征。

1. 发病原因

(1)原发性病因　多见于食物团块过大，如骨块、鱼刺、肌腱、韧带等，在争食或吞咽过急的情况下造成食管堵塞；或玩耍时误将线团、布头、塑料玩具等异物吞下引起。

(2)继发性因素　见于食管狭窄、食管痉挛、食管麻痹以及食管扩张等病。

2. 主要症状

常在采食过程中或玩耍时突然发生。表现为突然中止采食，或突发惊恐不安，大量流涎，连续吞咽，张口伸舌，食物和饮水可从口、鼻喷出，并可引起反射性咳嗽，不断用前肢搔抓颈部。如为不完全堵塞，则尚可饮水或吞咽稀饭等流质食物，但拒食肉、肝脏等块状食物；如发生完全堵塞，则饮食完全停止，胃管探查不能通过。

如堵塞发生在颈部，则呕吐严重，并可在颈部触摸到硬的堵塞物；如发生在胸段以下，可见左颈静脉沟处隆起，用手触压有波动感，并有食物和饮水从口鼻流出。如为尖锐异物造成的堵塞，可造成食管壁创伤、坏死、炎症甚至穿孔，还可继发胸膜炎、脓胸、气胸等，多造成死亡。

技能70　胃内异物的诊断与治疗

1. 诊断

依据临床症状及病史调查，结合胃部触诊可做出诊断。胃部 X 光片或透视检查可见到异物。

2. 治疗

(1)排除异物 如异物不大,可用催吐或泻下法。催吐用0.5%硫酸铜溶液20～50 mL,灌服;或用盐酸阿扑吗啡每千克体重0.04 mg,一次皮下注射;泻下,用液状石蜡或植物油20～50 mL,灌服。如上述办法无效,或异物过大,则应手术取出异物。

(2)对症治疗 如病犬、猫绝食时间较长,用5%葡萄糖溶液100～500 mL,静脉注射,每天1～2次,直至症状缓解为止。消炎,用庆大霉素每千克体重1 000～1 500 IU,肌内注射,每天3～4次,连用3～5 d,也可内服头孢拉定胶囊(250 mg/粒)0.5～1粒,每天2～3次,连用3～5 d。

【相关知识】

胃内异物是指误食难以消化的物体并长期停留于胃中,造成胃功能紊乱的疾病。

1. 发病原因

犬、猫误食各种异物,如煤块、骨骼、橡皮球、砖瓦片、布头、石子、线团、缝针、鱼钩等,特别是猫有梳理被毛的习惯,将脱落的被毛吞食,在胃内积聚形成毛球。或在训练时以及幼犬嬉戏时误咽训练物、果核、小的玩具等。

此外,营养不良、维生素和矿物质缺乏、寄生虫病、胰腺疾病等,常因伴有异嗜现象而发生本病。

2. 主要症状

食欲减退,有时可见呕吐,尤其是在采食固体食物时比较明显。随时间延长可引起患犬、猫营养不良,逐渐消瘦,精神不振。

如吞入尖锐物体或较粗糙物体如铁丝、铁钉或多棱角的硬质塑料玩具等,还可刺激胃黏膜,引起损伤、出血、炎症,甚至胃壁穿孔,表现为呻吟,起卧时弓腰、肌颤,有时呕吐物中可见血丝,触诊胃区敏感。

技能71 胃扩张的诊断与治疗

1. 诊断

依据腹围增大、腹痛,腹壁触诊紧张等症状可确诊。结合胃管检查,有助于区别原发病。如胃管插入容易,排出大量气体的为胃扩张;胃管插入困难且无气体排出的多为肠扭转。

2. 治疗

(1)原发性胃扩张。治疗原则是排除内容物,结合对症治疗。通过胃管用大量温水洗胃，同时排出积气；也可内服泻剂，灌服液状石蜡或植物油 20～50 mL；或用阿扑吗啡 20～50 mg，皮下注射，促使内容物吐出。腹痛明显者，可内服水合氯醛 0.5～1 g，或用 5%水合氯醛溶液每千克体重 0.08 g，静脉注射。

如病情严重，可手术切开胃壁取出内容物。术后 24 h 内禁食，3 d 内吃流质食物，禁止剧烈运动，以后逐渐喂正常食物。

（2）中药治疗　原发性胃扩张用乌药、木香各 50 g，加水 800 mL，文火煎至 400 mL，候温口服，每次 20～40 mL，每天 2 次，连用 2～3 d；或醋香附 15 g，青皮 10 g，枳实 10 g，山楂 20 g，水煎至 30 mL，加醋 20 mL，1 次口服。继发性胃扩张用莱菔子 10 g，鸡内金 10 g，陈皮 10 g，木香 6 g，水煎至 30 mL，加醋 20 mL，1 次口服。

（3）针灸治疗　白针或电针以后三里、后海为主穴，百会、大肠俞、外关、内关等为配穴；也可艾灸中脘、天枢、后海、后三里等穴。

【相关知识】

胃扩张是指采食过量或胃内容物后排障碍，导致胃体积扩大、胃壁过度扩张的一种腹痛性疾病。

1. 发病原因

（1）原发性病因　多见于突然一次过食干燥、易发酵、易膨胀、难消化的食物，继而剧烈运动，饮用大量冷水，使食物和气体积聚于胃内；另外，养护不当引起胃消化功能紊乱，或饮水不足、机体脱水、胃分泌功能不足导致的胃壁干涩，内容物后排障碍而引起本病。

（2）继发性病因　见于幽门痉挛、小肠阻塞、胃扭转、胰腺炎、寄生虫病等。

2. 主要症状

原发性病例，多于采食后数小时发病，继发性病例则在原发病过程中很快发生。病犬、猫腹部膨大，呈中度间歇性腹痛或持续性剧烈腹痛，不安、鸣叫、嗳气、流涎。食欲废绝，精神沉郁，口气、呼出气酸臭，有时可见弓腰呕吐。眼结膜潮红或发绀，呼吸浅而快，心跳增数。听诊有金属音，叩诊呈鼓音，触诊敏感。胃管检查，可排出大量气体。

本病可继发胃破裂或膈破裂，多在数小时内死亡。

技能72 胃肠炎的诊断与治疗

1. 诊断

根据呕吐、腹泻、脱水及明显的全身症状可做出诊断，但要区别原发病。

2. 治疗

在治疗原发病的基础上，采用减轻胃肠负担、消炎、补液和对症治疗等综合措施。如为病毒性传染病引起的，可肌内注射相应的抗血清，以提高疗效。

(1)减轻胃肠负担　先停喂 12～24 h，只饮 5%葡萄糖溶液或食糖水。如腹泻严重且粪便臭味不大时，用活性炭 0.5～2 g，加水适量，灌服止泻。

(2)消炎　用氨苄青霉素每千克体重 2～7 mg，肌内注射，每天 2 次，连用 3～5 d。

(3)补液　脱水明显者，用 5%葡萄糖溶液 250～500 mL，加入乳酸林格氏液 125～250 mL，也可加入三磷酸腺苷二钠(ATP)20 mg，辅酶 A(CoA)50 IU，混合后一次静脉注射。

(4)止痛　如腹痛剧烈，肌内注射杜冷丁每千克体重 10 mg，隔 8～12 h 可重复注射 1 次。

(5)中药治疗　对脾胃虚弱、过食腐败污物引起的胃肠炎，用党参 3 g，茯苓 2 g，白术 2 g，山药 3 g，神曲 2 g，砂仁 1 g，木香 2 g，陈皮 1 g，半夏 2 g，水煎取汁，每天 1 剂，分 2 次口服，连用 3～4 d；对出血性胃肠炎用地榆炭 15 g，伏龙肝 20 g，黄连 15 g，白头翁 9 g，甘草 15 g，用凉水浸泡 30 min 后，再煮沸 20 min，取汁，候温用胃导管灌服，每天 1 剂，连用 3 d。

(6)针灸治疗　白针疗法以脾俞、后海、后三里为主穴，百会、胃俞、大肠俞、悬枢、中枢等为配穴；水针疗法用 10%葡萄糖注射液 0.5～1 mL 于关元俞、后三里、后海、百会等穴注射；血针疗法以尾尖为主穴，涌泉、滴水为配穴；也可艾灸天枢、中脘、脾俞、后三里等穴。

【相关知识】

胃肠炎是指胃肠黏膜表层及深层组织发生的炎症。临床上以消化紊乱、腹痛、腹泻、发热及迅速脱水为特征。

1. 发病原因

原发性胃肠炎主要因饲养管理不良，如采食腐败食物、辛辣食物、强刺激性药物、灭鼠药等；过度疲劳或感冒，降低胃肠的屏障功能；滥用抗生素扰乱肠道的正常菌群；消化不良产生毒素的刺激等引起。

另外，本病可继发于传染病(如细小病毒病、瘟热、钩端螺旋体病)、寄生虫病(如钩虫、蛔虫、球虫以及鞭虫、弓形虫病等)等。某些矿物质、维生素缺乏也可促进本病的发生。

2. 主要症状

病初呈胃肠卡他性变化，随病情发展而逐渐加重。胃炎主要表现为食欲减退甚至废绝，频繁呕吐。呕吐物常混有血液，饮欲亢进，大量饮水后发生呕吐。严重呕吐可导致脱水。体温略升高。触诊腹壁紧张，有明显压痛。

肠炎主要表现为剧烈腹泻。病初肠蠕动亢进，伴有不同程度的腹痛，里急后重，粪便呈水样，混有黏液、脓汁、血液而有强烈臭味。后期肛门松弛，排便失禁。体温升高达 40～41 ℃或降至常温以下。精神不振，很快呈脱水状态，皮肤起皱，眼球下陷。病情进一步恶化，四肢厥冷，不及时治疗可很快死于心力衰竭。

中毒性和传染性胃肠炎，多并发肾炎和出现神经症状。

技能73　胃肠溃疡的诊断与治疗

1. 诊断

根据临床上有慢性顽固性呕吐、周期性腹痛、呕吐物呈黑褐色、粪便呈煤焦油样等症状可做出初步诊断，结合粪便潜血检查和X线造影检查可确诊。

(1)粪便潜血检查　重症病例可见强阳性反应。

(2)X线造影检查　可见胃黏膜出现起皱、突起、增厚。

2. 治疗

加强护理，喂以易消化有营养的食物，并补充各种必要的维生素，限制饮水，减少各种不良刺激。

(1)健胃　食物中加淀粉酶和胃蛋白酶等量混合剂0.5～1.5 g。

(2)保护胃肠黏膜　用氢氧化铝凝胶5 mL，灌服，每天3次。或硫糖铝1 g，每天3次，食后3 h服用。

(3)促进溃疡面愈合　用生胃酮50 mg，每天3次，3～5周为1个疗程，也可用10%葡萄糖酸钙溶液每千克体重50 mg，缓慢静脉注射。

(4)止血　用安络血10 mg，口服，每天3次。或止血敏10 mg，肌内注射。也可用亚硫酸氢钠甲萘醌(维生素K_3)肌内注射。

(5)消炎　内服阿莫西林胶囊0.5～1粒，每天3次，连用3～5 d。

(6)减少胃液分泌　可用硫酸阿托品0.5 mg或胃复康0.5 mg，每天3次，于喂食前1 h投服。

(7)镇静止痛　镇静，可肌内注射氯丙嗪每千克体重1～2 mg。止痛，用杜冷丁每千克体重5～10 mg，肌内注射。

(8)中药治疗　取元胡3 g，香附4 g，乳香4 g，贝母2 g，五灵脂3 g，佛手4 g，没药4 g，吴茱萸3 g，木香3 g，乌药3 g，海螵蛸5 g，砂仁3 g，甘草2 g，煎汤取汁，加入2 mg阿托品分上、下午2次灌服，连用5剂。

对出血多和胃肠穿孔病例，可手术修补或做部分胃肠切除，术后要禁食2 d，通过输液补充营养，以后给予易消化流质食物，再改为半流质食物，直至改为正常食物。防止术后感染，要定期注射抗生素。

【相关知识】

胃肠溃疡是指胃肠黏膜发生的溃疡性炎症。临床上以胃肠黏膜出现局部糜烂和坏死、慢性呕吐、吐血、血便及贫血为特征。

1. 发病原因

(1)卡他性溃疡　继发于急、慢性胃肠炎，发生于胃肠黏膜的炎性浸润及黏膜组织出血时。主要与食物品质有关，如采食霉变食物、长期饲喂过冷或过热食物、食物中维生素E和硒缺乏或含铜量过高等。

(2)消化性溃疡　通常发生在胃。当胃的血液循环障碍时，酸性胃液不能被碱性物质中和，局部黏膜被胃酸和胃蛋白酶消化，形成溃疡。与应激因素如感染、中毒、创伤、紧张以及饲喂不及时等有关。

2. 主要症状

主要表现为长期周期性腹痛，多在受寒冷刺激或采食食物和饮水后发作，发作时神情不安，鸣叫，蜷腹，拒绝按压腹部。常在采食后出现呕吐，呕吐物有强烈的酸味，吐血、血便。生长发育不良，消瘦。

继发胃肠穿孔时，突发剧烈腹痛，不安，腹壁肌肉因疼痛而呈痉挛性收缩，触之如木板样，肠音减弱甚至消失，腹腔穿刺可抽出淡黄色液体。多因急性腹膜炎而休克死亡。

技能74 肠梗阻的诊断与治疗

1. 诊断

依据腹痛、排粪减少、脱水表现，结合触诊、听诊，可做出初步诊断。血液生化指标测定有助于诊断，X线造影检查确诊。

(1)血液生化指标测定　血清淀粉酶、脂肪酶升高，血清尿素氮在阻塞初期无变化，长期阻塞或肠管内出血时，轻度至中度升高。

(2)X线造影检查　阻塞前部的肠管扩张，有特征性的气体像，站立位时，可见液体与气体之间的水平线，阻塞物以下的肠管呈空虚像。

2. 治疗

(1)积极治疗原发病，促进阻塞物排出，防止脱水和自体中毒　先灌服硫酸镁或硫酸钠10～25 g，加水适量，一次内服。或植物油(如豆油、菜油)10～30 mL，一次灌服。同时在腹部进行按摩，使内容物排出。如阻塞发生于肠管后段，可用大量液状石蜡进行深部灌肠。

(2)手术疗法　如上法无效，或继发于肠变位，则宜进行手术治疗。切开腹腔，除去阻塞物。如局部肠管已经发生严重瘀血或坏死，则应切除，做肠管断端吻合术。术后禁食4 d，静脉输液，以补充营养和水分，可用5%葡萄糖溶液或林格氏液200～500 mL，每天2～3次，同时，给予维生素C和复合维生素B。第5天可喂流质食物，以后逐渐喂正常食物和饮水。

【相关知识】

肠梗阻是指肠腔的物理性或功能性阻塞，使肠内容物不能顺利下行的疾病。临床上以剧烈腹痛及明显的全身症状为特征。

1. 发病原因

(1)物理性因素　原发性肠梗阻主要因为食入不易消化的食物或异物所致，如较大的骨块、毛团、砖、石、果核以及在玩耍时误吞入毛线团、玩具等堵塞肠管。另外，大量寄生虫寄生在肠管，形成团状也可堵塞肠管，如蛔虫病、钩虫病等。本病也可继发于肠粘连、肠变位和肠痉挛等病程中。

(2)功能性因素　见于支配肠壁的神经紊乱或发炎、坏死，导致肠蠕动减弱或消失；或肠系膜血栓，导致肠管血液循环发生障碍，继而使肠壁肌肉麻痹，使内容物滞留。

2. 主要症状

精神沉郁，厌食，但饮欲增加，不同程度的腹痛，拒绝按压腹部，触诊局部有疼痛反应，可在阻塞部前端摸到肠管臌气。如阻塞发生于十二指肠部，病犬、猫多呈明显的持续性呕吐，甚至呕出粪水样物质；如发生于肠管后段，则呕吐不明显，多见排粪减少，很快停止。听诊肠音先亢进后减弱，甚至消失。多很快消瘦，脱水。重者可继发肠穿孔、肠破裂、自体中毒而引起休克、死亡。

技能 75　肠套叠的诊断与治疗

1. 诊断

依据临床上有腹痛、脱水表现，结合触诊摸到香肠样物体，可做出初步诊断。X 线造影检查，可见 2 倍于正常肠管的筒状软组织阴影，有的可见局部肠管臌气、积液。必要时做剖腹检查确诊。

2. 治疗

初期可试用温水或肥皂水深部灌肠，然后将其后肢抬高，同时用手按摩腹部，以促进肠管复位。有时用止痛药和麻醉药，也可使初期肠套叠自然复位。

如腹痛剧烈，病情严重者则在确诊后，立即手术治疗，剖腹后整复肠管。如局部肠管已经严重瘀血、坏死，则要切除坏死肠管，再做肠管吻合术。术后每天用青霉素 80 万 IU、链霉素 50 万 IU，肌内注射，每天 1 次，连用 5 d。术后 4 d 内禁食，通过输液补充水分和营养，5 d 后可喂少量流质食物，以后逐渐过渡成正常日粮。

对脱水的病例，要充分补液，有休克症状时用氢化可的松每千克体重 6～10 mg，静脉注射。

【相关知识】

肠套叠是指某一段肠管连同肠系膜套入相邻的一段肠管内，引起局部肠管发生瘀血、水肿甚至坏死的疾病。本病多发于回、盲段。

1. 发病原因

主要因为相邻肠管蠕动性或充盈度不一所致。如冬季暴饮冷水，或肠道寄生虫感染、肠管炎症刺激引起局部肠管痉挛性收缩，而套入邻近肠管；或饱食或暴食后剧烈运动或摔跌，因惯性作用使得充盈段肠管突入邻近空虚的肠管。

2. 主要症状

本病多突然发生，表现不安，经常反复呕吐。排粪次数增多，粪量较少，有时排少量黏液，可因带血而呈暗红色或黑色。后期逐渐出现腹痛，初为阵发性，发作时起卧不安，呻吟，拒按腹部，有时在地上滚转，间歇期则较安静。整个腹痛持续时间为半天左右。触压腹部，可摸到坚实、香肠样可移动肠段。局部肠管有时发生臌气，叩诊呈鼓音。后期出现脱水，衰竭，或继发肠出血、肠坏死甚至腹膜炎而死亡。

技能76 便秘的治疗

（1）通便泻下　可内服液状石蜡或豆油 20～60 mL/次，也可内服 10%硫酸镁溶液或硫酸钠溶液 20～50 mL/次。如结粪靠近直肠部，还可用温肥皂水或液状石蜡灌肠治疗，每次 50～100 mL，灌后抬高其后躯，用手在其腹部按摩 1～2 min，一般情况下效果良好。还可用开塞露于肛门内挤入。

（2）中药治疗　大黄 15 g，厚朴 3 g，枳实 3 g，芒硝 40 g，青木香 5 g，水煎取汁灌服。如为体弱动物，可用油当归 15 g，肉苁蓉 10 g，番泻叶、炒枳壳、醋香附各 5 g，厚朴 4 g，木香、瞿麦、通草各 3 g，水煎取汁，候温加食用油 50 mL，1 次灌服。

（3）针灸治疗　白针疗法以关元俞、大肠俞、脾俞为主穴，外关、后三里、百会、后海等为配穴；血针疗法以三江为主穴，耳尖、尾尖为配穴；也可电针两侧关元俞穴。

（4）手术治疗　如上法无效，则须剖腹直接按摩结粪，若仍不能使积粪破碎，则要切开肠管取出内容物，如局部肠管已发生严重瘀血、坏死，可切除后做肠管吻合术。

【相关知识】

便秘是因肠管的蠕动、分泌功能减退，或机械堵塞而引起的排粪障碍。临床上以腹痛、排粪迟滞为特征。本病多发于老年犬猫。

1. 发病原因

饲养管理不当，如饲喂不定时、不定量，引起消化功能紊乱，肠管蠕动性降低，内容物后排障碍；或长期喂给较干硬、粗糙不易消化的食物；饮水不足，以及肠管分泌功能减退，使肠内容物过于干燥等，都可引发本病。另外，运动不足、肠变位、肠阻塞等病也可继发本病。

本病也常继发于排便疼痛的疾病，如直肠内异物、肛门囊炎、肛门囊肿、肛门周围形成瘘管、肛门狭窄、肛门痉挛；有机械性通过障碍的疾病，如前列腺肥大、骨盆腔肿瘤、骨盆骨折恢复后的骨盆狭窄、结肠和直肠的肿瘤、会阴疝等；支配排便的神经异常，如脊髓炎和脊椎骨折压迫脊髓所致的后躯麻痹，老年犬猫迷走神经紧张性减退及特发性巨大结肠症等；内分泌紊乱所致的甲状旁腺功能亢进和甲状腺功能减退而引起的结肠平滑肌功能减退；全身衰弱和高度脱水也可诱发本病。

2. 主要症状

病犬、猫食欲不振或废绝，呕吐或呕粪；尾巴伸直，步态紧张。脉搏加快，可视黏膜发绀。轻症病例反复努责，排出少量秘结便；重症病例屡呈排粪姿势，排出少量混有血液或黏液的液体。肛门发红和水肿。时间较长病例，多有口腔干燥、结膜无光、皮肤干燥等脱水表现。触诊后腹上部有压痛，并可在腹中、后部摸到串珠状的坚硬粪块。肠音减弱或消失。直肠指诊能触到硬的粪块。

3. 诊断方法

根据病史和症状可以确诊。血液学检查，严重便秘并有脱水时，红细胞数和红细胞压积轻度升高，间或有低钾血症。

技能77 直肠脱的诊断与治疗

1. 诊断

根据临床症状很容易做出诊断，但要注意区别是直肠脱还是肠套叠性脱出。患直肠脱时，其黏膜后移盖在肌层之上，在肛门处形成环状突出物，即脱出物与括约肌之间无间隙；肠套叠性脱出，柱状突出物与肛门括约肌之间有使探针或手指通过的距离，触诊腹部能摸到香肠状肠管。

2. 治疗

(1)整复 脱肛初期，在水肿轻微、黏膜没有坏死时，令动物横卧或仰卧保定，垫高后躯，用2％明矾溶液或0.1％高锰酸钾溶液、0.1％新洁尔灭溶液清洗脱出的黏膜，除去污物或坏死黏膜，针刺水肿部位，待水肿黏膜皱缩后再慢慢还纳，直至完全送回为止，肛门做荷包缝合(留一小指大小的孔)，或肛门周围深部肌内注射60％酒精，每点3 mL，以防止再脱出。

如直肠黏膜严重水肿、坏死时，可在麻醉后，用2根直径2 mm，长20 cm的不锈钢针，于脱出的直肠基部行十字交叉穿透固定，然后距插钢针处1～1.5 cm处用刀切除脱出的全部直肠，充分止血后，先以3 mm间隔结节缝合浆膜，然后再结节缝合黏膜，将浆膜层包埋。最后拔出钢针，肠管自动回缩到肛门内。

为防止努责，可采用镇静剂(如巴比妥)，或直肠涂以局麻药软膏(如可卡因)。在排便困难时，可用温热的液状石蜡 50 mL 灌肠，使粪便软化。

(2)中药治疗　将“补中益气丸”纳入猪肠衣内口服，每天 1 次，1 次 1 丸，连用 5～7 d。

(3)针灸治疗　直肠复位后，电针百会、后海、肛脱等穴。

【相关知识】

直肠脱是指后段直肠黏膜层脱出肛门（脱肛）或直肠黏膜肌层即全层翻转脱出肛门（直肠脱）的疾病。

1. 发病原因

主要见于引起腹内压增高的疾病，如里急后重、难产、前列腺炎、直肠便秘以及代谢产物、异物和创伤引起的剧烈努责等。饲喂缺乏蛋白质、水和维生素的多纤维性饲料，以及严重感染蛔虫、球虫等的青年犬、猫在投服驱虫药后也可引发。

本病也可发生于先天性直肠括约肌松弛或无力的幼年动物。

2. 主要症状

脱肛型，在排便或努责时，可见瘀血的直肠黏膜露出肛门外。直肠脱型，肛门突出物呈长圆柱状，直肠黏膜红肿发亮，时间稍长黏膜变为暗红至发黑，严重时可继发局部性溃疡和坏死。病犬、猫反复努责，在地面上摩擦肛门，仅能排出少量水样便，痛苦不堪。

技能 78 肛门囊炎的治疗

(1)单纯性肛门囊炎　如未化脓，可用一手指插入肛门，大拇指在外压迫，多可排出内容物。如肛门囊已化脓，可先排除囊内内容物及脓汁，再用 0.1%高锰酸钾溶液或生理盐水彻底冲洗，最后向囊内注入抗生素，如青霉素 40 万～80 万 IU，加注射用水 20 mL 左右；并在肛门周围皮肤涂抹红霉素软膏。

如有复发，可向囊内注入碘甘油，每天 3 次，连用 4～5 d。然后注入碘酒，每周 1 次，直至痊愈。

(2)如已发生蜂窝织炎或形成瘘管、发生肿瘤者，则应手术摘除肛门腺。术前 24 h 禁食，灌肠使直肠完全排空。取俯卧保定，尾巴固定于背部，肛门周围剃毛、消毒。硫贲妥钠每千克体重 8.8 mg，硬膜外麻醉。持钝性探针插入肛门囊底部，助手用止血钳固定外侧皮肤，纵向切开皮肤，彻底切除肛门囊，清除溃烂面、脓汁及坏死组织，破坏瘘管。注意不要损伤肛门括约肌和提举肌。修整新鲜创口，撒布抗生素粉剂，局部压迫止血，常规缝合。术后肌内注射青霉素 80 万 IU、链霉素 100 万 IU，每天 2 次。局部用双氧水或生理盐水清洗，碘酊消毒，涂消炎软膏，每天 1 次。术后 4 d 内喂流食，减少排便，防止犬、猫坐下及啃咬患部，每天带犬、猫散步 2 次。

【相关知识】

肛门囊炎是指肛门腺囊内的分泌物积聚于囊内，刺激黏膜而发生的炎症。多发于小型犬和猫。

1. 发病原因

多见于直肠积粪，特别是长期排软粪，导致肛门腺管阻塞、分泌物排出障碍而引起炎症。另外，肛门周围组织的炎症蔓延也可引起本病。

2. 主要症状

肛门部瘙痒，时常有擦肛动作，有时舔咬肛门部。拒绝抚拍臀部，接近犬、猫时可闻到腥臭味。排粪时痛苦，粪便常带有黏液或脓汁。肛门腺分泌物稀薄，有时呈脓性或带血。如肛门腺管长期阻塞，可见腺体突出于周围皮肤。有时脓肿可自行破溃、自愈、再破溃，反复发生，最终可形成瘘管。用手指做肛检，可见肛门腺充盈肿胀，触压敏感，分泌物多不能排出。

3. 诊断方法

依据临床症状结合肛门指检可确诊。

技能79　肝炎的诊断与治疗

1. 诊断

本病可根据病史和临床症状、肝区触诊、叩诊变化及实验室检查结果进行诊断。

实验室检查。丙氨酸氨基转移酶、天冬氨酸氨基转移酶、碱性磷酸酶等酶活性升高，尤以乳酸脱氢酶活性增高明显。并发弥漫性血管内凝血时，血液中血小板及纤维蛋白明显减少。血清胆红素升高，血清总蛋白和 γ-球蛋白增加，血清尿素氮和血清胆固醇降低。

2. 治疗

加强护理，保持安静，给予以碳水化合物为主的易消化食物，逐渐增加蛋白性食物。除去病因，护肝解毒，积极治疗原发病。

(1)治疗原发病　如由病毒引起的，可采用抗病毒药物，应用高免血清等；由细菌引起的，应根据不同的致病菌选用相应抗生素；由寄生虫引起，应选用合适的抗寄生虫制剂；由中毒引起的，要给予解毒，如氨中毒引起的肝炎，可用20%谷氨酰胺溶液5～20 mL及鸟氨酸制剂0.5～2 mL，皮下注射。

(2)对症疗法　有黄疸者，用苦黄注射液，每天30～40 mL，口服，连用1周以上。有出血者，要予以止血，可选用亚硫酸氢钠甲萘醌(维生素 K_3)5～10 mg，肌内注射，每天1～2次，连用数日。进行性黄疸和转氨酶活性升高者，可用糖皮质激素、地塞米松或氟美松1～

5 mg 肌内注射或静脉注射。为促进胆汁排出,可内服人工盐或硫酸镁(钠)10～30 g。

(3)护肝解毒　选用5%～25%的葡萄糖注射液、复合氨基酸注射液混合静脉滴注。根据患病犬、猫的体重,每日葡萄糖的用量200～500 mL,氨基酸100～250 mL,连用数日。但出现神经症状的犬不能投予氨基酸制剂。每日投以维生素 B_1 50～300 mg,维生素 B_6 5～10 mg 或复合维生素 B 0.1～1.0 g 及维生素 C 100～500 mg,连用数日。

(4)中药治疗　有黄疸可用茵陈30 g,柴胡30 g,青皮15 g,枳实15 g,龙胆草20 g,白芍15 g,甘草10 g,水煎2次,合并药液,口服,分3 d服完。也可静脉注射茵栀黄注射液。

【相关知识】

肝炎是肝脏实质细胞的急性或慢性炎症,临床上以黄疸、消化不良和神经症状等为特征。

1. 发病原因

(1)传染性因素　见于病毒、细菌及寄生虫感染,如Ⅰ型腺病毒、疱疹病毒、细小病毒、结核杆菌、化脓杆菌、梭状菌、真菌、钩端螺旋体以及巴贝斯虫等,这些病原体侵入肝脏或其毒素作用于肝细胞而致病。

(2)中毒性因素　各种有毒物质和化学药品的中毒,如误食砷、汞、氯仿、鞣酸、四氯化碳、黄曲霉毒素等,以及反复投予氯丙嗪、睾酮、氟烷、氯噻嗪等,均可引起中毒性肝炎。采食霉变腐败的食物及工业加工的有毒分解物也可引起急性肝炎。

(3)其他因素　食物中蛋氨酸或胆碱缺乏时,可造成肝坏死;充血性心力衰竭、肝门静脉循环障碍,致使肝脏淤血,肝窦状隙扩张,压迫肝细胞,引起肝功能异常而发病。

2. 主要症状

患急性肝炎犬、猫明显消瘦,精神沉郁,全身无力,初期食欲不振,而后废绝。体温通常正常或略有升高。眼结膜黄染。粪便呈灰白绿色、恶臭,不成形。肝区触诊有疼痛反应,腹壁紧张,于肋骨后缘可感知肝肿大。叩诊肝脏浊音区扩大。严重时,表现为肌肉震颤、痉挛、肌肉无力、感觉迟钝、昏睡或昏迷。肝细胞弥漫性损害时,各器官有出血倾向,如胃肠出血和鼻出血等。血液凝固时间、出血时间明显延长。

病程日久,转为慢性。精神萎靡不振,倦怠,呆滞,行走无力,皮毛枯焦,逐渐消瘦。最为突出的是消化系统症状,食欲不振,腹泻,便秘,或腹泻与便秘交替发生,粪便色淡,偶有呕吐。有的出现轻度黄疸,触诊肝脏和脾脏中度肿大,有压痛。肝硬变时,可出现腹水。

技能80 脂肪肝的诊断与治疗

1. 诊断

依据病史和临床症状,结合血糖检查可做出初步诊断,血液检查血糖浓度升高可作为辅助诊断，B 超检查有助于确诊。

2. 治疗

立即减少高脂肪、高糖食物的供给，提供易消化的高蛋白食物，但要限制食量，防止过胖。

(1)投予促进肝细胞内脂质分解或排泄的药物，如巯丙酰甘氨酸 50～200 mg，皮下注射或静脉注射，连日或隔日 1 次；泛酸钙 15～150 mg，口服，每天 3 次，蛋氨酸 0.1～0.8 g，静脉注射。

(2)血清丙氨酸氨基转移酶活性升高时，用氨基酸制剂 50～100 mL，静脉注射，每天 1～3 次。维生素 B_1 每次 100 mg，肌内注射。

(3)血清乳酸酶活性升高和疑似肝排泄障碍时，可用利胆剂。

【相关知识】

脂肪肝是指糖、脂肪代谢紊乱引起大量脂肪在肝脏细胞内沉积的一种代谢性疾病。临床上以皮下脂肪过度蓄积、消化不良、易疲劳为特征。

1. 发病原因

(1)原发性因素　主要见于摄入脂肪过量，引起机体脂肪组织过度蓄积；或长期摄入高脂肪、高能量、低蛋白食物，突然减食或过度饥饿，从而引起本病发生。

(2)继发性因素　主要由于机体内分泌失调，尤其是垂体、肾上腺皮质激素以及胰岛素分泌不足，引起糖代谢紊乱，外周脂肪分解，导致组织内脂肪被动员至肝脏内贮存和沉积，从而引发脂肪肝；此外，四环素、糖皮质激素用量过大或用药时间过长，以及急性和慢性肝炎、其他传染病和寄生虫病等，也可继发本病。

2. 主要症状

表现为机体肥胖，皮下脂肪增厚，长期消化不良，食欲减退，呕吐，腹泻与便秘交替出现，腹胀，体质虚弱，易疲劳，稍微运动即可引起气喘和心跳加快。肝脏明显肿大，但无压痛。病犬、猫抵抗力低下，极易发生感染。

技能 81　脾破裂的诊断与治疗

1. 诊断

根据病史和临床症状可做出初步诊断；腹腔穿刺、实验室检查以及 B 超检查有助于确诊。

实验室检查。红细胞、血红蛋白减少，红细胞压积下降。

2. 治疗

对脾肿大的病犬、猫，可做预防性脾摘除。如确诊脾发生破裂，则应尽早行脾切除术。术后补液、输血以补充血容量，用抗生素防止继发感染。

【相关知识】

脾破裂有脾实质、脾被膜同时破裂发生腹腔内大出血和仅脾实质破裂两种，后者流出的血液可贮积于脾被膜内而形成血肿，以后因为活动或用力使血肿破裂发生内出血。

1. 发病原因

主要由于交通事故、腹腔穿刺等，使脾脏遭受直接或间接暴力而引起。肝硬化、慢性疾病感染、慢性淋巴细胞性白血病等时，常继发脾肿大，此时如受到暴力作用，极易造成破裂。

2. 主要症状

精神萎顿，腹痛，呼吸困难，呈胸式呼吸，呕吐。出血较多者，可视黏膜苍白，脉搏快而弱。触诊腹部疼痛，听诊肠蠕动音减弱，腹部穿刺可抽出不凝固的血液，腹围膨隆甚至呈桶状。

技能 82 胰腺炎的诊断与治疗

1. 诊断

根据病史和临床症状可做出初步诊断，实验室检查以及 B 超检查和 X 线检查有助于确诊。还应注意与其他急腹症、肾衰等症相区别。

(1)实验室检验　白细胞总数增多，中性粒细胞比例增大，核左移；血清淀粉酶和脂肪酶活性升高，多数病例于发病后 8～12 h 开始升高，24～48 h 达到高峰，维持 3～4 d。腹水中含有较多的脂肪酶和淀粉酶。

(2)B 型超声波检查　胰腺肿大、增厚，或呈假性囊肿。

(3)X 线检查　上腹密度增加，有时可见胆结石和胰腺部分的钙化点。

2. 治疗

以抑制胰腺分泌、消炎止痛和纠正水盐代谢为治则。在出现症状的 2～4 d 内应禁食，以防止食物刺激胰腺分泌。禁食时需静脉注射葡萄糖、复合氨基酸，维持营养和调节酸碱平衡等对症治疗。病情好转时给予少量肉汤或柔软易消化的食物。一旦发现胰腺坏死，应尽快手术切除坏死部位胰腺。

(1)控制感染　可选用青霉素、卡那霉素、氨苄青霉素等。

(2)抑制胰腺分泌 阿托品0.5 mg,肌内注射,每天3次。或普鲁本辛5 mg,口服,每天3次。

(3)止痛 腹痛明显的,可皮下注射盐酸吗啡每千克体重0.1～0.5 mg,或杜冷丁每千克体重5～10 mg。

(4)纠正水盐代谢,防止脱水 静脉注射5%葡萄糖溶液或林格氏液250～500 mL,每天上、下午各1次。

(5)止呕 呕吐严重,可肌内注射维生素 B_1 50～100 mg,或肌内注射胃复安(孕犬、猫禁用)每千克体重0.5 mg,每天2次。

(6)抗休克 发生休克时,可用类皮质激素如地塞米松0.1～1 mg/次,静脉注射。

慢性胰腺炎常用食物疗法,少食多餐,给予低脂肪、易消化的食物。药物维护胰腺功能,可选用胰酶制剂和胰粉拌料,连日喂服,同时补充维生素K、维生素A、维生素D、B族维生素、叶酸和钙剂。经常给予制酸解痉药,以抑制胰腺分泌。

【相关知识】

胰腺炎是因为胰腺酶消化胰腺自身以及胰腺周围组织所引起的一种炎症性疾病。急性胰腺炎以突发性腹部剧痛、休克和腹膜炎为特征;慢性胰腺炎以腹痛、黄疸、脂肪便、糖尿病为特征。本病多发于犬,猫罕见,其症状也不典型,常通过腹部B超检查和血检被发现。

1. 发病原因

(1)总胆管Vater氏壶腹部梗阻 见于胆道蛔虫、胆结石、肿瘤压迫、局部水肿、局部纤维化、黏液淤塞等。总胆管与胰腺管共同开口于Vater氏壶腹部,当壶腹部阻塞时,胆汁逆流入胰管并激活胰蛋白酶原为胰蛋白酶,后者进入胰腺及其胰腺周围组织,引起自身消化。

(2)胰腺分泌功能亢进 进食大量脂肪性食物,可产生明显食饵性脂血症(乳糜微粒血症),改变胰腺细胞内酶的含量,易诱发急性胰腺炎;十二指肠炎症和胰管痉挛,可能引起胰管阻塞,胰管压力随之增高,导致胰泡破裂,胰酶逸出,从而发生胰腺炎。

(3)传染性疾病 如猫弓形虫病和猫传染性腹膜炎,犬传染性肝炎、钩端螺旋体病等可损害肝脏诱发胰腺炎。

(4)药物性因素 如噻嗪类利尿药、硫唑嘌呤、门冬氨酸酶和四环素等。胆碱酯酶抑制剂和胆碱能拮抗药也可诱发胰腺炎。

(5)其他因素 胰腺创伤、交通事故、高空摔落及外科手术导致胰腺创伤,诱发胰腺炎。

急性胰腺炎迁延日久,转成慢性。由于炎症的反复发作,胰腺呈广泛纤维化,局灶性坏死,腺泡和胰岛组织的萎缩和消失,假囊泡形成和钙化,胰腺组织减少,使分泌功能减退。

2. 主要症状

(1)急性胰腺炎 临床表现比较复杂,常有水肿型和出血性坏死型两种类型。水肿型胰腺炎，通常表现精神萎靡，食欲不振或废绝，进食后腹部疼痛，呕吐和腹泻，有时粪便中带血，触诊腹壁敏感和紧张，用力按压疼痛躲让，弓腰收腹。

出血性坏死型胰腺炎，通常表现体温下降，精神高度沉郁，剧烈呕吐和腹泻，甚至发生血性腹泻，触诊腹壁极为紧张，按压疼痛剧烈。随着病情发展，逐渐处于昏迷状态，进而全身痉挛，休克。

(2)慢性胰腺炎　腹痛反复发作，疼痛剧烈时常伴有呕吐。不断地排出大量橙黄色或黏土色、酸臭味粪便，其粪中含有不消化食物，发油光。未发病时动物表现贪食，但消瘦，生长停止。如病变波及胃、十二指肠、总胆管或胰岛时，可导致消化道梗阻、梗阻性黄疸、高血糖及糖尿。胰腺有假性囊肿形成时，腹部可摸到肿块。

技能83 腹膜炎的诊断与治疗

1. 诊断

依据病史和临床症状结合腹腔穿刺，如穿刺液为渗出液，其中有中性粒细胞和巨噬细胞可确诊，但要与肠变位、胃扭转、子宫蓄脓相区别。

2. 治疗

以抗菌消炎和对症治疗为原则，积极治疗原发病。尽量让动物安静休息，并给予易消化的食物。

(1)抗菌消炎　可选用青霉素每千克体重 2 万 IU，肌内注射，每天 2 次，连用 3～5 d。也可选用硫酸庆大霉素每千克体重 0.1 万～0.15 万 IU，肌内注射，每天 3～4 次，连用 3～5 d。此外也可选用头孢菌素、红霉素等进行治疗。

(2)对症治疗　对有大量腹腔积液者，可进行腹腔穿刺放出腹水，然后向腹腔内注入抗生素；腹痛明显，可皮下注射吗啡或杜冷丁；脱水，可静脉注射 5%葡萄糖溶液或林格氏液 250～500 mL，每天上、下午各一次。同时，补充 B 族维生素和维生素 C；如有便秘，可灌肠通便。

【相关知识】

腹膜炎是指腹膜发生的炎症，临床上可分为急、慢性炎症，也可分为局限性和广泛性炎症。犬、猫均可发生。

1. 发病原因

(1)急性腹膜炎　多因受到损伤、内脏穿孔和破裂等引起；腹腔以及骨盆腔器官的炎症，微生物侵入腹膜也可引起急性腹膜炎；某些急性传染病和寄生虫病往往并发腹膜炎；此外，刺激性药物误入腹腔常常引起急性腹膜炎。

(2)慢性腹膜炎　多由急性腹膜炎转变而来，或继发于放线菌病和结核病等。

2. 主要症状

(1)急性广泛性腹膜炎，体温突然升高，精神沉郁，食欲废绝，心跳加快，心律不齐，脉沉细数。腹痛，常见吊腹，不敢运动，走动时多有弓腰、步态拘泥表现。触诊腹部，腹壁紧张且敏感，压痛明显。常有反射性呕吐。呼吸浅而快，呈胸式呼吸。后期腹围增大，轻轻冲击触诊，有波动感，有时可听到拍水音，腹腔穿刺液多浑浊、黏稠，有时带有血液或脓汁。重剧者多死于虚脱和休克。整个病程一般为 2 周左右，少数在数小时到 1 d 内死亡。

急性局限性病例，主要表现为不同程度的腹痛，且多限于腹部某些部位。有时会继发肠管功能紊乱，如便秘、消化不良、肠臌气等。

(2)慢性腹膜炎症，一般无明显腹痛，多表现为慢性肠功能紊乱，如消化不良、拉稀粪或便秘等，时间延长可致病犬、猫消瘦、发育不良。也有少数继发腹腔脏器粘连和腹水。

任务11 犬、猫呼吸系统疾病

技能84 鼻炎的治疗

去除病因，将患病犬、猫安置在温暖、通风良好的场所。治疗以抗菌消炎、局部用药为原则。

(1)抗菌消炎　对炎症较为严重的犬、猫，肌内注射氨苄青霉素 0.5～1.0 g/次，每天 3 次，连用 3 d，用前应做皮试。

(2)局部用药　对有大量稀薄鼻液的病例先用 0.1%高锰酸钾溶液 200 mL 冲洗鼻腔，再用复方碘甘油 50 mL 喷涂，每天 1 次，连用 3～5 d；对于鼻塞严重的，可用去甲肾上腺素滴鼻液滴鼻，每天数次，使用 1～2 周后间断 1～2 周，避免长期连续用药；当鼻腔黏膜严重充血时，可用血管收缩药 1%麻黄碱滴鼻。

【相关知识】

鼻炎是指鼻黏膜的炎症。临床上以鼻黏膜充血，肿胀，流出浆液性、黏液性及脓性鼻液，呼吸困难，打喷嚏为主要特征。

1. 发病原因

(1)物理性因素　如寒冷刺激，粗暴的鼻腔检查，经鼻腔投药造成鼻黏膜的损伤，吸入粉尘、烟尘、植物纤维、昆虫、花粉及真菌孢子等直接刺激鼻黏膜所致。

(2)化学因素　包括挥发性化工原料的泄漏，饲养场内的废气，化学毒气等直接刺激鼻黏膜所致。

(3)生物性因素　由某些病毒(如犬瘟热病毒、犬副流感病毒、猫细小病毒、猫鼻气管炎病毒、腺病毒)，细菌(大肠杆菌、β-溶血性链球菌、犬猫的支气管败血波氏杆菌、出血性败血性巴氏杆菌)和寄生虫(如犬鼻螨、犬肺棘螨)等感染所致。

(4)其他因素　如邻近器官的炎症(如咽喉炎、副鼻窦炎、口炎)蔓延，鼻部外伤或先天性软腭缺损导致的炎症，某些过敏性疾病等。

2. 主要症状

(1)急性鼻炎　病初鼻黏膜潮红、干燥、肿胀。因黏膜发痒，病犬、猫常用前爪搔鼻部，摇头后退，频打喷嚏，轻度咳嗽。一侧或两侧鼻孔流出鼻液，初为浆液性，然后为黏液性，甚至脓性，有时混有血液。鼻孔周围的皮肤可能发生表皮脱落。当鼻孔被排泄物、结痂物阻塞时，出现呼吸促迫，张口呼吸，有吸气性杂音和鼻塞音。伴有结膜炎时，可见羞明、流泪。如下颌淋巴结明显肿胀时则吞咽困难。常伴发扁桃体炎和咽喉炎。有的出现呕吐，食欲减退。

(2)慢性鼻炎　病程较长，病情时轻时重，长期流脓性鼻液，鼻侧常见到色素沟，严重者，鼻腔黏膜溃烂。伴有副鼻窦炎时，常引起骨质坏死和组织崩解，鼻液内可能混有血丝，并散发出腐败气味。呼吸困难，尤其是运动后常出现前肢叉开甚至呈犬坐姿势，呼吸用力。严重时，张口呼吸，出现阵发性喘气，鼻鼾明显。

3. 诊断

根据病因和临床症状可做出诊断。但应注意与各种生物性因素引起的鼻炎相区别。

技能85　喉炎的诊断与治疗

1. 诊断

根据病史和症状可初步诊断，喉镜检查和血液学检查有助于确诊。

2. 治疗

(1)抗菌消炎　丁胺卡那霉素每千克体重 5～10 mg，地塞米松 2～5 mg，肌内注射，每天 2 次，连用 3～5 d，或内服头孢拉定胶囊。

(2)对症治疗　局部用硫酸镁溶液冷敷，或用喷雾疗法。出现严重呼吸困难时，可立即施行气管切开术。

(3)中药治疗　喉腔内喷雾冰硼散或金嗓子喉宝。此外还可用六神丸 3～6 丸，口服，每天 2 次。喉部还可用如意金黄散外敷。

(4)针灸治疗　白针疗法以大椎、肺俞为主穴，身柱、灵台等为配穴；水针疗法用氨苄西林 0.15 g、2%普鲁卡因溶液 0.2 mL、注射用水 0.3 mL 溶解后喉俞穴注射。

【相关知识】

喉炎是指喉部黏膜表层及深层的炎症。临床上以喉部肿胀、敏感、疼痛、咳嗽为特征。

1. 发病原因

原发性喉炎见于各种物理、机械和化学刺激，如寒冷、异物和有害气体、烟雾等。继发性喉炎，多由喉部周围组织炎症如咽炎、气管炎、口炎等蔓延引起，也可见于犬瘟热、犬副流感、犬Ⅱ型腺病毒感染等疾病过程中。

2. 主要症状

急性喉炎，病犬、猫叫声嘶哑或完全叫不出声，初期咳嗽音粗厉，干咳，体温一般无明显变化，但发生化脓性喉炎时，体温可升高。喉部肿胀严重时，咳嗽音较尖厉，呼吸短促，重剧者可引起窒息死亡。触诊喉部，明显肿胀，并有疼痛挣扎表现，胸部听诊则有喉头狭窄音。

慢性病例，症状较轻，只在喉部受刺激时才出现阵发性咳嗽，喉部触诊多有压痛反应。一般无体温升高等全身症状。

技能86 气管、支气管炎的诊断与治疗

1. 诊断

根据病史和临床症状可做出初步诊断，血液学检查、X线检查、支气管镜检查或气管、支气管清洗液采样检查有助于确诊。

2. 治疗

以抗菌消炎、祛痰止咳、抗过敏、强心补液为治则。

(1)抗菌消炎　头孢噻吩钠10～20 mg，肌内注射，每天1～2次；或普鲁卡因青霉素每千克体重2万～4万IU，每天1次，连用3～5 d。

(2)祛痰止咳　祛痰，可用氯化铵0.2 g，口服，每天3次；干咳用磷酸可待因1～2 mg，口服，每天2次；严重气喘，可肌内注射氨茶碱0.05～0.1 g，每天3次；慢性支气管炎，用碘化钾0.2～1 g/次，口服，每天2～3次，对乙酰半胱氨酸，0.1～0.2 g/次，每天3次，或用化痰药进行气雾疗法。

(3)抗过敏　对于变态反应引起的支气管炎，可肌内注射地塞米松，5～10 mg/次，每天1次，还可选用扑尔敏、苯海拉明等药物。

(4)强心补液　用5%葡萄糖溶液或5%右旋糖酐生理盐水，10%安钠咖注射液适量静脉注射。

(5)中药治疗　取百合30 g，百部15 g，黄芪30 g，浙贝母15 g，桔梗18 g，杏仁15 g，麻黄9 g，枇杷叶15 g，白芨15 g，党参30 g，款冬花18 g，甘草9 g，用水浸泡30 min后，水煎2次，合并滤液，分2次灌服，每天1剂，连用3 d。

(6)针灸治疗　白针疗法以大椎、肺俞为主穴，身柱、灵台、水沟等为配穴；水针疗法用氨苄西林0.15 g、2%普鲁卡因溶液0.2 mL、注射用水0.39 mL溶解后喉俞穴注射；血针疗法以尾尖、耳尖为主穴，涌泉、滴水等为配穴。

【相关知识】

气管支气管炎是气管、支气管黏膜表层或深层的炎症。临床上以咳嗽、胸部听诊有啰音为主要特征。单纯性支气管炎比较少见，通常是先发生气管炎，后继发支气管炎，由于两者难以区别和分开，故合称气管支气管炎。犬、猫均可发生。

1. 发病原因

(1)感染性因素　见于细菌(如嗜血杆菌、链球菌、假单胞菌、肺炎克雷伯氏菌等)、病毒(如犬瘟热、流感、呼肠孤病毒、Ⅱ型腺病毒、猫鼻气管炎病毒等)、霉形体等感染。

(2)不良刺激　如吸入煤烟、氨气、尘埃以及投药时误入气管。

(3)邻近组织、器官的炎症蔓延　如喉炎、感冒、肺炎等。

此外，某些过敏性疾病，如花粉、有机粉尘等变应原所致的过敏等，也可引起本病。

2. 主要症状

(1)急性气管支气管炎　主要表现为咳嗽。病初为带痛的干咳，后转为湿咳。严重时为痉挛性咳嗽，在早晨尤为严重。有时有鼻液，开始为浆液性，以后逐渐变为黏液性或脓性。肺部听诊可听到气管、支气管干性或湿性啰音。发病初期，体温可轻度升高，若炎症蔓延到细支气管时，体温持续升高，脉搏频速，有明显的呼吸困难。肺部听诊可听到细支气管啰音。重症者，可出现呼吸急促，可视黏膜发绀，呈腹式呼吸。

(2)慢性气管支气管炎　可听到粗厉的、突然发作的痉挛性咳嗽。在运动、采食、夜间和早、晚咳嗽尤为剧烈，甚至引起气管痉挛。当支气管扩张时，咳嗽后有大量腐臭液外流，严重者出现吸气性呼吸困难，直至死亡。

技能87 肺炎的诊断与治疗

1. 诊断

根据病史和临床症状可以做出初步诊断。血象检查和X线检查有助于确诊。

2. 治疗

以抗菌消炎、对症治疗和支持疗法为治疗原则。

(1)抗菌消炎　对细菌感染，用头孢菌素每千克体重30 mg，口服，每天2次。或选用红霉素、先锋霉素、卡那霉素等。厌氧菌和异物吸入性肺炎，可用洁霉素每千克体重5～10 mg，肌内注射，每日2次。如为真菌引起的化脓性肺炎，则应选用两性霉素B静脉注射。

(2)止咳祛痰　祛痰，可内服氯化铵0.2～1 g/次，或碘化钾0.2～1 g/次。止咳，可内服复方樟脑酊、复方甘草合剂或止咳糖浆3～5 mL/次。咳嗽严重者可用对乙酰半胱氨酸做喷雾疗法，犬、猫 50 mL/h，每次喷雾 30～60 min，每天 2 次。或用可待因每千克体重 5～10 mg，肌内注射，每天 2～3 次。

(3)制止渗出　5%氯化钙溶液或者 10%葡萄糖酸钙溶液 10～15 mL，缓慢静脉注射。

(4)解热镇痛　可肌内注射安乃近 0.3～0.6 g/次，或内服对乙酰氨基酚（扑热息痛）0.1～1 g/次。

(5)支持疗法　给予适当的 5%葡萄糖溶液、复方氨基酸以及辅酶 A、三磷酸腺苷等营养物质，以补充营养。

(6)中药治疗　取麻黄 2 g，杏仁 2 g，石膏 4 g，浙贝母 2 g，黄芩 3 g，天花粉 2 g，枇杷叶 2 g，紫菀 2 g，苏子 2 g，桔梗 2 g，山药 2 g，砂仁 3 g，桑白皮 2 g，黄柏 3 g，车前子 2 g，水煎取汁，蜂蜜 10 mL 为引灌服，每天 1 剂，连用 3 d。

(7)针灸治疗　穿心莲注射液 1 mL，身柱、肺俞穴注射，每天 1～2 次。咳喘严重者，用麻黄碱 10～30 mg，肺俞穴注射。

【相关知识】

肺炎是肺实质的炎症。临床上以高热、呼吸障碍、低氧血症、叩诊肺部出现浊音和听诊有啰音为特征。老年及幼年犬、猫在冬春季节多发。

1. 发病原因

本病的病因主要是病毒（如Ⅱ型腺病毒），细菌（如肺炎双球菌、链球菌、葡萄球菌等），真菌（如组织胞浆菌、芽生菌、球孢子菌等）以及寄生虫感染（如原虫、蠕虫等）等侵害呼吸系统而引起。饲养管理不良，如受寒上呼吸道感染、劳役过度、长途运输、环境卫生差、吸入有毒气体等致使机体抗病能力降低，免疫功能下降，也可诱发肺炎。吸入某些过敏原、异物、花粉，细菌放出内毒素等也可成为本病的诱因，引起变态反应而发生肺炎。此外某些化脓性疾病（子宫炎、乳房炎等），其病原通过血液循环进入肺而致病。

2. 主要症状

(1)大叶性肺炎　是整个肺叶发生炎症。病犬、猫食欲减退或废绝，精神不振，体温升高，稽留热，结膜潮红或发绀。咳嗽、呼吸急促、进行性呼吸困难，以腹式呼吸为主，常流铁锈色鼻汁。肺部叩诊，病变部位呈浊音或半浊音。初期听诊呼吸音减弱，以后转为湿性啰音。

(2)小叶性肺炎　是个别肺小叶发生炎症。病初表现急性支气管炎症状，咳嗽，流鼻液。初为干、痛咳，后为湿咳，鼻液黏稠带脓。后期，体温升高，达 40 ℃以上，呈弛张热型，呼吸困难，严重时可见口、鼻黏膜发绀，心跳、呼吸加快。叩诊肺区出现散在浊音区，在浊音区听诊，肺泡音消失。病犬、猫精神沉郁，眼睛无神，眼分泌物增多，食欲不振或废绝。

(3)化脓性肺炎　肺组织发生一处或多处化脓性病灶。新脓肿产生时体温升高。若脓肿破裂，通过支气管、气管和鼻腔向外排出脓液，此时体温稍有下降。其他症状与小叶性肺炎相似。

技能88 肺水肿的诊断与治疗

1. 诊断

根据病史，突然发生高度混合性呼吸困难，流泡沫样鼻液等症状可以初步确定，确诊应依据X线检查。

胸部X线检查，肺视野的阴影呈散在性增强，呼吸道轮廓清晰，支气管周围增厚。如为补液量过大所致，肺泡阴影呈弥漫性增加，大部分血管几乎难以发现，如因左心功能不全者并发的肺水肿，肺门呈放射状。

2. 治疗

除去病因，保持安静，减轻心脏负担，缓解肺循环障碍和呼吸困难，制止渗出。对于因肺毛细血管压增高、充血性左心衰竭引起者，首先使其安静，禁用兴奋剂。为改善气体交换可输氧。

(1)镇静　苯巴比妥每千克体重5～15 mg，肌内注射。

(2)减少肺毛细血管压　可用利尿剂，速尿每千克体重2～4 mg，口服，每天3～4次。

(3)制止渗出　可用10%葡萄糖酸钙注射液5～10 mL，缓慢静脉注射。

(4)扩张支气管　用氨茶碱每千克体重6～8 mg，肌内注射。

(5)减轻心脏负担，缓解循环血量　每千克体重可按6～10 mL的量放血。对心律不齐者可给予心得安。渗出性肺水肿可用皮质类固醇如地塞米松、强的松龙等。

(6)中药治疗　取葶苈子、牵牛子各5 g，麻黄、杏仁、桔梗、陈皮、黄柏各3 g，水煎取汁，灌服。

(7)针灸疗法　血针颈脉、耳尖、尾尖穴。

【相关知识】

肺水肿是肺毛细血管内血液量异常增加，血液的液体成分渗漏到肺泡、支气管及肺间质内所引起的一种非炎性疾病。临床上以极度呼吸困难，流泡沫样鼻液为特征。

1. 发病原因

(1)心源性肺水肿　多见于充血性左心衰竭、过量的静脉输液和肺毛细血管压增高。

(2)非心源性肺水肿　多见于低蛋白血症，如肝病时蛋白合成能力下降，肾小球肾炎的蛋白丢失，消化不良综合征等；肺泡—毛细血管渗透性增加，如出血性休克、癫痫发作、内毒素血症、微血栓、烟气吸入、败血症等。

2. 主要症状

突然发病，高度混合性呼吸困难，湿咳、咳声微弱，头颈伸展，鼻翼扇动，甚至张口呼吸。

呼吸数明显增多。眼球突出，静脉怒张，结膜发绀，体温升高，两侧鼻孔流出大量粉红色泡沫状的鼻液。胸部叩诊呈浊音，听诊可听到广泛的水泡音。

技能89　胸膜炎的诊断与治疗

1. 诊断

依据症状结合血液检查、胸腔穿刺可确诊。要与胸腔积液相区别。胸腔积液无高热，胸壁不敏感，穿刺液多透明且不易凝固。

血液检查　急性病例可见中性粒细胞增多，核左移，淋巴细胞减少。

2. 治疗

加强饲养管理，防止胸壁受伤，增强机体抵抗力，积极治疗原发病。

(1)抑制渗出　静脉注射10%氯化钙注射液2～10 mL，每天1次，连用3～5 d。也可试用地塞米松每千克体重0.05～2 mg，口服，每天1次，连用3～5 d。

(2)加速炎性渗出物的吸收和排除　可用利尿剂、强心剂及轻泻剂。对渗出物较多严重影响呼吸的病例，可进行胸腔穿刺，放出积液。然后用0.1%雷夫奴尔溶液冲洗胸腔，再向胸腔内注射青霉素和金霉素各20万～40万IU。

(3)促进炎症消散　可用10%樟脑酒精、松节油、芥子精等刺激剂，涂抹胸壁，再敷以温热的纱布。有条件者，可用紫外线照射疗法。

(4)止痛　疼痛剧烈者，用杜冷丁每千克体重11 mg，肌内注射，每天2～3次，至疼痛缓解时止。

(5)针灸治疗　抗生素可注入身柱、天突、肺俞等穴。

【相关知识】

胸膜炎是由各种致病因素作用于胸膜而引起的炎症。临床上以腹式呼吸、胸膜摩擦音、胸部叩诊敏感且出现水平浊音区为特征。

1. 发病原因

(1)急性原发性胸膜炎　多见于胸壁创伤，如肋骨骨折、胸壁挫伤、胸壁穿透创等，胸膜腔肿瘤、微生物侵入胸腔亦可引发本病。

(2)继发性原因　多见于结核病、腹膜炎、心包炎、化脓性肺炎等病的炎症蔓延。

2. 主要症状

发病早期，精神沉郁，食欲减退，震颤，体温升高可达40 ℃以上，后降至39～40 ℃，呈弛张热型。呼吸浅表快速，多呈明显的腹式呼吸，咳嗽短弱带痛。触诊胸壁敏感，常躲避触压，甚至战栗、呻吟。不愿躺卧、走动，常站立，肘部外展。胸部叩诊敏感疼痛，咳嗽加重。往往于一侧或两侧呈水平浊音。胸部听诊，病初可听到胸膜摩擦音。胸腔穿刺，大多能抽取出多量黄色易凝固的液体。

慢性病例表现为反复发生微热、呼吸迫促、体质虚弱。如胸膜发生广泛黏连或增厚，则肺泡呼吸音明显减弱。

任务 12 犬、猫心血管系统疾病

技能 90 心内膜炎的诊断与治疗

1. 诊断

依据临床症状结合实验室检查、特殊检查可确诊。

(1)血液检查 急性病例可见白细胞显著增多。

(2)心电图检查 可见明显的左心扩大的波形。

(3)X 线透视检查 可见肺充血、水肿及胸腔积液。

2. 治疗

严格限制运动，以减轻症状。消除炎症、减轻心内压和消除水肿，并结合对症治疗。

(1)抗菌消炎、杀虫

①由细菌感染所致者，应根据细菌分离培养及药物敏感试验结果选择有效的抗生素治疗。革兰氏阳性菌感染者可选用青霉素、新霉素、林可霉素、链霉素或卡那霉素等，原则上是应用大剂量和长疗程(6～7 周)；革兰氏阴性菌感染时用干扰细菌细胞壁合成的抗生素(青霉素或先锋霉素)和影响细菌细胞蛋白合成的抗生素(如四环素、庆大霉素、卡那霉素等)，疗程 4～6 周。

②对真菌感染所致者，用两性霉素 B，每千克体重 0.15～1 mg，每天 1 次，连用 6 周，因其毒性较大，应用时注意观察动物反应。

③如为寄生虫所致，可试用硫乙胂胺钠每千克体重 0.22 mL，静脉注射，每天 2 次，间隔 6～8 h，连续用药 2 d，也可手术摘除虫体。

(2)消除水肿 用利尿剂，如速尿每千克体重 1～2 mg，肌内注射，每天 2 次。或用双氢氯噻嗪 0.025～0.1 g，内服，每天 1～2 次。

【相关知识】

心内膜炎是指心内膜及房室瓣膜发生的炎症。

1. 发病原因

本病多见于严重的全身感染，如细菌、病毒、丝虫及其他原虫感染均可引起心内膜炎症。

严重的自体中毒(如胃肠炎、尿毒症、脓毒血症、乳房炎以及子宫内膜炎等)也可损伤心内膜而引发本病。另外,猫的肥大性心肌病也可继发本病。

2. 主要症状

精神沉郁,食欲减退,不喜运动,极易疲劳,稍做运动即可引起剧烈的气喘或咳嗽。夜间常呈持续性咳嗽。有时病猫可突发后躯运动障碍,运步困难,听诊可见全缩期心杂音和奔马律心音。如治疗不及时,会在运动中突然昏迷或死亡。

技能91 心包炎的诊断与治疗

1. 诊断

根据临床症状和其他辅助检查结果可以确诊。

(1)X线检查 可出现心影增大,并随体位改变而移动。

(2)心电图检查 急性心包炎短时间内可有ST段抬高,T波高尖,继之变为平坦或倒置。

(3)超声波检查 显示心包积液的液平反射波。

(4)血液检查 化脓性心包炎白细胞增多,核左移,结核性和风湿性心包炎血沉明显增快。

(5)心包穿刺液检查 对病原诊断价值较大,结核性心包炎为浆液性血性渗出液,蛋白质含量较高,易凝固。化脓性心包炎为脓性渗出液,涂片或培养可检查出病原体。

2. 治疗

加强护理,避免过度兴奋与运动。针对病因治疗并结合对症治疗。

(1)对因治疗 患结核性心包炎时,在抗结核治疗的同时,口服强的松5～10 mg,每天2次,连用4～5周;风湿性心包炎则抗风湿治疗;化脓性心包炎,应根据病原及药物敏感试验结果,选择适当的抗生素治疗。

(2)对症治疗 积液多、水肿明显的病例,可进行心包腔穿刺,排出心包腔内的积液后,再向心包腔内注入用青霉素5万～10万IU、生理盐水5 mL配成的溶液;疼痛时,可内服去痛片、可待因等。

【相关知识】

心包炎是指心包膜的炎症,按原因可分为创伤性和非创伤性心包炎。依据心包内渗出物的性质又可分浆液性、浆液—纤维蛋白性、出血性、化脓性、化脓—腐败性多种类型。临床上以心区疼痛、听诊呈现摩擦音或拍水音、叩诊心浊音区扩大为特征。

1. 发病原因

(1)创伤性因素　多因被铁丝、铁钉、竹签等尖锐刺激物刺破胸壁，继而刺破膈、心包而致心包炎；此外，肋骨骨折损及心包也可发生心包炎。

(2)非创伤性因素　主要见于结核病、放线菌病、球孢子菌病等感染性疾病，以及心内膜炎、心肌炎、心底肿瘤、间皮瘤、血管瘤等非感染性疾病过程中。

2. 主要症状

初期呈原发病症状。病后期脉搏数增高达 200 次/min，体温升高达 40～41 ℃；病犬、猫精神沉郁，嗜眠，易疲劳，体质虚弱。呼吸浅表、疾速，呈明显的腹式呼吸，稍微运动即明显气喘。前肢前伸，肘外展，拱背，心区压痛。结膜发绀，颈静脉怒张，下颌、颈、胸腹下部出现明显水肿。听诊心音初期快而强，心音高朗，后期出现摩擦音，末期心音逐渐减弱，可出现心包拍水音。多因继发心力衰竭及脓毒血症而死亡。

技能 92　心肌炎的诊断与治疗

1. 诊断

依据心动过速、心律不齐、心音分裂、相对的房室瓣闭锁不全性杂音以及心浊音区扩大、循环障碍等症状，可做出初步诊断。确诊需做以下几个方面工作。

(1)心功能试验　是诊断急性心肌炎的一个指标。在安静状态下，测定病犬、猫的心率，随后令其急走 5 min，再测其心率，如为心肌炎，运动停止 2～3 min 后，心率仍继续加快，较长时间才能恢复至原来的心率。

(2)心电图检查　常见 T 波减低或倒置，S-T 间期缩短或延长。

(3)X 线检查　心影扩大。

(4)血清学检查　可见天冬氨酸氨基转移酶(AST)、肌酸激酶(CK)和乳酸脱氢酶(LDH)活性升高。

但要注意与心内膜炎和心包炎区别。心内膜炎有各种心内性杂音，心包炎则可出现心包摩擦音和拍水音、心区叩诊疼痛等症状。

2. 治疗

积极治疗原发病。要充分休息，避免过度兴奋和运动，喂饲易消化和富含维生素的饲料，并限制过多饮水。痊愈后，不可立即进行剧烈运动，以防复发。

(1)治疗原发病　针对原发病和防止继发感染，可应用磺胺类药物、抗生素以及血清和疫苗等特异性疗法。

(2)增加心肌营养，促进心肌代谢　可用三磷酸腺苷(ATP)15～20 mg、辅酶 A 35～50 IU 或肌苷 25～50 mg，肌内注射，每天 1～2 次；或细胞色素 C 15～30 mg 加入 10%葡萄糖溶液 200 mL 中，静脉注射。维生素 C 每千克体重 50 mg、维生素 B_1 每千克体重 30 mg，口服，每天 2 次，有助于损伤心肌的修复和改善心肌代谢。

(3)对症治疗 伴有高热、心力衰竭时，可试用氢化可的松 5～20 mg，静脉注射，每天 1 次。出现严重心律失常时，可按不同心律失常进行抢救。伴有水肿者，可应用利尿剂。当犬、猫可视黏膜发绀或高度呼吸困难时，应给以氧气治疗。

【相关知识】

心肌炎是伴有心肌兴奋性增强和心肌收缩力降低为特征的心肌炎症。根据炎症的性质，可分为化脓性和非化脓性两种，按侵害部位可分为实质性和间质性两种，按其病程可分为急性和慢性两种。

1. 发病原因

急性心肌炎通常继发于某些传染病（如犬瘟热、犬细小病毒病、钩端螺旋体病、结核病等），寄生虫病（如弓形虫病、梨形虫病、犬恶丝虫病等），代谢病（如维生素 B_1 缺乏症等），内分泌疾病（如甲状腺功能亢进、糖尿病等），毒物中毒（如重金属、麻醉药中毒），自身免疫性疾病、脓毒败血症、风湿病、贫血、感冒等疾病的过程中。慢性心肌炎多由于急性心肌炎、心内膜炎反复发作而引起。

2. 主要症状

(1)急性心肌炎 初期，出现心肌的异常兴奋现象，表现为心搏动亢进，心音高朗，脉搏快而充实；稍做运动，则出现气喘，心搏动明显加快，运动停止后一段时间，仍不能很快恢复运动前的心率。心区听诊，可见第一心音浑浊或分裂或重复，第二心音减弱，而且心律不齐。当心肌弛缓时，出现相对的房室瓣闭锁不全性杂音。

后期，精神高度沉郁，食欲废绝，虚弱无力，气喘，眼结膜发绀，下腹和四肢下端水肿，运步不稳，重则昏迷或突然死亡。

(2)慢性心肌炎 呈周期性心脏衰竭，体表浮肿，病犬、猫剧烈运动后，出现呼吸困难，黏膜发绀，脉搏加快，节律不齐。

技能93 心力衰竭的诊断与防治

1. 诊断

根据病史和临床症状即可做出诊断。X 线检查，如右心衰竭时可发现心影增大，左心衰竭时则有肺门影增大及肺纹理增粗。

2. 治疗

避免剧烈运动，加强饲养管理，提高机体抵抗力，积极治疗原发病。减轻心脏负担，增强心肌收缩力。急性心力衰竭可因缺氧和心源性休克而死亡,故应争分夺秒,进行抢救。胸部按压心脏、输氧、心脏内注射肾上腺素,把舌头拉出口腔外以利于呼吸,必要时进行气管插管。

(1)减轻心脏负荷　镇静,皮下或肌内注射安定注射液 1～2 mL;泻血,静脉穿刺或切开放血 250～500 mL;利尿,静脉注射速尿 10～20 mg,或利尿酸钠 10～20 mg;应用血管扩张剂,选用苄胺唑啉 5～10 mg 或硝普钠 5～10 mg,加入 10%葡萄糖溶液 200 mL 中,静脉注射。

(2)增强心肌收缩力,改善心脏功能　用毛花强心丙注射液(或西地兰 0.2～0.4 mg)0.3～0.6 mg,加入 10～20 倍 5%葡萄糖溶液中,缓慢静脉注射,必要时 4～6 h 后再用 1 次。也可用洋地黄毒苷,按每千克体重 0.033～0.11 mg,每天 2 次,口服,或以每千克体重 0.006～0.012 mg(全效量)静脉注射,然后以全效量的 1/10 维持。应用洋地黄类药物必须注意,感染、发热引起的心动过速而无心力衰竭的病犬、猫不宜使用,可采用抗生素控制感染,部分或全部房室传导阻滞者禁用。

(3)改善缺氧状况　用鼻导管给氧,氧流量 4～6 L/min,最好用鼻罩加压给氧。

(4)对症疗法　用三磷酸腺苷、辅酶 A、细胞色素 C、维生素 B_6 和葡萄糖等能量合剂进行辅助治疗。注意纠正酸碱平衡失调和电解质紊乱,尤其是低钾血症。

(5)中药治疗　取人参 10 g,附子 3 g,煎汁灌服。或用黄芪 30 g,党参 15 g,丹参 20 g,五味子 15 g,红花 10 g,当归 15 g,熟地 30 g,甘草 10 g,水煎取汁,候温灌服,每天 1 剂,连用 3～5 d。

【相关知识】

心力衰竭不是一个独立的疾病,而是许多疾病过程中都可发生的一种综合征。临床上表现为心肌收缩力减弱、心输出血量减少、静脉回流受阻、动脉系统供血不足、全身血液循环障碍等一系列症状和体征。心力衰竭可分为左心衰竭和右心衰竭,但任何一侧心力衰竭都可影响对侧。

1. 发病原因

(1)心脏负荷加重　舒张期负荷加重,常见于心脏瓣膜闭锁不全及先天性动脉导管未闭等;收缩期负荷加重,见于主动脉、肺动脉瓣狭窄或体循环、肺循环动脉高压。

(2)心肌血液供应不足　见于心脏冠状动脉痉挛、栓塞和冠状动脉硬化。

(3)心肌功能障碍　如扩张性心肌病,猫的牛磺酸缺乏和心肌炎。

(4)心肌发生病变　如由病毒(犬瘟热、犬细小病毒)、寄生虫(犬恶心丝虫、弓形虫)、细菌等引起的心肌炎;由硒、铜等微量元素和维生素 B_1 缺乏引起的心肌变性;由有毒物质(如铅等)中毒引起的心肌病等。另外,心肌突然遭受剧烈刺激(如触电,快速或过量静脉注射钙剂等)或心肌收缩受抑制(如麻醉引起的反射性心跳骤停或心动徐缓)等。

(5)心包疾病　如心包积液或积血,心脏受压,使心脏舒张受限,引起冠状循环供血不足，而导致心力衰竭。

(6)过快或过量的输液或突然剧烈运动 治疗时，过快或过量的输液以及不常剧烈运动的犬、猫突然运动量过大(如长途奔跑)等引起。

此外，严重的心律失常、手术、分娩、严重感染、电解质平衡紊乱等，都可直接或间接地影响心脏功能，促进心力衰竭的发生。

2. 主要症状

(1)左心衰竭 主要呈现肺循环瘀血。由于肺脏毛细血管内压急剧升高，可迅速发生肺水肿，表现为呼吸加快和呼吸困难，听诊肺部有各种性质的啰音，并发咳嗽等。

(2)右心衰竭 主要呈现体循环障碍(全身静脉瘀血)和心性水肿(全身性水肿)。由于肾脏血液量不足，肾小球的滤过降低，使尿的生成减少。早期可见肝、脾肿大，后期由于腹水及肿大的肝脏压迫胸腔，引起呼吸困难。同时，由于有效循环血液量不足，引起钠和水在组织内潴留，进一步加重了心脏性水肿，引起脑、胃肠、肝、肾等实质脏器的瘀血，并表现出各实质脏器功能障碍的一系列症状。

(3)充血性心力衰竭 由左心或右心衰竭发展而来。特征是肺充血、水肿或腹水。病犬、猫表现精神极度沉郁，食欲废绝，体重减轻，咳嗽，易疲劳，高度呼吸困难，可视黏膜发绀，浅表静脉怒张，腹围增大等。

任务13 犬、猫泌尿系统疾病

技能94 肾小球肾炎的诊断与治疗

1. 诊断

根据病史、临床症状和实验室检查结果确诊。

(1)急性肾小球肾炎 尿比重增高，蛋白含量增多，尿沉渣中可见有透明颗粒、红细胞管型，有的可见有上皮管型及散在的红细胞、肾上皮细胞、白细胞和病原菌等；红细胞数轻度减少，白细胞数正常或偏高，血沉加快，严重病例血中非蛋白氮升高。

(2)慢性肾小球肾炎 潜伏期尿蛋白较少，活动期常增多，晚期反而减少。尿沉渣中可见大量颗粒和透明管型，晚期可见粗大的颗粒蜡样管型；当出现红细胞管型时，则为肾小球肾炎的急性发作。

2. 治疗

急性肾小球肾炎应以加强护理，抗菌消炎，利尿消肿，抑制免疫反应和防止尿毒症的发生为治疗原则。将病犬、猫置于清洁、温暖和通风良好的笼舍中，给以高能量低蛋白食物，病初或少尿期限制食盐。慢性肾小球肾炎的治疗方法与急性肾小球肾炎相同。但不易治愈，且易反复发作。

(1)利尿消肿　水肿或少尿者,用速尿每千克体重 5 mg,或双氢克尿噻每千克体重 2～4 mg,口服,每天 2 次,必要时可静脉注射利尿合剂(普鲁卡因 0.1～0.2 g,10%～25%葡萄糖溶液 200 mL)或脱水剂(甘露醇、山梨醇等)。

(2)抗菌消炎　可选用头孢菌素类抗生素。

(3)抑制免疫反应　可肌内注射地塞米松 0.25～1.0 mg,每天 1 次,猫剂量减半,或强的松等。如并发急性心力衰竭、高血压、血尿或尿毒症时,则进行对症治疗。

(4)中药治疗　用石韦 60 g,黄柏 30 g,知母 30 g,栀子 30 g,甘草 30 g(以上为 20～30 kg 成年犬 1 次量),凉水浸泡 30 min 后,煮沸 30 min,药渣加水继续煎煮 30 min,合并 2 次滤液约 200 mL,1 次灌服,每天 1 剂,连用 4 d。

【相关知识】

肾小球肾炎是一种由感染或中毒后变态反应引起的以弥漫性肾小球损害为主的疾病。临床上以肾区敏感、疼痛、水肿、高血压、血尿和蛋白尿为特征。犬、猫均可发生。可分为急性和慢性两种肾小球肾炎。

1. 发病原因

(1)急性肾小球肾炎　多由感染和中毒引起。

①感染性因素。见于细菌(链球菌、葡萄球菌、结核杆菌等)、病毒(犬瘟热、传染性肝炎、钩端螺旋体等)和寄生虫(弓形虫等)感染等。

②中毒性因素。内源性中毒见于胃肠炎症、代谢障碍性疾病、皮肤疾病、大面积烧伤等所产生的毒素、代谢产物或组织分解产物等;外源性中毒见于摄食有毒物质(汞、砷、磷等)或霉败食物等。

(2)慢性肾小球肾炎　发生的病因与急性肾小球肾炎相同,仅为刺激作用轻微和持续时间较长。或由急性肾小球肾炎转变而来。

2. 主要症状

(1)急性肾小球肾炎　患犬、猫精神沉郁,体温升高,食欲不振,有时发生呕吐、腹泻。肾区敏感、触诊疼痛,肾脏肿大。不愿活动,步态强拘,站立时背腰拱起,后肢集拢于腹下。频尿,有的病例有血尿或无尿。动脉血压升高,第二心音增强。随病程延长,由于血液循环障碍和全身静脉瘀血,可见眼睑、胸腹下发生水肿。当发展为尿毒症时,则出现呼吸困难,衰竭无力,肌肉痉挛,昏睡,体温低下,呼出气中有尿臭味。

(2)慢性肾小球肾炎　病情发展缓慢,食欲不振,消瘦,被毛无光泽,皮肤失去弹性,体温正常或偏低,可视黏膜苍白。有的出现明显的水肿、高血压、血尿或尿毒症。初期多尿后期少尿,发展为尿毒症时意识丧失、肌肉痉挛、昏睡。病程可持续数月或数年。有的反复发作。

技能95 间质性肾炎的诊断与治疗

1. 诊断

根据病史、临床症状和尿液检查结果，一般可以做出诊断。

(1)尿沉渣检查 可见少量红细胞、单核细胞、淋巴细胞、浆细胞、中性粒细胞、大量颗粒管型。

(2)血液检查 红细胞数、血红蛋白和红细胞压积值降低，血液尿素氮含量增高。

(3)肾脏组织学检查 可见纤维性结缔组织增生，间质组织中有大量单核细胞。肾小管呈退行性变化，多数肾小球继发纤维素性增生，肾髓质有钙沉着。

2. 治疗

以消除病因，加强护理，纠正水和电解质平衡紊乱为治疗原则。有并发症时，应对症治疗。

①首先要充分给水，适量静脉补液。每天用食盐 1～12 g(每天每千克体重 0.4 g 以下)，分 3 次投给，但对心脏功能不全或浮肿的犬、猫要少给或停给食盐。根据血浆 CO_2 结合力的变化，用 5%碳酸氢钠溶液静脉注射，以纠正酸中毒。

②少尿期，在林格氏液中加入适量 20%甘露醇注射液、维生素 C、维生素 B_1，静脉注射至排尿为止。为防止出现高钾血症，用 10%葡萄糖酸钙溶液 5～10 mL 缓慢静脉注射。甘露醇无效时，改用速尿 5～20 mg 静脉注射。

③对低蛋白血症的犬、猫，给予营养丰富的高蛋白食物，还可投予蛋白合成激素，如双氢睾酮制剂 20 mg/次，肌内注射，每周 2～3 次。

④投予免疫抑制剂，依木兰每千克体重 2～3 mg 或环磷酰胺每千克体重 2～4 mg，口服，每天 1 次，使用 4 d 后停药 3 d。但当白细胞减少至 5.0×10^9/L 时，应停药。

⑤尿路感染时，用磺胺-5-甲氧嘧啶，犬首次每千克体重 50～100 mg，口服，维持量减半，每天 1～2 次；猫首次每千克体重 150 mg，维持量减半，每天 1 次。

【相关知识】

间质性肾炎是指肾脏间质发生弥散性或局灶性非化脓性炎症。临床上以肾间质结缔组织增生、肾实质萎缩、肾体积缩小、质地坚硬为特征。

1. 发病原因

间质性肾炎由感染和中毒引起。感染性因素见于钩端螺旋体病、犬瘟热、犬传染性肝炎等；中毒性因素主要由外源性毒素和蛋白质分解产物等引起。

此外，间质性肾炎也可继发于其他肾脏疾病。

2. 主要症状

病程较缓慢，在病的发生初期症状不明显，病犬、猫排尿量增多，尿比重降低；病的后期排尿量减少，尿比重增高。肾区触诊时可感觉肾脏体积缩小、质地坚硬，但无疼痛反应。血压升高，心搏动增强，主动脉第二心音增强。病的后期可发展为尿毒症。

技能96 肾盂肾炎的诊断与治疗

1. 诊断

根据临床症状及肾区触诊变化，结合实验室检查结果，即可确诊。

(1)尿液检查　有大量脓细胞、肾盂上皮细胞和白细胞。

(2)血液学检查　可见中性粒细胞增多，核左移。

2. 治疗

治疗原则是消除炎症，促进尿液和炎性产物的排出。

(1)抗菌消炎　根据尿液病原微生物培养和药物敏感试验结果，选出有效的抗生素或磺胺类药物。常用氨苄青霉素每千克体重 5～10 mL，口服，每天 4～6 次，连用 10 d。

(2)促进炎性产物的排出及尿路消毒　利尿剂，如双氢克尿噻 10～50 mg，肌内注射，每天 1～2 次；尿路消毒剂，如乌洛托品每千克体重 100～200 mg，静脉注射，每天 1～2 次。

【相关知识】

肾盂肾炎是指病原微生物侵入肾盂、肾小管系统和肾间质所引起的化脓性炎症。雌性犬、猫多发。临床上以体温升高、肾区敏感、脓尿和尿沉渣中有肾盂上皮细胞等为特征。

1. 发病原因

由体内感染病灶或败血症引起菌血症时，病原微生物可随血液循环侵入肾脏引起。也可见于邻近的器官炎症，如膀胱炎、阴道炎、子宫内膜炎、结肠炎等，病原微生物通过输尿管周围淋巴管到达肾脏，引起肾盂肾炎。

2. 主要症状

(1)急性肾盂肾炎　患犬、猫表现精神沉郁，体温升高至 39.5～40 ℃，多呈弛张热或间歇热型，食欲减退，呕吐，腹痛，腹泻。频尿，排尿困难，尿液浑浊，并混有黏液和大量脓液。触诊肾区疼痛。严重者可见贫血和心脏衰弱。

(2)慢性肾盂肾炎　多为亚临床型，常无明显症状，有时表现食欲减退、嗜睡、不喜运动、体重下降、烦渴、多尿。当两侧肾盂都感染时，可出现肾功能衰竭的各种表现。

3. 预防措施

加强饲养管理，增强机体防御功能，消除各种诱发因素或原发病。保持犬、猫体(尿道、会阴部等)的清洁，尽量减少不必要的导尿和泌尿道的器械操作。

技能97 尿毒症的诊断与治疗

1. 诊断

根据病史和典型症状可以做出初步诊断，结合血液检查、尿液检查、肾功能检查等实验室检查结果确诊。

(1)血液学检查　血浆中尿素氮、肌酐值增高。二氧化碳结合力降低。

(2)尿液检查　尿密度降低，有少量蛋白质、红细胞及管型。

(3)肾功能检查　显示尿酚红排泄率下降，尿浓缩功能减退。内生肌酐消除率降低。

2. 治疗

在饲养上，应给予优质低蛋白高能量和富含维生素的食物，给予充足饮水。若无水肿时可适当补给食盐，不能进食者可由静脉供给营养。积极治疗原发病。

(1)纠正水、电解质和酸碱平衡紊乱　脱水严重或尿量减少者，应及时输以生理盐水或葡萄糖溶液，但如有严重水肿和无尿者，应停止输给。高血磷低血钙时，可口服氢氧化铝凝胶 5～10 mL，每天 3 次，以阻止磷的吸收和减少钙的流失。血钾升高时，口服钠型阳离子交换树脂 2.5～5 g，每天 3 次，或静脉注射 25%葡萄糖溶液 50～100 mL 加胰岛素 5～10 IU。尿毒症、酸中毒纠正后，血钙游离度低，可产生低钙性抽搐，故在输给碱性溶液前先输给 10%葡萄糖酸钙溶液 5～10 mL。为缓解高氮血症和促进蛋白质合成，可用苯丙酸诺龙或丙酸睾丸酮 10～30 mg/次，隔日或每周 2 次肌内注射。

(2)对症治疗　呕吐时，用胃复安 10～20 mg/次，口服，或 10 mg/次，肌内注射，也可口服或肌内注射氯丙嗪等；抽搐者，可先静脉注射安定 5 mg，然后用苯巴比妥钠 100 mg，肌内注射；贫血或出血时，可输入适量新鲜同型血液，若出血严重者可使用抗血纤溶芳酸、止血环酸或 6-氨基己酸等。发生酸中毒时，用 5%碳酸氢钠溶液或 11.2%乳酸钠溶液 10～40 mL，静脉注射。

(3)腹膜透析　当血中尿素氮高于 100 mg/100 mL，肌酸酐高于 10 mg/100 mL，血清钾高于 6 mmol/L 时，可实施透析疗法。透析液为不含钙的乳酸钠复合制剂，用间歇性腹膜灌流法。腹壁剪毛消毒，用腹水套管针穿刺，插入多孔插管，拔去套管，留置插管。灌注液加温后，每次注入每千克体重 50～150 mL，滞留 40 min 后，自然排液，重复 2～3 次。肺水肿严重时，使用高渗葡萄糖和乳酸钠复合制剂。因灌注液不含氯化钾，对低钾血症的病犬、猫，在每升灌注液中加入 10%氯化钾溶液 4 mL。

【相关知识】

尿毒症是由于肾功能不全或衰竭，致使代谢产物和其他有毒物质不能随尿排出在体内蓄积而引起的一种自身中毒综合征。

1. 发病原因

严重的肾功能衰竭可引起尿毒症。本病的发生与下列因素有关。

(1)尿素作用　由于肾功能衰竭，尿素可通过肠壁进入肠腔，再经肠道内细菌尿素酶的作用，分解为具有毒性作用的氨和铵盐(碳酸铵、氨基甲酸铵)，再被吸收入血内，引起神经系统中毒症状。

(2)肠道毒性物质作用　肾脏功能衰竭可导致肝脏解毒功能降低，肠道产生的有毒物质，如酚、酪胺和苯乙二胺等被吸收入血内，既不能经肝解毒，又不能从肾脏排出，蓄积在血液内引起中毒症状。

(3)胍类化合物　胍类化合物(胍乙酸、甲基胍、胍基琥珀酸)是某些蛋白质的分解产物，在体内蓄积后，抑制体内某些酶(乳酸脱氢酶、ATP 酶等)的活性，从而导致犬、猫的抽搐等神经症状。此外，胍基琥珀酸还有抑制血小板黏着和淋巴细胞转化的作用，导致病犬、猫出血和免疫功能低下。

(4)酸中毒　肾功能衰竭时，引起体内酸性代谢产物排出障碍，引发呼吸、心脏活动抑制和昏迷。

2. 主要症状

尿毒症可引起机体多种组织器官发生功能障碍，临床症状复杂多样。

(1)神经系统　表现为精神沉郁、意识紊乱、昏迷和抽搐。

(2)血液循环系统　常有肾性高血压、左心室肥大和心力衰竭，晚期可引起心包炎和听到心包摩擦音。出现不同程度的贫血，晚期可见鼻、齿龈和消化道出血，皮下出现瘀血斑等。伴发高钾低钠血症、高磷低钙血症和高镁低氯血症。

(3)呼吸系统　呼吸加快、加深，呼吸困难。出现尿毒症性支气管炎、肺炎和胸膜炎。

(4)消化系统　主要表现消化不良和肠炎症状，如食欲不振或废绝、呕吐、腹泻、口腔有氨味和口腔黏膜溃疡等。

(5)皮肤　干皱，弹性减退，脱屑，瘙痒。多见皮下水肿。

技能98　犬尿石症的诊断与治疗

1. 诊断

根据临床上出现的频尿、排尿困难、血尿、膀胱敏感、疼痛，膀胱硬实、膨胀，挤压不动，手搓听到“咯咯”声等症状可做出初步诊断。尿道结石也可触诊或插入导尿管诊断，并可确定其阻塞位置。确诊可用X线检查，在尿路，尤其在尿道或膀胱，见有大小不等的结石颗粒。

2. 治疗

长期尿结石可继发严重的尿道或膀胱炎症，甚至引起肾盂肾炎、肾衰竭和败血症。故在治疗尿结石的同时，用氨苄青霉素、磺胺甲基异噁唑等进行局部和全身抗感染。

(1)食物疗法　通过改变日粮以减少尿结晶源，对磷酸镁铵尿结石，应饲喂米饭和动物性蛋白为主的酸性食物，可使尿液变酸；胱氨酸结石和尿酸盐结石，饲喂添加碳酸氢钠的低蛋白食物，可使尿液碱化；草酸盐结石，给予低钙食物。

(2)药物治疗　应用药物改变尿液pH可增加尿结晶溶解度，通常碱离子(PO_4^{3-}、CO_3^{2-})在酸性尿中有较好的可溶性。胱氨酸结石可口服*D*-青霉胺每千克体重25 mg，将结石变成可溶性物质；尿酸盐结石，用别嘌呤醇每千克体重4 mg，口服，每天1次。还可通过大量饮水和用利尿素、醋酸钾及氨茶碱等利尿剂增加尿量，以降低结晶源浓度。

(3)非手术疗法　适用于尿道或膀胱结石，且结石小或中等大小。

①水压冲洗疗法。适用于尿道结石。动物镇静或麻醉后，先行膀胱穿刺排尿。助手一手指伸入直肠压迫骨盆部尿道或从体外抵压膀胱，术者经尿道口插入导尿管，用手捏紧其导管周围组织，向尿道内注入生理盐水，扩张尿道。然后术者手松开，迅速拔出导尿管，解除尿道压力，尿石常随液体射出体外。需重复几次。如无效，可用粗的导尿管经尿道口插至结石端，用力注入生理盐水或液体润滑剂，将结石冲回至膀胱，再做膀胱切开术或其他疗法。

②膀胱挤压排空法。适用于尿道或膀胱结石。常在麻醉情况下进行。如膀胱不膨胀，需经尿道插管，注入适量生理盐水，使膀胱膨胀。注射时，避免触摸膀胱，防止膀胱过度膨胀。将犬抱起，使其呈垂直姿势。然后轻轻挤压膀胱，使尿液和结石从尿道排出。可重复几次，直至尿道、膀胱无结石为止(通过X线或膀胱造影检查)。

③碎石技术。可用体外震波碎石器、超声碎石器和激光碎石器等技术将结石击碎后排出。

(4)手术疗法　适用于药物治疗无效、非手术疗法不能排除及尿路感染已控制的病例。根据结石阻塞部位，可采用阴囊前尿道切开术、膀胱插管术、阴囊尿道造口术及会阴造口术等方法，将结石取出。

(5)中药治疗　对细小尿石症，可长期口服中药“排石冲剂”，以使细石融化并促其排出。

【相关知识】

尿石症又称尿路结石，为肾结石、输尿管结石、膀胱结石、尿道结石的统称。是指尿路中的无机或有机盐类结晶的凝结物，即结石、积石或多量结晶刺激尿路黏膜而引起出血、炎症和阻塞的一种泌尿器官疾病。其中膀胱和尿道结石最常见。

1. 发病原因

(1)尿道感染　由于尿路炎症引起上皮细胞脱落，加上炎性渗出物、病原菌的聚集，从而形成结石的核心。胶体物质和矿物质盐类凝集在其周围从而形成结石。此外，许多细菌如葡萄球菌、变形杆菌、沙门氏菌等可使尿素分解为氨，使尿液呈碱性，使磷酸铵镁易于沉淀形成结石。

(2)尿路梗阻　肾盂积尿增多，易形成矿物质盐类沉淀和炎症，形成结石。

(3)胶体和晶体渗透压失衡　尿中的晶体(各种盐类)通过保护性胶体维持着过饱和状态。当胶体和晶体渗透压失衡时，尿中的盐类易发生沉淀。

(4)维生素A缺乏和雌激素过剩　促使上皮细胞脱落形成结石的核心。

(5)代谢性疾病　如慢性原发性高钙血症、甲状旁腺功能亢进、食入过多维生素D、高降钙素等作用，损伤近端肾小管，影响其再吸收，都能增加尿液中钙和草酸分泌，从而促进了草酸钙尿结石的形成。

(6)饮水不足　长期饮水不足，引起尿液浓缩，致使盐类浓度过高而促进尿石的形成。

(7)其他因素　尿结石的发生与品种及遗传因素有关。如达尔马提亚犬因肝脏缺乏氨和尿酸氧化酶发生尿酸盐结石；英国斗牛犬等的尿酸遗传性代谢缺陷易形成尿酸铵结石，或机体代谢紊乱易形成胱氨酸结石。

2. 主要症状

表现为频尿、滴尿、血尿，并有强烈的氨臭味。重者可发生尿道阻塞，无尿排出，引起膀胱膨胀，甚至破裂引起尿毒症，病犬精神抑郁，厌食和脱水，有时呕吐和腹泻，可在72 h内昏迷、死亡。因结石所在位置不同，其症状略有差别。

(1)膀胱结石　结石较小一般不表现临床症状。结石大而多时，刺激膀胱黏膜，引起膀胱炎症。表现排尿困难，频尿，血尿，腹围增大。膀胱敏感性增强。膀胱触诊可触及结石。

(2)尿道结石　一般为膀胱结石的并发症，公犬常阻塞龟头和坐骨弓。尿道不全阻塞时，排尿疼痛，排尿时间延长，尿液呈点滴状流出，有血尿。完全阻塞时，发生尿潴留，频频做排尿动作，却不见尿液排出，腹围迅速增大，常引起膀胱破裂和尿毒症。有时表现为突然尿闭。母犬尿道结石发病率相对比公犬少，但一旦发生，则有一个或多个大而圆的结石积聚在膀胱内或阻塞在尿道开口处。

(3)肾结石　结石多位于肾盂，发病初期结石小时无明显症状，后期结石大时并发肾炎、肾盂炎、膀胱炎等。精神沉郁，步态强拘，排血尿，触摸肾区时表现疼痛，严重时形成肾盂积水，有时有血尿、菌尿、脓尿等。严重感染时体温升高。

(4)输尿管结石　较少见。多数是由肾结石下移形成。表现为剧烈腹痛，呕吐，动物不愿行走，表情痛苦，拱背，触诊腹部疼痛，有时出现血尿，脓尿和蛋白尿。

技能99 猫泌尿系统综合征的诊断与防治

1. 诊断

根据病史调查、临床症状和实验室检查结果确诊。

(1)X线检查 可见膀胱积尿膨大,膀胱或尿道内有结石阴影。

(2)尿液检查 尿素氮和肌酐升高,碳酸氢盐减少。尿pH呈碱性,尿中含有蛋白和潜血,尿沉渣有磷酸铵镁结晶。

2. 预防

每天在食物中加入0.5～1.0 g食盐,使猫增加饮水和多排尿,能减少尿结石的发生。

3. 治疗

尿道阻塞或发病初期,可用力挤压膀胱积尿,以排除结石。也可用导尿管或用细而钝的针头,插入尿道,用水冲洗,除去塞子。如阻塞物不能排除,膀胱积尿过多,可穿刺排尿,然后做尿道切开术或造口术取出结石。

适当地补充体液、电解质溶液,纠正酸中毒。

膀胱或肾盂有结石时,可用药物酸化尿液,使尿结石溶解。常用的酸化尿液药物有蛋氨酸(0.5～0.8 g/d)、氯化铵(0.8～1.0 g/d),或酸性磷酸钠每千克体重40 mg/d,拌食饲喂。

【相关知识】

猫泌尿系统综合征是由于膀胱和尿道结石、结晶和栓塞等刺激,引起膀胱和尿道黏膜炎症,甚至造成尿道阻塞的一组症候群。临床上以排尿困难、努责、频尿、痛性尿淋漓、血尿、部分或全部尿道阻塞等为特征。

1. 发病原因

主要原因是由饲喂含过量镁的干食物引起。因为含过量镁的干食物往往会引起尿液中盐类物质结晶,从而形成尿道阻塞。另外,某些细菌、病毒、支原体、真菌、寄生虫等病引起膀胱炎或尿道炎时,产生的细胞碎片,有利于尿结石的形成;活动少、卵巢摘除、肥胖、气候寒冷等,也可能诱发本病。

公、母猫均有发生,以长毛猫发病率最高。多发生在1～10岁,尿道阻塞以雄性较常见,膀胱炎和尿道炎则以雌性多发。90%以上结石是磷酸铵镁(鸟粪石),0.5%～3%为尿酸盐和草酸盐,3%～5%是胶状物。

2. 主要症状

临床表现频尿、少尿、血尿或无尿。病猫精神抑郁,不停地行走,鸣叫和频频舔舐生殖器。若发生尿道阻塞,病猫表现食欲废绝、呕吐、脱水、电解质丢失和酸中毒。如阻碍物不及时排除,常于3～5 d内虚脱休克而死。尿道阻塞时,腹部触诊可感知膀胱饱满,有时可发生膀胱破裂、腹腔积液。

技能 100 膀胱炎的诊断与治疗

1. 诊断

根据临床症状及实验室检查进行诊断。

(1)尿液检查 采取自然排尿或穿刺、导尿在光学显微镜下检查，尿中混有多量白细胞，呈浑浊时为脓尿，呈褐色时为血尿。尿中查到细菌时，说明膀胱已被感染。若同时查到脓尿、血尿、蛋白尿、细菌尿时，说明是尿路感染。

(2)X线检查 可检出一些并发症如尿结石、肿瘤、尿道异常，膀胱内憩室和慢性膀胱炎等。

2. 治疗

以改善饲养管理，消除病因、抗菌消炎、对症治疗为原则。饲喂无刺激、营养丰富的高蛋白食物和清洁饮水，并可在饮水中添加少量食盐以促进排尿。

(1)抗菌消炎 根据药物敏感试验结果选用抗生素。在未培养前，可使用在尿道能获得高浓度的广谱抗生素，如氨苄青霉素或三甲氧磺胺嘧啶，因大多数尿道病原菌对这两种药敏感。也可选用先锋霉素等。用40%乌洛托品溶液静脉注射进行尿道消毒。

(2)净化尿液 酸性尿有助于净化细菌，并增强青霉素G和四环素的抗菌效果。用氯化铵口服，犬每千克体重110 mg，猫每千克体重20 mg，每天2次。

(3)清洗膀胱 先用温生理盐水反复冲洗膀胱后，再用0.1%高锰酸钾溶液或2%硼酸溶液或1%～2%明矾溶液或鞣酸溶液进行冲洗。慢性膀胱炎可用0.02%～0.1%硝酸银溶液冲洗。膀胱冲洗干净后可直接注入青霉素溶液(40万～80万IU溶于5～10 mL注射用水中)。

(4)中药治疗 取黄柏、知母、栀子、连翘、金银花、木通、车前草各5 g，瞿麦、萹蓄各3 g，滑石10 g，甘草2 g，水煎取汁灌服，每天1剂，连用2 d。

(5)针灸治疗 氨苄青霉素，犬每千克体重10～20 mg，猫每千克体重5～10 mg，注射用水2 mL，稀释后百会穴注射，每天1次，连用2～3 d。

【相关知识】

膀胱炎是膀胱黏膜或黏膜下层组织的炎症。临床上以疼痛性尿频、膀胱部位触痛和尿沉渣中含有大量膀胱上皮细胞、脓细胞和血细胞等为特征。雌性及老年犬猫多发。

1. 发病原因

(1)细菌感染 如链球菌、绿脓杆菌、葡萄球菌、大肠杆菌、变形杆菌、化脓杆菌等细菌通过血循或尿道感染膀胱。

(2)有害物质刺激 膀胱结石、膀胱肿瘤、肾组织损伤碎片、尿长期蓄积发酵分解产生大量的氨及其他有害产物等均可强烈刺激膀胱黏膜，引起炎症。

(3)其他因素 脊椎骨折、椎间盘突出、脊髓炎所导致的神经损伤、膀胱憩室等引起尿潴留；导尿管消毒不严和使用不当、长期使用某些药物(如环磷酰胺)和各种有毒、强烈刺激性药物(如松节油)等引起膀胱炎；有时也可继发于前列腺炎、前列腺脓肿以及阴道、子宫、输尿管疾病。

2. 主要症状

频尿，或有排尿姿势，但仅有少量尿液或呈点滴状排出，并表现疼痛不安。严重者当膀胱括约肌肿胀痉挛或膀胱颈肿胀引起尿闭时，病犬、猫仅呈排尿姿势而无尿液排出。尿液浑浊，有氨臭味，混有大量黏液、血液或血凝块、黏膜、脓汁及微生物等。膀胱多呈空虚状态，触压有疼痛的收缩反应。病犬、猫体温升高，精神沉郁，食欲不振。

技能 101 尿道炎的诊断与治疗

1. 诊断

根据临床症状、X线检查或尿道逆行造影进行诊断。

2. 治疗

治疗原则是消除病因、控制感染和冲洗尿道。

(1)冲洗、消毒尿道 用0.1%雷夫奴尔溶液或0.1%洗必泰溶液，每天1次，连用3～4 d。静脉注射40%乌洛托品溶液。

(2)控制感染 磺胺异噁唑每千克体重50 mg，口服，每天3次，首次用量加倍。或头孢噻吩每千克体重20 mg，口服，每天3次，或阿莫西林每千克体重20 mg，口服，每天2次，连用 1～2周。

(3)消除病因 若由结石引起，可用逆行性水冲击法将结石冲入膀胱或用尿道切开术或尿道造口术取出结石；对慢性活动肉芽肿性尿道炎，用泼尼松每千克体重1.1 mg，口服，每天2次，连用14 d，以后每7 d减少50%至每千克体重0.07 mg，口服，每天2次。同时配合应用环磷酰胺，6.8 kg以下犬为每千克体重2.75 mg/d，6.8～18.2 kg犬为每千克体重2.2 mg/d，18.2 kg以上犬为每千克体重2 mg/d，口服，连用4 d，然后停药3 d，直到病情缓解。

(4)针灸治疗 抗生素或磺胺药可注入三焦俞、肾俞、二眼、会阴、后海等穴。

【相关知识】

尿道炎是尿道黏膜的炎症。临床上以尿频、尿痛、尿淋漓和尿液浑浊为特征。

1. 发病原因

(1)尿路阻塞　排尿不畅使得尿液冲洗尿道作用减弱,导致阻塞部近端尿液潴留,细菌大量增殖。另外,尿液潴留使得阻塞部近端管腔压力增高影响血液循环,导致组织缺血,抵抗力降低,易发生尿道感染。

(2)尿道损伤　内窥镜检查或导尿管导尿时,消毒不严或操作不慎引起细菌感染、尿道黏膜损伤,导致尿道炎。

(3)邻近器官炎症蔓延　见于膀胱炎、包皮炎、阴道炎、子宫内膜炎等。

2. 主要症状

病犬、猫频频排尿,但排尿困难,排尿时表情痛苦,尿液呈线状、断续状排出,公犬阴茎频频勃起,母犬阴唇不断开张。由于尿中有炎性分泌物,故尿液浑浊,含有黏液、血液和脓汁,有时排出脱落黏膜。触诊或导尿检查时患部敏感,并抗拒或躲避检查。严重时尿道黏膜溃疡、糜烂、坏死或形成瘢痕组织而引起尿道狭窄或阻塞,发生尿道破裂,尿液渗流到周围组织,使腹部下方积尿而发生自体中毒。

任务 14　犬、猫血液和免疫系统疾病

技能 102　贫血的诊断与治疗

1. 诊断

根据临床症状和病史调查可做出诊断,但需确定发病原因和贫血的性质,以便于为治疗提供客观依据。

(1)失血性贫血　急性出血时红细胞和血浆同时损失。初期只是血容量减少,红细胞压积和血红蛋白量基本不变化。后期血小板增加,外周血出现多染性红细胞,网织红细胞数增加;慢性出血,病情发展比较缓慢,可持续数月甚至数年。血液检查,常发现白细胞增多,血小板增多,以及低色素性贫血,还可见血清铁浓度降低,血清总铁结合力也降低。

(2)溶血性贫血　急性溶血性贫血时,病情危急,血清游离胆红素迅速增高;慢性溶血性贫血时病情缓慢,可出现合并肝细胞性黄疸,血红蛋白尿和尿胆原排出增多,网织红细胞和骨髓幼红细胞增多。若要区别溶血的病因,尚须配合其他检查。如免疫介导性溶血性贫血,需检测红细胞表面的免疫球蛋白或补体;遗传性溶血,可测定溶血因子或凝血因子;寄生物溶血,可发现血巴尔通体、焦虫等;中毒性溶血,常可发现海因茨小体;裂解性溶血,血涂片上可见破损的红细胞碎片、凝血酶原时间延长等。

(3)营养性贫血　维生素 B_{12} 或叶酸缺乏时,骨髓象和血象出现巨幼红细胞,也可见巨粒细胞和巨核细胞;缺铁时,血象可见小红细胞,骨髓象可见幼红细胞增生。

(4)造血功能障碍性贫血　以血象出现幼粒细胞和幼红细胞为特征。为了与失血和溶血性贫血区别，可做骨髓象检查。

2. 治疗

以祛除病因，补充营养，对症治疗为治疗原则。

(1)失血性贫血　首先要除去病因，重度贫血要尽快输血。并补充造血物质，如铁制剂，维生素 B_{12}、叶酸、维生素 B_6 等。

(2)溶血性贫血　应针对病因治疗。对免疫介导性溶血，可用强的松、环磷酰胺、硫唑嘌呤、环孢菌素等药物，必要时可行脾切除术；遗传性贫血，可采取断乳、输血和用类固醇药物；当有血液巴尔通体时，可用强力霉素 22 mg/kg，口服，每天 3 次，连用 2～3 周；治疗巴贝斯焦虫病时，可采用支持疗法(输血、输液)，应用广谱抗生素以防继发感染，但以用杀虫药为主，如贝尼尔每千克体重 3.5 mg 深部肌内注射，隔 2～3 d 重复注射 1 次。贫血严重时应先输血，后用杀虫药；中毒性溶血可针对中毒原因选用美蓝、乙酰半胱氨酸等；裂解性溶血除输血外，还可补铁。

(3)营养性贫血　25%右旋糖酐铁(葡聚糖铁)，犬 0.2～10 mL/次，猫 0.1～0.5 mL/次，肌内注射，每天 1 次。同时补充维生素 B_{12} 和叶酸。

(4)造血功能障碍性贫血　应纠正原发疾病，根据症状进行支持性治疗，发热及中性粒细胞降低时使用广谱抗生素。对于贫血严重的应输血。对于骨髓功能障碍也可使用肾上腺皮质激素，强的松每日每千克体重 0.5～1 mg。

(5)中药治疗　阿胶 30 g，熟地 20 g，当归 30 g，黄芪 30 g，加水浸泡 30 min，煎煮 2 次，合并滤液，灌服，每天 1 剂，连用 3～5 d。

【相关知识】

贫血指一定容积的循环血液中红细胞数、血红蛋白及红细胞压积值低于正常以下，红细胞向组织输送氧的能力降低的异常状态。

1. 发病原因

按照贫血的发生原因分为以下 4 类。

(1)失血性贫血　见于各种创伤时的急性出血，胃肠道寄生虫时的慢性出血，胃肠道损伤和溃疡，膀胱炎出血，尿结石出血，子宫出血，肾出血等。

(2)溶血性贫血　见于免疫介导性溶血性贫血，由于红细胞表面覆盖有免疫球蛋白和/或补体导致红细胞迅速破坏；遗传性贫血，多表现溶血性贫血，常与先天免疫以及凝血因子有关；红细胞寄生物，如巴尔通体、巴贝斯焦虫、猫住细胞虫等寄生物致使红细胞破坏；中毒，如洋葱、对乙酰胺基酚、有机磷、锌等中毒破坏血红蛋白及细胞膜；裂解性溶血，如弥散性血管内凝血(DIC)、心、肝疾病、心丝虫、肿瘤、脉管炎、溶血性尿毒症等，致使红细胞机械性分裂。

(3)营养性贫血　主要由于缺乏蛋白质、铁、铜、钴、维生素 B_{12} 及叶酸等造血物质所引起。

(4)造血功能障碍性贫血　见于子宫蓄脓、尿毒症、某些慢性感染性疾病(如慢性肝炎、肾病等)、辐射性疾病(如 X 光照射)等,严重损害骨髓造血功能而发生贫血。

2. 主要症状

根据贫血的程度不同而呈现出轻重不同的临床症状,主要表现为可视黏膜苍白,精神沉郁,嗜睡,不耐运动,对寒冷刺激比较敏感。心跳和脉搏数明显增加,气喘,被毛粗乱,有血色素尿或血尿。由感染性疾病引起者,体温升高。

技能 103 血友病的诊断与治疗

1. 诊断

根据临床症状、家族史及实验室检查可以确诊。实验室检查,血液凝固时间明显延长,部分凝血致活酶时间也延长。血友病 A 的第Ⅷ因子活性降低,但第Ⅷ因子相关抗原正常或升高,血小板数及其功能正常,凝血酶原时间和凝血素时间也正常。

2. 治疗

目前尚无根治办法,主要采取对症治疗,同时在饲粮中补充硫酸亚铁以补血。

(1)局部外伤出血　可采取结扎或压迫止血。

(2)广泛性出血　可肌内注射亚硫酸氢钠甲萘醌(维生素 K_3)10～30 mg,每天 2～3 次,或安络血每千克体重 0.2 mg,肌内注射。提高血液凝固性,可皮下注射 5%蛋白胨溶液 3～5 mL/次,每 2 周注射 1 次。也可用抗纤溶药物,如止血环酸 0.1 g/次或 6-氨基己酸 2 g/次,静脉注射,每天 2～3 次。

(3)严重出血　须进行输血治疗,每次可按每千克体重 10～30 mL,每天 1 次,连输 2～3 次。也可静脉注射第Ⅷ因子或第Ⅸ因子浓缩剂每千克体重 10～20 IU。

【相关知识】

本病是一组遗传性血液凝固障碍性疾病,主要特征是易出血。常见于雄性犬。

1. 发病原因

血友病分为 A 型和 B 型两种,分别是第Ⅷ凝血因子和第Ⅸ凝血因子先天缺乏。本病是与性别有关的隐性疾病,常见于雄犬。由于凝血因子为形成血液凝血酶原激活物所必需,如果缺乏,凝血时间就会延长。因此轻度创伤或手术后患犬更易出血。

本病为完全 X 染色体隐性遗传,血友病 A 和 B 是伴性隐性遗传,由雌性传递,而雄性发病。发生本病的动物，几乎都是纯种犬。

2. 主要症状

患犬有出血倾向且止血困难。轻症犬可在外伤及手术后出血异常。重症犬在轻度外伤或碰撞后，易引起严重出血和皮下血肿。常见于关节内出血，肌肉血肿，永久齿长出时从齿龈部出血等。

技能104 过敏型反应的诊断与治疗

1. 诊断

根据临床症状和病史调查可做出诊断。

2. 治疗

立即停止给予致敏物质，保证呼吸道畅通，对休克动物采取急救，维护重要器官功能、防止进一步释放介质。

(1)急救　对休克动物，立即静脉注射0.1%盐酸肾上腺素注射液0.2～1 mL。如不能马上静注，则皮下注射0.2～2 mL，然后再设法静脉注射。

(2)输液　按每千克体重50～100 mL/h剂量输注5%右旋糖苷注射液，连续输液1～2 h，维护重要器官功能。

(3)防止进一步释放介质　皮质类固醇类药，如地塞米松每千克体重1～2 mg，静脉滴注，或苯海拉明每千克体重2 mg，肌内注射或缓缓静脉注射，也可使用扑尔敏、异丙嗪等。

(4)局部处理　在过敏原侵入机体的部位(昆虫叮咬处、非胃肠给药部位)，注射0.1%盐酸肾上腺素注射液0.2～0.5 mL，并对该部位进行冷敷。若20～30 min后未见效，病情进一步恶化者，可再次静脉注射肾上腺素。

【相关知识】

过敏型反应是一种急性、全身性、严重的Ⅰ型变态(超敏或过敏)反应，以过敏性休克和荨麻疹样反应为特征。

1. 发病原因

引起过敏型反应的物质多而复杂，可归纳为以下几类。

(1)昆虫蜇咬时所排出的毒液　如蜜蜂、黄蜂、蚂蚁、蝎子、蜈蚣等。

(2)生物制品　如血液的任何部分、冷凝蛋白、疫苗、破伤风和蜂毒的抗毒素、过敏原提取物等。

(3)药物　如抗生素、磺胺药、激素、麻醉药、维生素K_1、右旋糖酐铁制剂、磺溴酚类、鸦片镇痛药等。

2. 主要症状

过敏型反应通常发生在机体接触抗原后的几分钟内，严重程度与其发生速度直接相关。主要表现不安与兴奋，头部或注射部位首先出现瘙痒，面部有麻疹或血管性水肿块。流涎或流泪。由于头部有血管性水肿而发生喘鸣。进一步由于肺水肿而出现呼吸困难和发绀。有的表现呕吐、腹痛和腹泻，肝脾肿大。有的突然行动失调，虚脱、休克、抽搐和死亡。

技能 105 荨麻疹的诊断与治疗

1. 诊断

根据临床症状和病史调查可做出初步诊断，确诊需做过敏原鉴定。

2. 治疗

宜尽快查明并消除致病原因，并避免再次接触致敏物质。治疗选用以下药物和方法。

(1)投予抗组织胺药物，如盐酸苯海拉明每千克体重 4 mg，口服，每天 2 次。或氢化泼尼松，每千克体重 2 mL，肌内注射，每天 1 次。

(2)10%葡萄糖酸钙注射液 10～20 mL，生理盐水 250～500 mL，稀释后缓慢静脉滴注，每天 1 次。

(3)针灸治疗　喉部肿胀引起窒息时，应迅速巧治喉俞穴。方法是，穴位部位剪毛消毒后，用大宽针在颈部腹侧正中第 2、3 气管轮之间切开皮肤和气管，装以塑料制气管导管，待肿胀消退后取出，常规闭合手术切口。

【相关知识】

荨麻疹是由多种原因引起的皮肤血管神经障碍性皮肤病。临床上以皮肤真皮上层出现局限性扁平丘疹、发生快消失也快为特征。本病属于速发型过敏反应。

1. 发病原因

内源性因素主要为机体具有过敏性素质，常见于食入鱼、虾、蟹、牛奶等，使用青霉素 G、维生素 K、血清、疫苗、输血等。此外，胃肠功能紊乱、病灶感染、肝功能障碍等也可引起本病。外源性因素主要见于吸血昆虫的叮咬，冷、热风、压迫、摩擦等物理性刺激，花粉、草刺儿等植物性刺激。

机体受上述抗原或半抗原的作用，经过抗原抗体复杂的反应过程，真皮血管和毛囊周围的肥大细胞释放出组织胺，刺激机体组织细胞，引起机体毛细血管扩张、血管通透性增加、体液渗出，出现潮红、组织水肿和疱疹等临床表现。此外，本病还与乙酰胆碱、激肽、5-羟色胺、纤维蛋白溶解酶、前列腺素等生物活性物质有关。

2. 主要症状

皮肤突然出现瘙痒和界线明显的丘疹。头部尤其是眼、嘴和耳周围的软组织有重度水肿。如果水肿发展到内脏，则病情更加严重，喉部水肿时出现上呼吸道喘鸣和呼吸迫促，有的表现心跳加快和胃肠功能紊乱等全身症状。如果病情不发展，皮肤瘙痒和丘疹多在1～2 d内消退。也有转为慢性型的，持续数周或数月以后才消退。

技能106　寻常性天疱疮的诊断与治疗

1. 诊断

根据临床表现可做出初诊，确诊需做病变部位组织活检，可见基底层上部的棘细胞融解，形成缝隙；或用病变部组织做抗原，用荧光素标记的抗犬免疫球蛋白抗体感作，在荧光显微镜下检查阳性者，表明病变部位的表皮组织中有免疫球蛋白沉积。

2. 治疗

①病初用泼尼松每千克体重0.5～1.5 mg，口服，每天2次，若效果不明显，则以每千克体重2～4 mg，口服，每天2次。连用5 d后，再以每千克体重0.5～1 mg的维持量口服。同时，使用土霉素等广谱抗生素以防止继发感染。

②如果泼尼松无效，可用环磷酰胺每千克体重1.5～2 mg，口服，每天1次，使用4 d后停药3 d，然后改为每周1次。但当白细胞减少和出现血尿时，应停药。

③依木兰每千克体重1.5 mg，口服；或用金硫葡萄糖1～5 mg，肌内注射，1周后以2倍剂量肌内注射，然后以每千克体重1 mg，肌内注射，每周1次，连用3个月。

【相关知识】

寻常型天疱疮是由于免疫功能异常而引起的典型的自身免疫性皮肤病。以病变多发于皮肤和黏膜交界处，皮肤出现尼克尔斯基氏症为特征。常见于中年犬、猫，发病无性别和品种之分。

1. 发病原因

本病的病因和病理机制尚未完全阐明。一般认为，自身抗体形成与病毒附着、化学药物或酶的作用，使自身组织的抗原性发生改变；或是侵入的病原微生物与某些组织有共同抗原，可引起交叉免疫反应，以及免疫活性细胞的突变和免疫稳定功能失调等因素有关。

病变发生在表皮的棘层，由表皮细胞间的黏合质和部分表皮细胞壁作为抗原而产生自身抗体，使表皮的细胞间质溶解，细胞间结合疏松而产生裂隙，但表皮的基底细胞不发生病变，从而形成尼克尔斯基氏症。

2. 主要症状

多呈急性经过，初期表现为溃疡性口炎、齿龈炎及舌炎。随之，沿口唇、眼睑、鼻孔、肛门、包皮、外阴等处的皮肤和黏膜交界处及指趾内侧出现暂时性的水疱状病变，很快水疱破裂后形成糜烂和溃疡，继发感染时症状加重。患部皮肤瘙痒、疼痛；口腔、舌、齿龈的炎症发出难闻的气味。有时发热、精神沉郁。爪部角质由于严重的爪沟炎而脱落。皮肤出现尼克尔斯基氏症，滑压皮肤外层易形成皱褶。

技能 107 系统性红斑狼疮的诊断与治疗

1. 诊断

根据病史和症状可以初步诊断，结合实验室检查结果分析，有助于正确诊断。应注意与多器官病变的传染病和肿瘤病相区别。

实验室检查，贫血，血小板减少，白细胞总数减少，球蛋白增多，胆红素增高。有肾小球肾炎的病例，出现蛋白尿、血尿等。血液中出现狼疮细胞（中性粒细胞的细胞核中出现一种大的、均质的或无定形的淡蓝色或粉红色胞浆包涵体）。血清中抗细胞核抗体（ANA）检测阳性。

2. 治疗

以抑制免疫反应、抗菌消炎和对症治疗为原则。

（1）抑制免疫反应　一般用肾上腺皮质激素治疗，以减少炎症的发生和抑制免疫损伤进一步发展。如泼尼松每千克体重 1.5～3.0 mg，口服，每天早晨 1 次，连用 10 d 后减半量，1 个月后隔天口服维持量。在所有症状消失以后，药物应维持 2～3 个月。也可并用环磷酰胺或依木兰每千克体重 2 mg，口服，每天 1 次，使用 4 d 后停药 3 d。但当红细胞减少为 5×10^{12}/L 时应停止用药。对血小板减少症，可用长春新碱每千克体重 0.2 mg，每周静脉注射 1 次。

（2）抗菌消炎　为防止细菌感染，可进行适当的抗生素治疗，治疗时间可持续几周至几个月。

（3）对症治疗　对疼痛和发热可用阿司匹林缓解症状。对活动性关节部位的炎症，应加强休息。对脓肿进行手术引流等。

【相关知识】

系统性红斑狼疮是一种多系统非化脓炎症性自身免疫性疾病，血清中存在以抗核抗体为主的多种自身抗体和免疫复合物在多个器官沉积为特征。多发于雌性犬、猫。

1. 发病原因

引起本病的原因尚未清楚，一般认为与以下因素有关。

(1)病毒感染　主要见于猫传染性腹膜炎病毒、猫白血病病毒、犬Ⅰ型腺病毒等感染。

(2)其他微生物和寄生虫感染　见于心内膜炎、前列腺炎、子宫积脓、盘状脊椎炎和慢性脓肿、全身性真菌感染、立克次氏体和原虫感染、犬恶心丝虫感染等。

(3)遗传因素　本病的发生有明显的家族性倾向。

(4)化学因素　长期服用肼苯达嗪、普鲁卡因酰胺、苯妥英钠、青霉素、磺胺类药物等可诱发。

(5)物理因素　阳光和紫外线照射，使DNA转化为胸腺嘧啶二聚体使机体产生抗体。

(6)肿瘤　特别是血液淋巴瘤。

在以上因素作用于有遗传免疫缺陷的机体，使机体免疫功能下降，产生大量自身抗体，而引起本病。由于免疫复合物沉积部位和沉积程度不同，表现各种临床症状。

2. 主要症状

表现为多器官损伤的各种变化。一般有对抗生素无反应的发热，倦怠，嗜眠，食欲不振，体重减轻。咀嚼肌和四肢肌肉萎缩。多发性侵蚀性关节炎，关节肿胀、疼痛，四肢僵硬，跛行。免疫复合物在小血管周围沉积引起滑膜炎和胸膜炎，皮肤呈对称性脱毛、丘疹和大疱红斑性损伤。口腔黏膜糜烂和溃疡。

此外，还可见溶血性贫血、水肿、淋巴腺肿大、心肌炎或心包炎、肾小管肾炎等症状，少数病犬、猫出现中枢神经系统功能障碍，还有可能出现淋巴结病、白细胞增多症、肝脾肿大、昏睡等症。

任务15　犬、猫神经系统疾病

技能108　脑震荡及脑挫伤的诊断与治疗

1. 诊断

根据发病原因和发病情况，结合临床症状，可做出初步诊断。必要时通过X线和CT确诊。但必须注意与脑膜炎、脑出血、脑血管栓塞等区别。

2. 治疗

治疗原则是加强护理，镇静安神，保护大脑皮层，防止脑出血，降低颅内压，促进脑细胞功能的恢复。不论病情轻重，都应保持安静，将头抬高，并用冰袋冷敷。

(1)防止脑出血　用6-氨基己酸2～3 g、抗血纤溶芳酸50～100 mg，加入10%葡萄糖溶液中，静脉注射，每天2～3次。或选用亚硫酸氢钠甲萘醌（维生素K_3）、止血敏、安络血等。

（2）降低颅内压　用50%葡萄糖溶液20 mL、20%甘露醇溶液100 mL或25%山梨醇溶液100 mL，静脉注射，每天2～3次。同时还可应用利尿酸10～20 mg或速尿10 mg，加入10%葡萄糖溶液中，静脉注射。

（3）促进脑细胞功能恢复　昏迷时间较长者，可用细胞色素C 10～20 mg，加入25%葡萄糖溶液中，静脉注射。在恢复期可用三磷酸腺苷10～20 mg/次，肌内注射。

（4）对症治疗　休克的犬、猫应及时抢救，可用氢化可的松15～50 mg或氢化泼尼松5～50 mg或地塞米松2～5 mg等，复方氯化钠注射液100～500 mL，50%葡萄糖注射液20～60 mL，静脉注射；当发生痉挛、抽搐或兴奋不安时，应给予苯巴比妥钠、氯丙嗪或水合氯醛等镇静剂；当合并感染、体温升高时，应给予抗生素；改善脑缺氧时，可给予氧气吸入，保持呼吸道通畅，必要时做气管切开术。

（5）针灸治疗　昏迷时可快速深刺山根、水沟、尾尖、涌泉、滴水穴，氯丙嗪、安定可注入天门、伏兔穴，抗生素可注入大椎，三焦俞穴。

【相关知识】

脑震荡是由于颅骨受到钝性冲撞打击之后而发生的以昏迷、反射功能减退和消失等脑神经功能全面损害为特征的脑病。如果脑组织发生了肉眼可见的病理变化，即为脑挫伤。犬、猫均可发生。

1. 发病原因

常发生在被交通工具冲撞或者运输途中摔下，也可由于从高处掉下或者打击导致。有时也可由火器或者爆炸物的冲击波引起。

2. 主要症状

由于脑震荡的轻重程度与脑挫伤部位和病变的不同，所表现的临床症状也不一样。但均是在受伤后突然发病，出现一般脑症状或灶性症状。

（1）脑震荡　表现为一瞬间倒地昏迷，知觉和反射功能减退或消失，瞳孔散大。呼吸变慢，有时发哮喘音，脉搏增快，脉律不齐，有时呕吐且伴有大小便失禁等。经过几分钟至数小时后，会慢慢醒过来，反射功能也逐渐恢复，与此同时全身各部肌肉纤维收缩，引起抽搐和痉挛，眼球震颤，抬头向周围巡视，经过多次挣扎，可以站立。

（2）脑挫伤　除昏迷、呼吸、脉搏及知觉和反射功能变化外，由于脑组织受到不同程度的损伤，脑循环发生障碍，脑组织水肿，甚至出血，从而呈现某些特定灶性症状。

①大脑皮层颞叶、顶叶运动区受到损害时，病犬、猫向患侧转圈，对侧眼失明。

②小脑、小脑脚、前庭、迷路受损害时，则运动失调，身向后仰滚转，有时头不自主地摆动。

③脑干受损伤时，体温、呼吸、循环等生命中枢受到影响，并且意识异常，运动障碍，角弓反张，四肢痉挛，眼球震颤，或斜视、瞳孔散大、视觉障碍、反射消失。

④大脑皮层和脑膜受损伤时，发生周期性兴奋发作，呈现癫痫症状。

⑤当脑膜出血形成血肿压迫脑组织时，导致意识障碍、偏瘫、知觉消失、瞳孔散大、一侧或两侧失明、听觉障碍。

此外，还可见颅骨损伤局部肿胀、热痛。颅底骨折，咽部和耳部血管受损伤，两侧耳和鼻孔出血，甚至倒地后立即昏迷，全身痉挛，迅速死亡。由于火器造成的开放性脑损伤，脑组织受到严重伤害，短时间内引起死亡。

技能109 日射病和热射病的诊断与防治

1. 诊断

根据临床症状，结合发病情况和病因分析，可确诊。

2. 预防

避免在高热天气做剧烈运动，或将宠物关在阳光直射和湿热的环境中，给予充足饮水，以防本病发生。

3. 治疗

立即将患病犬、猫移到阴凉、通风处，保持安静，多给清凉饮水，并促进降温和对症治疗。

(1)促进降温　可用冷水冲洗身体，用酒精擦拭体表，用冰块或冰袋冷敷头部，还可用冷盐水灌肠，促进散热。药物降温可使用氯丙嗪。体温降低接近正常时，应停止降温，以防体温过低，发生虚脱。

(2)对症治疗　对心力衰竭者可适当使用安钠咖、洋地黄制剂。伴有肺水肿者可静脉给予地塞米松、高渗葡萄糖溶液等。如有酸中毒时，可静脉注射5%碳酸氢钠溶液。

(3)针灸治疗　血针疗法以耳尖、尾尖为主穴，山根、胸堂、涌泉、滴水为配穴；白针疗法以水沟、大椎为主穴，天门、指间、趾间为配穴。

【相关知识】

日射病是指动物在炎热季节，头部受到日光直射，引起脑膜充血和脑实质急性病变，导致中枢神经系统功能严重障碍的现象。热射病是指在潮湿闷热环境中，动物体内积热过多，引起严重中枢神经系统功能紊乱的现象。中兽医学统称为中暑。本病以体温显著升高、呼吸和循环障碍、神经症状为特征。犬汗腺不发达，对热耐受性差，特别是大型、短头品种犬较易发生本病。

1. 发病原因

多发生在动物被关在通风不良的高温环境中，如密闭的汽车、水泥地面上的铁皮小屋等。另外，热性疾病、手术中长时间的气管插管、过度肥胖、心血管系统、泌尿系统疾病均可引发本病。

2. 主要症状

突然发病，体温急剧升高，呼吸急促，黏膜潮红，心跳加快，末梢静脉怒张。由于脑、脑膜充血和水肿，可出现一般脑症状。有的精神抑郁，站立不稳，卧地不起，陷于昏迷。有的神志紊乱、兴奋不安、癫狂冲撞。随着病情的急剧恶化，出现心力衰竭、脉搏快而弱、静脉瘀血、黏膜发绀。伴发肺充血和肺水肿时，张口伸舌，呼吸浅表，口、鼻喷出白沫或血沫。有的突然倒地，肌肉痉挛、抽搐，昏迷，甚至急性死亡。

技能 110 脑膜脑炎的诊断与治疗

1. 诊断

根据症状和病史可做出初步诊断。脑脊液检验对诊断本病意义非常重要。由于颅内压升高，脊髓穿刺时脑脊液浑浊，容易流出。细菌性脑膜炎时，脑脊液中蛋白质含量和白细胞数显著增加；粒细胞性脑膜脑炎时，脑脊液中蛋白质含量、白细胞数增加，并见大量的单核细胞，哈巴犬还可见嗜酸性粒细胞增多；化脓性脑膜炎时，脑脊液中除中性粒细胞增多外，还可见到病原微生物。

另外，脑脊液血清学试验有助于确定特定的病原；CT 能够较好地确定脑部器质性病变。

2. 治疗

加强护理、降低颅内压、抗菌消炎、对症治疗。首先将患病动物置于黑暗、安静的环境中，尽可能减少刺激。给予易于消化、营养丰富的流质或半流质食物。

（1）降低颅内压、防止脑水肿　20%甘露醇溶液每千克体重 1～2 g，静脉注射，每天 3～4 次。必要时静脉注射速尿每千克体重 2～4 mg，每天 1 次，但应防止引起电解质紊乱。

（2）消炎　甲氧苄胺嘧啶每千克体重 15 mg，口服，每天 2 次，或静脉注射氨苄青霉素每千克体重 2～10 mg，每天 2 次。

（3）对症治疗　狂躁不安，可使用镇静剂，如苯巴比妥每千克体重 2～5 mg，口服，或氯丙嗪每千克体重 1 mg，肌内注射；当心脏衰弱时，可用樟脑、安钠咖等强心；对免疫反应引起的脑膜脑炎，可使用皮质类固醇药物和放疗药物合并治疗；对寄生虫引起的可配合使用驱虫药驱虫；昏迷者须吸痰，防止发生吸入性肺炎，同时立即吸氧。

（4）针灸治疗　针刺水沟、天门、尾尖、指（趾）间等穴位，也可将抗生素或磺胺药注入天门、百会、三焦俞等穴。

【相关知识】

脑膜脑炎是指脑膜和脑实质的一种炎症性疾病。临床上以伴有一般脑症状、灶性脑症状和脑膜刺激症状为特征。

1. 发病原因

(1)原发性脑膜脑炎　由狂犬病、犬瘟热、大肠杆菌病等感染性疾病及铅、砷、有机磷等中毒引起。颗粒性脑膜脑炎(炎症性网质细胞增多症)为犬的一种特发性疾病，多发生在1～8岁的雌性观赏犬，如哈巴犬、玛尔济斯犬等。

(2)继发性脑膜脑炎　多见于邻近部位感染(如脊髓炎、副鼻窦炎、中耳炎等)蔓延以及其他部位感染(如心内膜炎、子宫蓄脓)随血液循环转移至脑部而引起。

2. 主要症状

(1)脑膜刺激症状　是以脑膜炎为主的脑膜脑炎，常伴发脊髓膜炎症，背神经受到刺激，颈、背部敏感。轻微刺激或触摸该处，有强烈的疼痛反应，肌肉强直性痉挛。

(2)一般脑症状　表现兴奋、烦躁不安、惊恐。有的有意识障碍、不认识主人，捕捉时咬人，无目的地奔走，冲撞障碍物。有的以沉郁为主，头下垂，眼半闭，反应迟钝，肌肉无力，甚至嗜睡。

(3)灶性脑症状　与炎性病变在脑组织中的位置有密切的关系。大脑受损时表现行为和性情的改变，步态不稳，转圈，甚至口吐白沫，癫痫样痉挛；脑干受损时，表现精神沉郁，头偏斜，共济失调，四肢无力，眼球震颤；炎症侵害小脑时，出现共济失调，肌肉颤抖，眼球震颤，姿势异常。炎症波及呼吸中枢时，出现呼吸困难。

单纯性脑炎，体温升高不常见，但化脓性脑膜脑炎时体温升高，有的达41 ℃。

技能111　癫痫的治疗

首先加强护理，保持安静，防止各种不良因素刺激和影响。减少食物中蛋白质和食盐含量。然后根据病情分别处理。

(1)原发性癫痫　由于病因不清，主要应用抑制其痉挛发作的药物进行对症治疗。常用扑癫酮，犬、猫的剂量为每千克体重12.5 mg，口服，每天2次。或用苯巴比妥片每千克体重2 mg，内服，每天2次，或用苯巴比妥钠每千克体重6 mg，肌内注射。还可应用安定，犬2.5～10 mg，肌内注射或口服，每天2～3次，发作时按10 mg/只，静脉注射，1次无效可重复；猫2～5 mg，肌内注射或口服。

(2)继发性癫痫　在对症治疗的同时，还要积极治疗原发病。

(3)中药治疗　用黄连6 g，天麻20 g，远志10 g，白明矾1 g，胆南星6 g，半夏6 g，钩藤9 g，竹茹10 g，茯苓10 g，生牡蛎30 g，陈皮9 g，全蝎6 g，枳实9 g，甘草3 g，水煎取汁灌服，每天1剂，连用3～7 d。或用“安宫牛黄丸”1丸，内服，每天1丸，连用3～4 d。

(4)针灸治疗　白针疗法以水沟、天门为主穴，大椎、翳风、心俞、百会、内关等为配穴；水针疗法用维生素 B_1 或维生素 B_{12} 注射于百会、大椎、心俞、身柱等穴。

【相关知识】

癫痫是由于大脑某些神经元异常放电引起的暂时性的脑功能障碍，临床上以反复发生短时意识丧失、强直性与阵发性肌肉痉挛为主要特征。犬癫痫发病率比猫高，且多为继发性。

1. 发病原因

(1)原发性癫痫　又称真性癫痫或自发性癫痫，与遗传因素有关，由于大脑组织代谢异常，皮层或皮层下中枢受到刺激，导致兴奋与抑制失调引起。

(2)继发性癫痫　又称为症状性癫痫，通常继发于以下病变。

①脑器质性病变。见于脑膜脑炎、脑积水、脑血管疾病、脑内肿瘤、脑震荡或挫伤等。

②传染病和寄生虫病。如犬瘟热、狂犬病、弓形虫病、猫传染性腹膜炎等。

③代谢失调。见于低血糖(患胰岛β细胞瘤犬和功能性低血糖猎犬)、低血钙、肝功能低下、氮质血症、维生素缺乏等。

④中毒。如一氧化碳、铅、汞、有机磷农药中毒等。

此外，肠道寄生虫(绦虫、钩虫、蛔虫)、外周神经损伤、过敏反应等反射性地引起癫痫发作；高度兴奋、恐惧和强烈的刺激，也能促进癫痫的发作。

2. 主要症状

癫痫发作有 3 个特点，即突然性、暂时性和反复性。按临床症状，癫痫发作主要可分为大发作、小发作 2 种形式。

(1)大发作　是最常见的一种发作类型。原发性癫痫的大发作可分为 3 个阶段，即先兆期、发作期和发作后期。先兆期表现不安、烦躁、点头或摇头、吠叫、躲藏暗处等，仅持续数秒钟或数分钟，一般不被人所注意；发作期意识丧失，突然倒地，角弓反张，先肌肉强直性痉挛，继之出现阵发性痉挛，四肢呈游泳样运动，常见咀嚼运动。此时瞳孔散大，流涎，大小便失禁，牙关紧闭，呼吸暂停，口吐白沫。一般持续数秒钟或数分钟；发作后期知觉恢复，但表现不同程度的视力障碍、共济失调、意识模糊、疲劳等。

癫痫发作的时间间隔长短不一，有的 1 d 发作多次，有的数天、数月或更长时间发作一次。在间歇期，一般无异常表现。

(2)小发作　以短暂意识障碍为特征，通常无前驱症状，突然发生一过性的意识障碍，呆立不动，呼唤无反应，抽搐、痉挛症状轻微且短暂，多局限于个别部位，如眼球旋转，眼睑闪动，口唇震颤等。

原发性癫痫多数不能治愈，继发性癫痫疗效与其原发病有关，如原发病能彻底治愈，癫痫或许可以停止或逐渐减轻，否则预后不良。

3. 诊断方法

根据临床表现做出诊断。但要做出明确的病因学诊断，仍需进行全面系统的临床检查。

技能112　脊髓挫伤和震荡的诊断与治疗

1. 诊断

根据病史调查，结合脊髓疼痛、肿胀、变性、麻痹和感觉消失等临床症状与神经功能检查结果等可做出初步诊断。脊髓损伤在腰荐部时，脊髓液中可混有血液。在椎管注射造影液后进行X线检查可确定损伤部位。

2. 治疗

首先限制动物运动，保持动物安静，减少对脊髓的刺激，必要时将动物整个用绷带固定在木板上或用夹板予以固定。对疼痛不安的动物给予镇静剂和止痛剂。对发生休克的动物及时抢救。

(1)防止脊髓水肿　病初可在损伤部位实行冷敷，而后应用热敷。用20%甘露醇溶液每千克体重10～20 mL、地塞米松每千克体重0.5～1 mg，静脉注射。

(2)防止并发感染　用氨苄青霉素每千克体重2～7 mg，肌内注射，每天2次，连用3～5 d。

(3)对症治疗　对排尿、排粪障碍者，实施膀胱内插入导尿管及温水灌肠，以排除积尿和积粪。同时要经常变动动物的躺卧姿势，防止发生褥疮。对麻痹的部位施行按摩，涂擦正红花油等刺激剂以促进功能恢复。对伴有骨折和脱臼的脊髓损伤，保守治疗效果不佳的，必要时可施行外科手术。

(4)针灸治疗　根据损伤部位选择患部邻近穴位，用1%普鲁卡因注射液5 mL、地塞米松5 mg、青霉素40万IU混合后注射，每穴1 mL，每天1次，每次应用4～6个穴位，连用3～5 d，以后改用维生素B_1、维生素B_{12}、当归注射液等注入穴位。颈部脊髓损伤，选天门、大椎、身柱、风池、伏兔、肩井、抢风、肘俞、内关、外关、环跳、汗沟、阳陵、后三里等穴位；胸部脊髓损伤，选身柱、灵台、悬枢、百会、二眼、环跳、汗沟、阳陵、后三里等穴位；腰部脊髓损伤，选百会、命门、阳关、关后、二眼、尾根、环跳、汗沟、阳陵、后三里等穴位。

【相关知识】

脊椎体受到直接或间接暴力作用致使脊髓组织受到损害，病变明显的称为脊髓挫伤，病变不明显的称为脊髓震荡。由于脊髓受到损伤，传导径路被阻断，临床上以出现感觉和运动障碍以及病理反射为特征。

1. 发病原因

常见于受到外力打击、汽车或自行车等冲撞、跌倒、高处坠落、踢伤，或由于锐利物体刺入等造成椎骨骨折、脱位等脊髓的创伤性损害。犬、猫患佝偻病及骨质疏松症时，因骨质的质地疏松，极易受损，而引起脊髓挫伤。

2. 主要症状

表现疼痛不安、呻吟等。由外伤引起者，脊柱局限性隆起、变形、肿胀、触压疼痛，有时听到骨摩擦音。根据脊髓损伤的部位、范围和程度不同，所表现的症状也不同。

①第 1～5 节段颈髓全横径损伤，动物呼吸停止，逐渐死亡；半横径损伤时，四肢轻瘫或瘫痪，肌肉无力，反射正常或亢进，痛觉减退或丧失，粪尿失禁或便秘、尿闭。

②第 6 节段颈椎至第 2 节段胸椎损伤，呼吸不中断，呈现以膈肌运动为主的呼吸动作。共济失调、四肢轻瘫或瘫痪，前肢肌肉张力和反射减退或消失，肌肉萎缩；后肢肌肉张力和反射正常或亢进，损伤后侧感觉减退或消失，排粪、排尿障碍。

③第 3 节段胸髓至第 3 节段腰髓损伤，尾、肛门、后肢肌肉张力和反射减退或消失，尿失禁，便秘，粪便蓄积在直肠内，后肢轻瘫或瘫痪、肌肉萎缩，共济失调，膝与腱反射消失。

④第 1～3 节段荐髓损伤，后肢趾关节着地，尾感觉消失，粪尿失禁。

⑤尾部脊髓损伤，尾感觉消失，尾麻痹。

技能 113 椎间盘突出的诊断与治疗

1. 诊断

根据临床症状和 X 线检查结果确诊。X 线检查一般取侧位和腹背位拍摄。临床椎间盘突出主要发生在胸腰部和颈部脊椎，但也可两个部位同时发生，故拍摄颈椎时，应同时再拍胸腰椎，反之亦然。

2. 治疗

(1)保守疗法　对于颈部或背部疼痛但无神经损伤或只有轻微神经损伤的动物，可限制活动，将动物严格限养在小笼中，并持续 2～3 周，使用消炎和镇痛药物以减轻疼痛。强的松龙每千克体重 0.5 mg，口服，每天 2 次。或布洛芬每千克体重 0.2～0.4 mg，肌内注射，每 2～6 h 1 次。同时，用维生素 B_1 50～100 mg，口服。

(2)手术疗法　上述方法无效时，可采用手术治疗。在两椎体间钻孔，刮取突出的椎间盘突出物。或切除椎弓骨组织，取出椎间盘突出物。

(3)针灸治疗　白针疗法，胸腰部发病，在邻近病变部位的背中线及其两侧的髂肋肌沟中取穴，如身柱、灵台、中枢、悬枢、命门、肺俞、心俞、肝俞、脾俞、三焦俞、肾俞、大肠俞、关元俞、二眼等穴，配百会、尾根、后三里、阳辅、后跟、指间、趾间等穴，颈椎发病时取天门、身柱、陶道等穴；水针疗法，用当归注射液或维生素 B_1 注射液在大椎、中枢、悬枢、百会等穴注射。

【相关知识】

椎间盘突出是指因椎间盘变性、纤维环破坏、髓核向背侧突出压迫脊髓而引起的脊柱疾病。根据椎间盘的背侧纤维环破裂程度分为Ⅰ型和Ⅱ型，Ⅰ型为背侧纤维环全部破裂、大量髓核拥入椎管；Ⅱ型为部分纤维环破裂。临床上以疼痛、共济失调、麻木、运动障碍和感觉麻痹为特征。

1. 发病原因

主要由于椎间盘组织退变和外伤所致。椎间盘组织退变发生多与动物品种和年龄有关，Ⅰ型椎间盘突出多发于软骨营养障碍类犬，常见于小型品种犬，如腊肠犬、比格犬、京巴犬、西施犬、法国斗牛犬、英国可卡犬等，1～10 岁均可发生，以 4～5 岁犬发病率最高；Ⅱ型常发于非软骨营养障碍类犬，如大型犬，发病年龄通常在 5 岁以上。当已经发生椎间盘退变时，外伤可促使椎间盘损伤、髓核突出。

2. 主要症状

由于椎间盘突出的位置和压迫神经不同，其症状各异。

(1)颈部椎间盘突出　常发生部位是 2～3 和 3～4 椎间盘。临床上以Ⅰ型突出较多见，常以突然痛叫，或运动时或抱着头颈部时剧烈疼痛为主要特征。前肢过度敏感，触诊颈部肌肉极度紧张，鼻尖抵地，耳竖起，腰背弓起，不愿行走或行走小心，或前肢跛行。有的出现四肢轻瘫或共济失调。Ⅱ型比Ⅰ型发病慢。

(2)胸腰部椎间盘突出　常发生病变部位为胸 11～12 至腰 2～3 椎间盘。Ⅰ型突出常表现疼痛、呻吟，弓腰，高抬腿，不愿挪步或爬楼梯困难，以后很快伴发两后肢运动障碍(麻木或瘫痪)和感觉丧失，但两前肢往往正常。同时常伴发粪尿排泄困难或失禁。Ⅱ型发病比Ⅰ型缓慢，但也表现疼痛症状，随病情进一步发展，则发生不同程度的共济失调，后肢轻瘫、麻痹、膀胱功能失调和肛门反射迟缓等症状。

技能 114　脊髓炎和脊髓膜炎的诊断与治疗

1. 诊断

根据病史和脊髓功能障碍的临床表现做出诊断。但需注意同脊髓肿瘤、创伤、寄生虫等因素引起的麻痹相区别。

2. 治疗

应消除病因、消散炎症、促进神经功能恢复、防止褥疮和肌肉萎缩。使病犬、猫保持安静，限制活动，减少对脊髓刺激。炎症的初期可用冰袋冷敷炎症部脊柱，待急性炎症消退后改为温敷。

(1)消除病因　对细菌感染,用先锋霉素Ⅳ 每千克体重 20 mg,口服,每天 3 次;或甲氧苄胺嘧啶,每千克体重 15 mg,肌内注射,每天 2 次;或氨苄青霉素每千克体重 5～10 mg,静脉注射,每天 2 次。对于病毒性感染可应用相应抗血清或免疫球蛋白,还可使用干扰素等。

(2)消除炎症　氢化可的松每千克体重 2～5 mg,肌内注射或静脉注射,每天 2 次,或地塞米松每千克体重 0.25～1 mg,每天 1 次。

(3)促进神经功能恢复,改善神经营养　用维生素 B_1,犬 50～100 mg,猫 5～15 mg,口服;维生素 B_{12},犬 0.1～0.2 mg,猫 0.05～0.1 mg,口服;还可应用辅酶 A、三磷酸腺苷等。

(4)防止褥疮发生和肌肉萎缩　在麻痹部位,涂擦樟脑酊、松节油等刺激剂,也可用红外线或超短波照射、热敷等,以促进血液循环。

(5)针灸治疗　可将抗血清注入天门、脾俞穴,抗生素注入百会、二眼穴,磺胺药注入三焦俞穴,维生素 B_1 或当归注射液注入环跳、阳陵穴;也可用中药红花油在穴位上涂敷后按摩。

【相关知识】

脊髓炎是指脊髓实质的炎症。脊髓膜炎是指脊髓软膜、蛛网膜和硬膜的炎症。临床上以感觉、运动、反射功能障碍和肌肉萎缩为特征。本病多发生于犬,较少发生于猫。

1. 发病原因

(1)传染性因素　多见于犬瘟热、狂犬病、伪狂犬病、破伤风、弓形虫病、全身性真菌感染、狂犬病弱毒疫苗注射之后等引起。

(2)中毒性因素　细菌毒素或有毒物质引起的中毒。

(3)机械性损伤　脊椎骨折以及踢伤、冲撞、跌倒等引起脊髓的损伤。

此外,感冒、受寒、过劳、佝偻病、骨软症、椎间盘突出症等可诱发本病。

2. 主要症状

共同症状为四肢疼痛、肌肉震颤、不愿活动、容易疲劳。随着病情的发展可出现运动、感觉、反射等功能障碍症状。

(1)以脊髓膜炎为主的病例　由于脊髓背根受到刺激,躯体某一部位出现感觉过敏;还可由于脊髓腹根受到刺激出现背、腰和四肢姿势发生改变,甚至步态异常,如头向后仰、曲背、四肢伸直、行走紧张小心和步幅缩短。

(2)以脊髓炎为主的病例　初期也可出现感觉过敏、疼痛不安。同时,由于脊髓病变部位和范围不同,临床表现也不尽相同。

①局灶性脊髓炎。一般只呈现患病脊髓节段所支配区域的皮肤感觉减退和局部肌肉营养不良性萎缩,对感觉刺激的反应消失。

②横贯性脊髓炎。由于传导途径被阻断,发生感觉、运动和反射功能障碍。初期不全麻痹,数日后陷入完全麻痹。横贯性脊髓炎若发生在颈部脊髓,前后肢出现麻痹;若发生在胸

部脊髓，后肢、膀胱和直肠括约肌麻痹；若发生在腰部脊髓，坐骨神经、膀胱和直肠括约肌麻痹，形成截瘫，不能站立，拖着两后肢行走；若发生在荐部脊髓，尾部麻痹和大小便失禁。

③蔓延性脊髓炎。由于炎症沿脊髓长轴蔓延，运动和感觉障碍由躯体的后方向前方波及(上行性)或由前方向后方波及(下行性)。如果炎症蔓延至延髓，可发生吞咽困难、心律不齐、呼吸障碍，甚至突然窒息死亡。

④散在性脊髓炎。在脊髓各部发生若干散在的大小病灶，临床上表现各种各样的运动和感觉障碍。狂犬病病毒引起的脊髓炎多属于此类。

此外，传染性因素引起的脊髓炎，通常伴有体温升高。慢性脊髓炎时，因神经麻痹，肌肉出现营养不良性萎缩。

技能115 面神经麻痹的治疗

应消除病因，促进神经功能恢复。对采食困难的动物，可人工喂食或通过静脉注射补充营养。

(1)消除病因　因脓肿和肿瘤压迫引起的面神经麻痹，可手术排脓或摘除肿瘤；由于炎症引起的，可用抗生素进行抗菌消炎。

(2)促进神经功能恢复　维生素 B_1 注射液 10～25 mg 和维生素 B_2 注射液 3～5 mg，局部肌内注射。必要时在面神经径路上皮下注射硝酸士的宁注射液 0.5～0.8 mg，同时肌内注射地塞米松 2～5 mg。

(3)针灸治疗　对耳肌和面肌进行按摩。白针选锁口、开关、翳风为主穴，上关、下关、天门等为配穴。电针选锁口、翳风，或锁口、上关等穴位。

【相关知识】

面神经麻痹是指在各种病理性因素作用下面神经及其分支支配面部肌肉的功能暂时性或永久性丧失。犬、猫均可发生。

1. 发病原因

面神经分支损害多见于下颌骨边缘和弯曲部外伤、慢性中耳炎或外耳炎、咽炎等；面神经中枢损害多见于脑炎、脑创伤性损伤、肿瘤、血肿、面神经附近肿瘤。

此外，面神经麻痹也偶见于犬之间争斗造成前庭功能障碍、传染病及某些中毒病的经过中。

2. 主要症状

单侧性面神经麻痹，可见一侧耳不能自主运动，原来竖直的耳朵下垂、歪斜或呈水平状。上眼睑下垂，触诊眼睑反射消失。面部不对称，口眼歪斜，鼻歪向健康侧。采食及饮水困难，咀嚼不灵。常伴发干性角膜炎。

两侧性面神经麻痹，除两侧出现上述症状外，往往还出现鼻孔塌陷，通气不畅，呼吸困难，干性角膜炎。

3. 诊断方法

根据临床症状和病史调查可做出诊断。

技能 116 四肢神经损伤的诊断与治疗

1. 诊断

根据临床症状可进行诊断。

2. 治疗

以消除病因、对症治疗为治则。经常牵遛，改进肢体功能。

(1)消除病因 如整复骨折、切除肿瘤，解除对神经的压迫。

(2)对症治疗 兴奋神经的传导功能，病初可在麻痹的神经干径路上皮下交替注射硝酸士的宁注射液(慎用)和樟脑水溶液，或注射维生素 B_1 注射液。也可在神经干附近的皮肤上涂擦四三一合剂或10％樟脑酒精溶液。红外线灯照射也有一定效果；防止感染，可用抗生素治疗。

(3)针灸治疗 前肢神经麻痹选身柱、抢风、前三里、肘俞、内关、曲池、阳池、指间等穴，后肢神经麻痹选百会、环跳、阳陵、后三里，膝下、中府、解溪、后跟、趾间等穴，每次针4～6个穴位，病初用毫针或水针(穴位注入维生素 B_1 注射液等)，病久用电针或激光针。也可在针后用红花油涂擦，再行穴位按摩。

【相关知识】

四肢神经损伤是由于动物遭受直接或间接外力作用或其他原因使所支配的区域功能减弱或丧失的一种疾病。

1. 发病原因

常见于受到高处坠落、打击、挤压、撞击、枪伤、骨折及过度伸展等。神经干周围或神经本身的肿瘤压迫，医源性因素如手术切割、髓内针穿刺、可塑性绷带或夹板压迫、刺激性药物注入神经干或周围组织等也可引起神经损伤。

神经损伤分为开放性和非开放性两种。前者常伴随着软组织和硬组织的创伤，可引起神经的部分断裂或者完全断裂。后者常伴随着软组织和硬组织的挫伤而发生神经干的震荡、挫伤、压迫、牵张和断裂。

2. 主要症状

由于神经遭受损伤的部位和程度不同，其临床表现各异。

(1)肩胛上神经麻痹　完全麻痹时，站立时肩部外展，离开胸壁，胸前出现凹陷，肩关节明显向外支出，当举起健肢，病肢的肩外展更为明显。病久则肌肉萎缩。不全麻痹症状较轻，只有仔细检查才能发现肩外展现象，病久也可见进行性肌肉萎缩。

(2)臂神经丛麻痹　主要发生于犬，一般多发完全麻痹。表现为不能以患肢为支柱，患肢无力的呈迟缓状态悬垂着，同时腕关节和指关节屈曲，且以爪尖或指关节的背侧面着地。运动时，患肢拖拽向前运动，针刺皮肤缺乏反射，臂部肌肉很快出现功能性萎缩。

(3)桡神经麻痹　桡神经完全麻痹时，桡神经所支配的肘、腕和指关节的伸展肌失去作用，表现为肩关节伸展过度，肘关节下沉，腕和指关节屈曲，掌部向后，爪尖壁着地，患肢变长。若人为的固定住腕掌关节，患肢虽能负重，一旦去除人为固定，立即恢复原松弛状态。运步时患肢提举伸展不充分，爪尖着地前进，并在患肢负重瞬间，除肩关节外，肘以下关节均呈屈曲状态。针刺皮肤疼痛反射减弱，肌肉逐渐萎缩。

桡神经不全麻痹时，站立时患肢尚能负重，运步时，肘关节伸展不充分，患肢向前伸展缓慢，并远远伸向前方。同时在患肢负重瞬间，肩关节震颤，常发生蹉跌。

(4)坐骨神经麻痹　坐骨神经全麻痹，表现除趾关节外，其他关节丧失屈曲能力，患肢变长，不能支持体重。站立时，患肢几乎完全用系部前面着地，如人工使各关节伸直，则能用患肢负重，但除去外力后，立即恢复病态。运步困难。久之，患部肌肉萎缩。

坐骨神经不全麻痹时，关节不能主动伸展，变为被动屈曲，趾关节随之屈曲。运步时各关节过度屈曲，爪高抬，而后以痉挛样运动向下迅速着地。股后部、胫后部肌肉弛缓，迅速萎缩。

(5)胫神经麻痹　动物站立或行走时跗关节屈曲，患肢稍向前伸，以爪尖壁着地。腓肠肌萎缩，趾跖面感觉丧失，刺激反应迟钝。由于趾垫无感觉，长期负重接触硬质地面易磨损溃破。

(6)腓神经麻痹　发病时跗关节过度伸展，趾关节屈曲，胫骨前肌和趾伸肌萎缩，趾背面、跗部和小腿前部感觉丧失，膝关节下部背外侧面感觉减退。

任务16　犬、猫营养代谢性疾病

技能117　肥胖症的防治

1. 预防

定时定量饲喂，尽量少吃多餐，将1 d食量分为3～4次饲喂，停食期间不给任何食物；减少采食量，只喂平时食量的60%；饲喂高纤维、低能量、低脂肪食物；逐渐增加运动量；由内分泌疾病引起的肥胖症要治疗原发病。

2. 治疗

可试用盐酸苯甲吗啡 5～25 mg，口服，每天 1～2 次。或羟甲基纤维素钠 0.5～3.0 g，口服，每天 2 次。或 5%的巯丙酰甘氨酸 50～150 mg，肌内注射，每天 1～2 次。

【相关知识】

肥胖症是由各种原因引起的机体脂肪组织过度蓄积的一种疾病。持续肥胖多可并发糖尿病或肝、胆疾病及循环障碍。

1. 发病原因

机体的总能量摄入超过消耗所需，过多的部分以脂肪形式蓄积体内。

(1)品种、年龄和性别因素　12 岁以上犬和猫易肥胖；母犬、猫多于公犬、猫；比格犬、可卡猎鹬犬、腊肠犬、牧羊犬和拉布拉多犬及某些㹴类犬种，以及短毛猫等易肥胖。

(2)营养过剩　食物适口性好，摄食过量的同时，运动不足或限制运动等易肥胖。

(3)疾病性肥胖　垂体瘤、甲状腺功能减退、肾上腺皮质功能亢进、下丘脑损伤等内分泌疾病，患有呼吸道、肾和心脏疾病等易致肥胖。

此外，犬、猫父代肥胖，其后代也易肥胖。公犬、猫去势，母犬、猫卵巢摘除，也常发生肥胖。

2. 主要症状

病犬、猫皮下脂肪丰富，体态丰满，用手摸不到肋骨。食欲亢进或减少，不耐热，易疲劳，迟钝不灵活，不愿运动，走路摇摆，时有骨折、关节炎及椎间盘病。严重者呼吸急促，心悸亢进，心律不齐，左心肥大。由内分泌疾病引起的肥胖症还可见特征性的脱毛、掉皮屑和皮肤色素沉积等变化。

3. 诊断

根据外貌症状，结合血脂升高可做出诊断。

技能 118　痛风症的诊断与防治

1. 诊断

根据临床症状，结合饲喂史和实验室检查做出初步诊断。通过 X 线检查可发现病痛关节面附近骨骺出现圆形或不规则缺损，有时还可发现痛风石等。

实验室检查　白细胞数增多，血沉加快，血清尿酸浓度增高；镜检关节内容物可见细针状或放射状尿酸盐晶粒。

2. 预防

注意宠物的饮食结构，减少动物性饲料的摄入，尤其是动物内脏、肉末、鱼类等食物，同时适当增加维生素A和B族维生素。

3. 治疗

目前尚无有效治疗方法。

①在急性发作期，可用抗炎镇痛类药物缓解症状。保泰松首次剂量200 mg，以后100 mg/次，6 h 1次，直至症状缓解。上述药物无效者，可用泼尼松每千克体重2 mg，口服。

②慢性期，用排尿酸药，羧苯磺胺（丙磺舒）0.5 g，口服，每天2次。抑制尿酸合成药，别嘌呤醇100 mg，口服，每天2～4次，维持量100 mg/d。

③严重的关节型痛风，可手术摘除痛风石。

【相关知识】

痛风症是由于体内嘌呤代谢障碍所产生的一种疾病。大量的尿酸在血液中蓄积，导致关节囊、关节软骨、内脏和其他间质组织尿酸盐沉积，临床上以关节肿胀、变形，肾功能不全和尿石症为特征。多发于1～3月龄幼犬。

1. 发病原因

主要是因为饲喂了大量的动物内脏、肉屑、鱼粉、大豆粉等富含核酸蛋白质的食物；日粮中维生素A缺乏、内服大量磺胺类药物损害肾脏及某些传染病、寄生虫病、中毒病等均可继发本病。另外，痛风发生可能还与遗传有关。

在以上病因的作用下，尿酸新陈代谢发生障碍，血液中尿酸增多而排泄减少，加上体内电解质和酸碱平衡的紊乱，使得过多的尿酸盐沉积在关节周围以及肾脏内而导致了关节的疼痛以及肾病和尿石症。

2. 主要症状

（1）急性发作期　多见趾、腕、跗关节发生肿胀、温热和疼痛，体温升高。经过数天或数周后自行消退，以后反复发作并转入慢性经过。

（2）慢性经过　可见受害关节肿大、肥厚、僵硬和畸形。有的病例关节周围出现痛风石，破溃时可形成瘘管并流出白色尿酸盐结晶。常并发尿结石，引起尿路阻塞，甚至导致肾功能衰竭。

此外，还有少数病例表现营养障碍、下痢、消瘦、增重缓慢等症状，个别还会出现痉挛抽搐等神经症状。

技能 119 维生素 A 缺乏症的防治

1. 预防

加强饲养管理，多喂胡萝卜、黄玉米、牛奶等，食物中应保持每只犬、猫每天有 100 g 左右的青绿蔬菜，或按每千克体重 5～10 g 的量，添加多种维生素添加剂，青绿蔬菜不要煮得过久。

2. 治疗

维生素 A 制剂每千克体重 1 000 IU，口服，每天 1 次，连用 7 d 后，改为每周每千克体重 500 IU，连用 3 周。或鱼肝油 5～10 mL/次，口服，每天 1 次，连用 7 d。或维甘托尔 E(每毫升中含维生素 A 30 万 IU，维生素 D 10 万 IU，维生素 E 50 mg)，幼犬、猫 0.5～1 mL，成年犬、猫 1～2 mL，肌内注射或皮下注射。或印度树胶 ADE(每毫升中含维生素 A 50 万 IU，维生素 D 7.5 万 IU，维生素 E 50 mg)，幼犬、猫 0.1～0.3 mL，成年犬、猫 0.5～1 mL，肌内注射。有结膜炎症的病犬、猫，可用抗生素眼药水点眼。

【相关知识】

维生素 A 缺乏症是由于维生素 A 摄入不足或吸收不良而引起的疾病。临床上主要表现为夜盲症。犬胃肠道内的一些特殊的酶可催化某些类胡萝卜素转化为维生素 A，一般很少发生维生素 A 缺乏症。而猫无此功能，故易发本病。

1. 发病原因

(1)摄入不足　维生素 A 在动物肝脏、蛋、牛奶和鱼肝油中含量丰富。胡萝卜中含有维生素 A 原，在体内可转化为维生素 A。如长期饲喂含维生素 A 少的食物或煮得太久造成维生素 A 被破坏，可引起本病。

(2)吸收不良　患慢性胃肠炎或慢性消化不良、肝胆疾病等，均可影响维生素 A 的消化吸收；食物中脂肪和蛋白质含量不足，影响维生素 A 的消化吸收和在血浆中的运输。

此外，妊娠期和泌乳期的犬、猫对维生素 A 需要量增加，若补充不足，则易患维生素 A 缺乏症。

2. 主要症状

病犬、猫生长不良，消瘦，皮肤干燥，被毛粗乱，皮屑增多，易发生化脓性皮炎。视力障碍，夜盲，眼结膜发炎，羞明流泪，角膜溃疡或浑浊，严重者可致角膜穿孔而失明。

生殖功能障碍，公犬、猫睾丸萎缩，精子减少，活力降低；母犬、猫不发情或不孕，流产或胎衣不下、死胎、畸形胎(胎儿腭裂、膈疝、眼缺陷畸形)等。有时产下弱仔，成活率低。

发育中的幼崽，颅骨和椎骨异常增厚，因中枢神经受压而发育不良，出现共济失调、惊厥、痉挛等神经症状，最后瘫痪。

3. 诊断

根据病史调查，如长期饲喂维生素 A 缺乏的食物，结合临床症状及用维生素 A 治疗有效可以建立诊断。进一步检查，可用生理盐水棉拭子轻刮结膜涂片，镜检可见角质上皮细胞，有助于诊断。

技能 120　维生素 E 缺乏症的防治

1. 预防

平时多喂一些青绿蔬菜和动物肝脏，或在食物中添加维生素 E。减少日粮中的不饱和脂肪酸，增喂谷物食物。妊娠母犬、猫在日粮中添加维生素 E 每千克体重 10～20 mg。

2. 治疗

用醋酸生育酚注射液每千克体重 0.08 mL，隔天肌内注射，合并使用碳酸精氨酸 2～4 mL/d，皮下注射。

【相关知识】

维生素 E 缺乏症是由于维生素 E 摄取不足引起的疾病。犬、猫均可发生。幼崽主要表现为骨骼肌营养不良，成年动物主要表现为繁殖功能障碍。

1. 发病原因

(1)消耗增多　长期饲喂含过量酸败脂肪和不饱和脂肪酸的鱼、肉等，使机体维生素 E 消耗量增大而引起缺乏。

(2)吸收不良　长期腹泻，脂肪吸收不良，影响维生素 E 由肠道吸收，导致维生素 E 缺乏。

此外，硒缺乏时，维生素 E 的需要量增大，易导致维生素 E 的缺乏。

2. 主要症状

维生素 E 缺乏时，幼犬出现骨骼肌变性、萎缩，生长停滞，易发生突发性心力衰竭，运动神经中枢失调，甚至瘫痪；成年犬出现繁殖障碍，公犬睾丸萎缩，母犬不孕、死胎和流产。

猫缺乏维生素 E，表现脂肪变性，质度变硬，称为脂肪织炎或黄脂病，且多见于母猫，平均年龄 2.5 岁，一般表现食欲不振，精神沉郁，发热，嗜睡。严重时因皮下脂肪发炎，抚摩皮肤时有明显的疼痛反应。触诊可感知皮下结节状的脂肪或纤维素沉积物，尤其在腹股沟区多见。贫血，慢性肝功能障碍。

3. 诊断

根据临床症状及饲养状况进行初步诊断，用维生素E进行诊断性治疗，效果明显的可确诊。

技能121 维生素D缺乏症的防治

1. 预防

保证充足的日光浴，加强运动。食物中注意补充钙制剂。

2. 治疗

(1)药物治疗　维生素D_2胶性钙注射液0.25万～0.5万IU，皮下或肌内注射。或维生素D_3 0.15万～0.3万IU，肌内注射。也可用鱼肝油口服，0.5～1 mL/次。

(2)针灸治疗　早期用维丁胶性钙注射液1 mL，抢风穴注射，每天1次，连用3 d。

【相关知识】

维生素D缺乏症是由于日粮中维生素D缺乏或因光照不足，使维生素D原转变为维生素D减少的一种营养性疾病。在幼犬猫主要表现为佝偻病，成年犬、猫主要表现为骨质软化病。

1. 发病原因

(1)日粮中缺乏维生素D　含维生素D较多的食物是鱼肝油、乳、肝、蛋黄等，日粮中长期缺乏含维生素D的食物易引起本病。

(2)动物体内合成维生素D不足　动物体的皮下组织中含有7-脱氢胆固醇，在紫外线和日光照射下，转变为维生素D_3。

(3)吸收障碍　在慢性消化不良、寄生虫感染或维生素A过量时，引起维生素D吸收障碍。

2. 主要症状

出现啃吃墙土、泥沙、污物等异嗜症状。关节疼痛、步态强拘、跛行。呈现膝弯曲姿势、O形腿、X形腿，骨变形，关节肿胀。幼龄动物的肋骨与肋软骨结合部肿胀、呈串珠状，胸骨下沉，脊柱骨弯曲。成年动物上颌骨肿胀，口腔狭窄，咀嚼障碍，易发生龋齿和骨折。

3. 诊断

根据症状及病史、X线检查可以确诊。实验室检查，血钙浓度在9 mg/100 mL以下，血磷浓度在2.5 mg/100 mL以下。

技能122　维生素K缺乏症的防治

1. 预防

调配好日粮，添加维生素K 0.5 g/d。给予充足的富含维生素K的青绿食物。

2. 治疗

（1）药物治疗　维生素K_1注射液10～20 mg/次，亚硫酸氢钠甲萘醌（维生素K_3）注射液10～30 mg/次，肌内注射，每天各1～2次。严重出血时，应立即输入新鲜血液。

（2）针灸治疗　维生素K_1注射液注入悬枢穴。

【相关知识】

维生素K缺乏症是指因长期饲喂缺乏维生素K的食物或机体对维生素K的吸收发生障碍而导致体内维生素K不足的一种营养代谢病。

1. 发病原因

维生素K在绿色植物及动物肝脏中含量丰富，消化道内的细菌也能合成。其吸收是在小肠的上段有胆盐的部位，如胆盐不能进入消化道（如肝炎、胆道阻塞等），则可引起维生素K的缺乏。此外，大量或长期使用磺胺类药物，可使胃肠内微生物数量减少，引起维生素K的合成不足而致病。

2. 主要症状

食欲减退，皮下及黏膜出血，血液稀薄，血液凝固不良，凝固时间延长，自发性鼻出血或直肠出血时出血不止。病后期，严重贫血，皮下及黏膜苍白，骨质疏松容易骨折，呼吸困难，心跳加快。

3. 诊断

根据病史和症状以及用维生素K治疗是否有效，可以建立诊断。根据凝血时间延长、凝血酶原减少可确诊。

技能123　维生素B_1缺乏症的防治

1. 预防

注意不要喂生鱼，在食物中添加酵母、米汤、牛奶和瘦肉等可预防本病。

2. 治疗

轻症犬、猫用维生素 B_1 20 mg/次，肌内注射，每天 3 次；重症犬、猫用丙硫硫胺或呋喃硫胺 20 mg/次，肌内注射，10 d 后改为口服。

【相关知识】

维生素 B_1 又称硫胺素，为机体糖代谢过程所必需，缺乏时主要引起机体糖代谢障碍，能量供应减少，使全身细胞特别是脑和末梢神经发生明显的功能障碍。

1. 发病原因

(1)维生素 B_1 摄入不足　正常成年犬的维生素 B_1 每日必需量为每千克体重 22 μg，发育期幼犬为每千克体重 44 μg。维生素 B_1 在谷类、麦麸、酵母、大豆和动物的肝脏、心脏、肾脏及瘦肉中含量丰富，如果摄入不足，则导致缺乏。

(2)维生素 B_1 被破坏　如食物中含有维生素 B_1 分解酶(生鱼和贝类)、某些药物、细菌、真菌等拮抗物时，可发生维生素 B_1 缺乏。

此外，慢性腹泻吸收不良、肝脏疾病等，会发生维生素 B_1 的吸收和利用障碍；妊娠、哺乳、发热、运动量大、甲状腺功能亢进等机体对维生素 B_1 的需求量增加时，如摄入不足，也会引起缺乏。

2. 主要症状

食欲减退，有时出现呕吐，消化不良，消瘦，生长缓慢，虚弱无力。幼犬、猫主要呈水肿型，表现前肢肿胀，脉搏快，心脏扩张，往往因心力衰竭而死亡。老年犬猫呈神经型，共济失调，病末期后躯、四肢和声带麻痹，有时惊厥倒地，角弓反张。

3. 诊断

根据病史调查，出现麻痹、运动失调等神经症状，以及用硫胺素治疗有效，可建立诊断。全血乳酸和丙酮酸含量明显升高有诊断意义。

技能 124　维生素 B_2 缺乏症的防治

调整食物结构，添加维生素 B_2 或口服维生素 B_2 15～20 mg/次，每天 3 次，连用 10 d。或皮下注射复合维生素 B。

【相关知识】

维生素 B_2 又称核黄素，是体内合成黄素腺嘌呤二核苷酸(FAD)和黄素单核苷酸(FMN)的原料，在氧化还原反应中起传递氢的作用。缺乏后会使体内生物氧化过程发生障碍。

1. 发病原因

维生素 B_2 主要存在于酵母、肝、肾、麸皮、大豆和青绿蔬菜中，但谷物中维生素 B_2 含量较低，长期饲喂谷物可导致维生素 B_2 摄入不足。此外，胃肠道疾病可影响维生素 B_2 的转化和吸收。

2. 主要症状

生长缓慢，食欲不振，易疲劳，慢性腹泻，心搏动缓慢，贫血，痉挛和虚脱，晶状体浑浊。有的表现为口炎、阴囊炎。

3. 诊断

根据病史、临床症状及投予维生素 B_2 治疗有效建立诊断。核黄素从尿中排泄量及红细胞含量下降可作为参考。

技能 125 烟酸缺乏症的防治

1. 预防

给予全价日粮，避免仅用玉米长期饲喂。日粮中适当增加动物性食品，经常给服酵母片，或在每千克食物中加入烟酸 10～20 mg，有预防该病的作用。

2. 治疗

唇黏膜、颊黏膜和舌尖上的脓疱用针挑破，用 0.1%高锰酸钾溶液冲洗，涂碘甘油，每天坚持 2～3 次，直至疮面愈合。烟酰胺片每千克体重 3 mg 混入牛奶中喂服，或用烟酰胺注射液每千克体重 3 mg，肌内注射或皮下注射，每天 3 次，连用 5～6 d。用口服补液盐代替饮水。对有神经症状的犬，用维生素 B_6 口服。

【相关知识】

烟酸缺乏症在犬称为黑舌病，是由于长期饲喂缺乏烟酸的食物而发生的疾病。临床上以黑舌、口炎和皮炎为特征。

1. 发病原因

烟酸进入体内后可转变为烟酰胺，烟酰胺可合成辅酶Ⅰ和辅酶Ⅱ，此两种辅酶在体内氧化还原反应中起传递氢的作用。

烟酸缺乏时，影响生物氧化，使细胞的正常功能发生障碍。烟酸在动物肝脏(尤其是猪肝)、肾脏、肉类及酵母、胚芽和豆类中含量很高,若长期以玉米等缺乏烟酸的食物为食,则易发生本病。此外,胃肠功能障碍导致吸收不良,或长期发热而烟酸的需要量相对增多时,也可发生。

2. 主要症状

病犬、猫食欲不振,口渴喜饮。口腔黏膜潮红,流涎。唇黏膜、颊黏膜和舌尖上形成小米粒大小至大米粒大小的密集的脓疱,舌苔增厚呈灰黑色,口臭。皮肤粗糙,多在肘部、颈部及会阴部出现对称性皮炎。严重者,发生腹泻,步态摇摆,精神沉郁呈痴呆状。

3. 诊断

根据癞皮、黑舌、皮炎和腹泻等症状做出诊断。注意与其他 B 族维生素缺乏症相鉴别。本病投予烟酸后症状很快改善,通过检验血中烟酸含量有助于确诊。腹泻与沙门氏菌病相似,可通过细菌学检查鉴别。

技能 126 维生素 B_6 缺乏症的诊断与治疗

1. 诊断

根据病史、症状、治疗试验和实验室检查进行诊断。实验室检查,血清铁含量升高达 300~400 μg/100 mL(正常为 94~122 μg/100 mL)。尿中出现黄尿酸(正常尿中无)。

2. 治疗

食物中添加肉类、肝脏和酵母粉等,一般可恢复。痉挛的重症犬、猫,用盐酸吡哆醇 10~30 mg/次,第 1 天肌内注射 2 次,第 2 天起改为 1~5 mg/次,口服,每天 2~3 次,连用 10 d。

【相关知识】

维生素 B_6 包括吡哆醇、吡哆醛和吡哆胺,在体内氨基酸代谢中作为辅酶发挥重要作用。维生素 B_6 缺乏以贫血、神经症状和皮炎为主要特征。

1. 发病原因

正常成年犬维生素 B_6(吡哆醇)的每日必需量为每千克体重 22 μg,发育期幼犬为每千克体重 44 μg。维生素 B_6 主要存在于小麦、玉米等谷类、酵母、动物的肝脏及肉类中,其次是牛奶、蛋和蔬菜中。通常情况下不会引起缺乏,当慢性腹泻等吸收不良、妊娠等需要量增加或使用异烟肼等抗吡哆醇作用的药物时,可发生本病。

2. 主要症状

幼犬、猫发育不良,成年犬、猫体重减轻。呈小红细胞和低色素性贫血,食欲不振,胃肠功能障碍，反应过敏，痉挛。眼睑、鼻、口唇周围、耳根后部、面部等易发生瘙痒性红斑样皮炎或脂溢性皮炎，有的口腔、舌和口角发炎。此外，由于草酸钙结晶在肾小管内沉积，可发生不可逆性肾损伤。

技能 127　维生素 B_{12} 缺乏症的治疗

维生素 B_{12} 0.25～0.5 mg/次，口服，每天 3 次，连用 10～14 d。重者用维生素 B_{12} 100 μg/次，肌内注射，每天 1 次。

【相关知识】

维生素 B_{12} 缺乏症是由于维生素 B_{12} 缺乏，使骨髓造血组织产生巨幼红细胞，引起恶性贫血、神经纤维发生变性的疾病。

1. 发病原因

维生素 B_{12} 主要来源于动物脏器、肌肉、蛋、乳以及鱼粉中，植物性饲料中含量很少。参与蛋白质的合成和促进红细胞形成及奇数碳原子脂肪酸的代谢过程。若日粮中动物性饲料含量过低，或患有慢性胃肠道疾病影响维生素 B_{12} 吸收，或由于长期使用抗生素干扰维生素 B_{12} 合成等，从而导致维生素 B_{12} 缺乏症。

2. 主要症状

临床上主要表现为恶性贫血，肝功能和消化功能障碍，甚至出现恶病质。患病动物食欲不振，异嗜，生长缓慢，抗病力下降，有皮炎等症状。母犬在妊娠期发生维生素 B_{12} 缺乏症，其仔犬会发生致死性水头症。

3. 诊断

根据临床症状可做出诊断，投予维生素 B_{12} 治疗有助于确诊。

技能 128　维生素 C 缺乏症的诊断与治疗

1. 诊断

根据病史和临床症状可建立初步诊断。X 线检查可见骨质疏松、长骨骨骺端钙化带变密增厚、骨皮质变薄、骨小梁细小等。用维生素 C 治疗迅速见效，即可确诊。注意与血友病、血小板减少性紫癜和佝偻病相鉴别。

2. 治疗

除去各种可能导致维生素 C 缺乏的诱因，饲喂含维生素 C 丰富的食物，改进烹煮方法。

维生素C，犬 150～300 mg，口服，每天3次，连用2周。猫 50 mg，每天2次，连用7～8 d。必要时可静脉注射 100～200 mg，每天1次。

对症治疗，贫血者可给予铁制剂或输血。四肢跛行者，应用消炎镇痛剂。

【相关知识】

维生素C缺乏症又称为坏血病，是由于维生素C缺乏而使毛细血管通透性增大，引起以皮下、黏膜、肌肉出血和骨骼变形为特征的一种营养代谢性疾病。

1. 发病原因

维生素C广泛存在于青饲料、胡萝卜和乳汁中，动物肝脏组织中也可合成，一般情况下不会发生缺乏。但当青绿饲料不足，或烹煮时间过长或温度过高维生素C被破坏，或肝脏合成维生素C的功能受阻，或热性病经过中维生素C消耗过多，或妊娠期、哺乳期对维生素C的需要增加而未能及时补给，或胃肠疾病影响维生素C吸收，均可导致动物体内维生素C缺乏。

2. 主要症状

特征性症状主要表现创伤愈合缓慢，毛细血管脆性增加，齿龈肿胀、紫红、光滑而脆弱，易出血，常继发感染而形成溃疡。黏膜和皮下出血，腹部肌肉出现广泛的斑状出血，四肢疼痛，长骨骨骺端肿胀，跛行。食欲减退，全身无力，生长缓慢，消瘦，血便和血尿，新生仔犬、猫病死率增加。

技能129 高钠血症的诊断与治疗

1. 诊断

主要通过实验室检查确诊。血清钠离子浓度增高，超过 150 mmol/L。尿量减少，尿比重增高(1.060以上)。

2. 治疗

高钠血症的纠正不宜操之过急，过快地纠正，可能会诱发水中毒。

①高钠血症伴随细胞外液量正常时，治疗主要是补水。可按以下公式计算补水量：

$$补水量=现体内总水量\times\left(\frac{测得血清钠离子浓度}{140}-1\right)$$

②高钠血症伴细胞外液量减少时，用生理盐水和5%葡萄糖溶液纠正血容量。

③高钠血症伴细胞外液量增加时，应用排钠利尿剂并补水，可口服或静脉注射5%葡萄糖溶液。

【相关知识】

高钠血症指血清钠离子浓度高于150 mmol/L的病症。钠是细胞外液的主要阳离子，故高钠血症一定伴有血浆胶体渗透压升高。

1. 发病原因

高钠血症是由于水的丢失多于钠，使体内钠相对增高。高钠血症可分为3种，即高钠血症细胞外液量正常、高钠血症细胞外液量减少及高钠血症细胞外液量增加。

(1)高钠血症细胞外液量正常　见于水摄入少、肾排水多(如尿崩症)和不显性失水增加(如高烧、呼吸系统疾病、甲状腺功能亢进等)。

(2)高钠血症细胞外液量减少　见于高渗性脱水(如食盐中毒、高渗液体治疗)。

(3)高钠血症细胞外液量增加　见于原发性醛固酮增多症、肾上腺皮质激素分泌亢进。

2. 主要症状

动物口渴，眼球下陷，尿量减少，皮肤弹力减退，四肢发凉，血压下降。严重者发生抽搐。

技能130 低钠血症的诊断与治疗

1. 诊断

实验室检查血清钠离子浓度低于140 mmol/L，尿量减少，尿比重正常或增高，尿中氯化物减少或缺乏。

2. 治疗

(1)缺钠性低钠血症　除按脱水程度补充水分外，更重要的是补充钠盐。补钠量可用下式计算：

$$缺钠量(mmol)=(正常血钠值-病理血钠值)\times 体重(kg)\times 20\%$$

先静脉注射计算所得补钠量的1/3～1/2，其余部分视病情改善状况，决定是否再补给。一般血钠浓度上升达130 mmol/L时，才消除中枢神经系统症状。低钠血症不要在短期内快速纠正，因突然补给过多，细胞内液将突然转移至细胞外，有时会诱发肺水肿。有心脏病者更应慎重。

(2)对于慢性代谢性低钠血症　主要是排水而不是补钠，可给予利尿剂。

(3)慢性充血性心力衰竭所引起的低钠血症　除给予强心剂外，亦应以利尿为主。

(4)严重损伤性低钠血症　由于低钠加强高血钾对心肌的毒性，应首先补钠，静脉注射3%氯化钠溶液。对高血钾可给予葡萄糖和胰岛素治疗。

(5)水中毒性低钠血症　应限制给水，静脉注射脱水剂(如甘露醇、山梨醇等)和高渗盐水。

【相关知识】

低钠血症也称低钠综合征，指血清钠离子浓度低于 140 mmol/L。根据病因可分为缺钠性低钠血症和稀释性低钠血症。

1. 发病原因

(1)缺钠性低钠血症　是由于体内水和钠同时丢失而以钠的丢失相对过多所致。可见于过多钠丢失(肾上腺皮质功能减退、严重腹泻、呕吐、大出汗、利尿治疗、慢性肾衰竭、糖尿病的酮体酸中毒、长期高脂血症、肠阻塞、代谢性酸中毒、血清蛋白水平升高等)、不适当的钠摄取(日粮中食盐缺乏，或钠盐吸收障碍)及血浆渗出过多(如大面积烧伤、急性大失血等)。

(2)稀释性低钠血症　因水分潴留引起，但钠在体内的含量并不减少。见于慢性代谢性低钠(慢性肾病、肝硬化、慢性消耗性疾病等)、慢性充血性心力衰竭、严重损伤后低钠(主要由于水潴留和钠进入细胞内而使钾逸出，除血钠浓度降低外，还伴有高钾血症)及水中毒所致的低钠(如低渗性失水、抗利尿素大量分泌或肾衰竭时过多的给水等)。

2. 主要症状

动物表现精神沉郁，体温有时升高，无口渴，常有呕吐，食欲减退，四肢无力，皮肤弹力减退，肌肉痉挛。严重者血压下降，休克、昏迷。

技能 131 高钾血症的诊断与治疗

1. 诊断

(1)实验室检查　血钾浓度高于 5.5 mmol/L，常伴有代谢性酸中毒，二氧化碳结合力降低。

(2)心电图检查　T 波高而尖，基底狭窄，P-R 间期延长，QRS 波群增宽，P 波消失。

2. 治疗

治疗原则包括纠正病因、停用含钾食物或药物、治疗脱水和酸中毒等。

(1)纠正酸中毒　静脉注射 5%碳酸氢钠溶液 100 mL。重危病犬、猫可向心腔内注射 5%碳酸氢钠溶液 10～20 mL，除纠正酸中毒外，还有降低血钾的作用。

(2)降低细胞外的钾　静脉注射 25%葡萄糖溶液 200 mL，加胰岛素 10～20 IU，促使钾由细胞外转入细胞内。

应用阳离子交换树脂口服或灌肠，如环钠树脂 20～40 g，每天分 3 次使用，以促进排钾。

由肾功能衰竭所致高血钾，可采用腹膜透析疗法。

为解除高钾对心肌的有害作用，可反复静脉注射 10%葡萄糖酸钙溶液或氯化钙溶液 5～10 mL，因钙可拮抗钾对心肌的作用。

【相关知识】

高钾血症是指血清钾浓度高于5.5 mmol/L的病症。正常情况下，因机体具有防止发生高钾血症的有效机制，故不易发生高钾血症。当钾摄入多时，可使胰岛素分泌增加2～3倍，钾离子可以较快地进入细胞内。同时高血钾可促使醛固酮的分泌增多，使肾脏排出钾增加。

1. 发病原因

(1)摄入过多　见于输入含钾溶液过快、过多，输入贮存过久的血液或大量使用青霉素钾盐可引起血钾过高。

(2)肾排钾减少　见于肾功能衰竭、有效循环血容量减少及醛固酮、肾素分泌减少，远端肾小管上皮细胞分泌钾障碍的少尿期和无尿期，肾上腺皮质功能减退等。

(3)细胞内钾外移　见于输入不相合的血液或其他原因引起的严重溶血、缺氧、呼吸及代谢性酸中毒、胰岛素分泌减少等。

(4)细胞外液容量减少　见于脱水、失血性休克所致的血液浓缩。

2. 主要症状

高血钾对心肌有抑制作用，可使心脏扩张、心音低弱、心律紊乱甚至发生心室纤颤，心脏停于舒张期。轻度高钾血症使神经肌肉兴奋性升高，重度高钾血症时则兴奋性降低。主要表现肌无力、四肢末梢厥冷、少尿或无尿、呕吐等。

技能132 低钾血症的治疗

1. 诊断

分析病史，结合临床症状、实验室和心电图检查，进行诊断。如血清钾浓度低于3.5 mmol/L，可诊断为低钾血症，并伴有代谢性碱中毒和血浆二氧化碳结合力增高。其心电图S-T段降低，T波低平、双相，最后倒置。

2. 治疗

缺钾量(mmol)＝(正常血钾值－病理血钾值)×体重(kg)×60%。

将计算补充的10%氯化钾溶液的1/3，加入5%葡萄糖溶液200 mL中(稀释浓度不超过2.5 mg/mL)，缓慢静脉注射，以防心脏骤停。细胞内缺钾的恢复较缓慢，对于一时无法制止大量失钾的病例，则需每天补充氯化钾。

【相关知识】

低钾血症是指血钾浓度低于3.5 mmol/L的电解质紊乱性疾病。

1. 发病原因

(1)摄入不足　全价日粮中含钾丰富，一般不会缺钾。正常犬、猫每天从日粮中摄入钾40～100 mmol。当吞咽障碍、长期禁食或每日摄入钾15～20 mmol时，经4～7 d尿排钾开始减少，可发生低钾血症。

(2)钾丢失过多　肾外性丢失指钾从汗腺及胃肠道丢失，见于严重的呕吐、腹泻、高位肠梗阻、长期胃肠引流等；肾性丢失指钾经肾丢失，见于醛固酮分泌增加(慢性心力衰竭、肝硬化、腹水等)、肾上腺皮质激素分泌增多(应激)、长期应用糖皮质激素、利尿剂、渗透性利尿剂(高渗葡萄糖溶液)、碱中毒和某些肾疾病(急性肾小管坏死的恢复期)等。

(3)钾分布异常　钾从细胞外转移到细胞内，当这一转移使细胞内、外钾浓度发生变化时，就会出现低血钾。如用大量胰岛素或葡萄糖，促使细胞内糖原合成加强，引起血钾降低。

(4)其他因素　碱中毒时，细胞内的氢离子进入细胞外，同时伴有钾、钠离子进入细胞内以维持电荷平衡，也能引起血钾降低。当心力衰竭或由于大量输入不含钾的液体，亦可导致细胞外液稀释，使血清钾降低。

2. 主要症状

精神倦怠，反应迟钝，嗜睡，有时昏迷。食欲不振，肠蠕动减弱，有时发生便秘、腹胀或麻痹性肠梗阻，四肢无力，腱反射减弱或消失。出现代谢性碱中毒，心力衰竭，心律紊乱。低血钾症还引起低血压，肌无力、肌麻痹和肌痛。尿量增多，肾功能衰竭。严重者出现心室颤动及呼吸肌麻痹。

技能133　高钙血症的诊断与治疗

增加钙从肾脏的排出、抑制骨的吸收及抑制肠道吸收钙。

(1)输液　输入或口服盐水，不仅可纠正脱水，改善肾脏的灌注，促进肾脏排钠，也可使钙大量排出。生理盐水每千克体重40 mL，静脉注射，脱水纠正后可使血钙下降0.5～0.75 mmol/L。若能口服，则尽可能口服一些液体，以减少静脉输入量。

(2)应用排钠利尿剂　可增加钙的排出。速尿80～100 mg，静脉注射，2～6 h 1次；丁尿胺1～3 mg，静脉滴注，每天2～3次。

(3)口服磷盐　磷可以直接抑制骨质吸收，从而使血钙降低。静脉注射磷盐，可很快增加血磷浓度，使钙盐沉积。

(4)应用降钙素　在急性高血钙时，用降钙素每千克体重5～10 IU，加于生理盐水500 mL中，静脉滴注至少6 h滴完。

(5)应用糖皮质激素　主要用于治疗结节病、淋巴瘤、骨髓瘤、乳癌转移时引起的高血钙症。

(6)应用光辉霉素　按每千克体重12.5～25 μg，静脉注射，隔4～7 d重复1次。用药后，血钙浓度可降到正常，而且可持续几天。

【相关知识】

高钙血症是指血清钙含量大于 2.75 mmol/L 的电解质紊乱性疾病。其临床表现差别很大，有时仅在验血时发现，有时会出现严重的临床症状，如昏迷。

血钙有 3 种形式，即离子钙，与白蛋白结合的非离子钙，以及与枸橼酸盐、磷酸盐形成的复合物。只有钙离子才有生理作用。血液白蛋白水平高低常影响血总钙的浓度。

1. 发病原因

见于原发性和继发性甲状旁腺功能亢进、恶性肿瘤(如多发性骨髓瘤、骨转移瘤、分泌甲状旁腺素类物质的肿瘤)、维生素 D 中毒、非甲状旁腺内分泌疾病(如甲状腺功能亢进、肾上腺功能不全)、药物引起(如噻嗪类利尿剂)、急性肾功能衰竭等疾病过程中。

2. 主要症状

临床表现呕吐、便秘、腹痛、烦渴、多尿、脱水、无力、高热、昏迷、急性肾功能衰竭，并可发生心律紊乱，常为致死的原因。

3. 诊断方法

结合病史、临床表现、实验室检查血钙超过 4.5 mmol/L，即可确诊为高钙血症。

技能 134　低钙血症的治疗

立即用 10%葡萄糖酸钙溶液 10～20 mL/次，静脉注射。若抽搐不止，可用巴比妥类药物镇静。同时口服乳酸钙或葡萄糖酸钙溶液 5～15 mL，每天 2 次。也可口服维生素 D_2 片，或维生素 AD 胶丸，或肌内注射维生素 D_3。

在治疗佝偻病时，口服维生素 D 片 2 500～5 000 IU，每天 1 次；或维生素 D_3 30 万～60 万 IU，肌内注射，1 个月后重复注射 1 次。

【相关知识】

低钙血症指血清钙总量低于 2.15 mmol/L 的病症。

1. 发病原因

(1)甲状旁腺疾病、甲状旁腺激素(PTH)异常及靶细胞功能障碍　甲状旁腺与钙代谢的关系非常密切。PTH 与靶细胞之间关系为钙离子降低→甲状旁腺→PTH 分泌→靶细胞受体→腺苷环化酶→蛋白激酶→磷酸蛋白→生物效应。

①PTH 合成、分泌减少或缺乏。见于甲状旁腺切除、特发性甲状旁腺功能减退、甲状旁

腺肿瘤(如乳腺癌甲状旁腺转移,破坏甲状旁腺)、药物副作用(如阿霉素、阿糖胞苷等抗肿瘤药,可抑制 PTH 分泌)、低镁血症等。PTH 对控制破骨细胞起重要作用。PTH 减少则破骨的活力减弱,骨质吸收减少,血钙降低。

②分泌合成无生物活性的 PTH。由 PTH 基因异常所致。甲状旁腺合成及分泌异常 PTH,而且在血中浓度较高。

(2)肠道吸收钙减少　常见于脂肪泻,影响脂溶性维生素 D 的吸收,使钙在肠道吸收减少;肝、肾疾患时,发生 25-羟化酶系功能障碍,不能使维生素 D_3 变为有活性的 1,25-二羟胆固醇[$1,25(OH)_2D_3$],引起钙在肠道吸收减少,发生低血钙。

(3)维生素 D 代谢障碍或对其反应不良　主要见于维生素 D 依赖性佝偻病。因肾脏 1,α-羟化酶缺陷,虽然血中 25-羟胆固醇[$25(OH)D_3$]正常,但不能产生足够的 $1,25(OH)_2D_3$,需给大量 $1,25(OH)_2D_3$ 后,方能达到生理需要的水平。

(4)应用排钠利尿剂　抑制钙重吸收,使尿钙排出增多,血钙降低。

(5)急性胰腺炎　发生坏死性急性胰腺炎时,因脂肪坏死形成脂肪酸,后者与钙结合形成钙皂,尽管体内钙总量不减少,但因钙的转移而不能利用,使血钙降低。

2. 主要症状

(1)神经、肌肉系统　低钙血症使神经、肌肉的应激性增加、刺激阈降低。表现为四肢肌肉抽搐,而且在很轻的刺激下即可发生,严重者出现惊厥,并伴恐惧感。

(2)骨骼病变　由维生素 D 缺乏引起的低血钙,骨骼呈佝偻样变化;假性甲状旁腺功能低下引起者,可发生佝偻病、纤维性骨炎等。

(3)消化系统　胃酸减少,消化不良。表现呕吐、腹痛、腹泻、便秘、吞咽困难症状。

(4)心血管系统　心率增快,心律不齐,心力衰竭。低血钙使迷走神经兴奋性增高,可发生心脏停搏。

严重低血钙可发生严重的平滑肌痉挛,从而发生哮喘、惊厥、癫痫样发作,甚至引起心力衰竭、心跳骤停而致死。

3. 诊断

血清钙低于 2.15 mmol/L 即可确诊。

技能 135 高磷血症的诊断与治疗

1. 诊断

根据临床症状可做出初步诊断,确诊需实验室检查。实验室检查,发生高磷血症时,血清肌酸激酶(CK)、血清天门冬氨酸氨基转移酶(AST)、乳酸脱氢酶(LDH)活性增加,血清肌红蛋白及尿肌红蛋白增加。

急性或慢性肾衰竭,都会发生高磷血症。血磷高、血钙低,见于甲状旁腺功能减退、假性甲状旁腺功能减退、肾功能衰竭等；血磷高、血钙也高，见于维生素D过量、多发性骨髓瘤等；血磷大于2.1 mmol/L，肾小球滤过率小于20 mL/min时，见于急性或慢性肾衰竭；血磷大于2.1 mmol/L，肾小球滤过率小于25 mL/min时，见于磷负荷增加、甲状旁腺功能低下、甲状腺功能亢进及生长激素过多等。

2. 治疗

积极治疗原发病。急性高磷血症时，应输入葡萄糖溶液，同时用胰岛素、排钠利尿剂。若已有肾功能衰竭则需采用透析治疗。

慢性高磷血症时，若血磷增高不显著，除减少磷的摄入外，可口服氢氧化铝凝胶等能与磷结合的药物，以减少磷在肠道的吸收。

【相关知识】

犬血磷浓度高于1.9 mmol/L，猫血磷浓度高于2.1 mmol/L，即为高磷血症。

1. 发病原因

(1)维生素D中毒　维生素D促进肠道吸收磷和肾小管磷重吸收，使血磷增加。在维生素D中毒时，即使吃正常含磷不高的饮食，亦可发生高磷血症。

(2)用药不当　治疗低磷血症而输入磷制剂时，若监护不及时，亦可发生高磷血症。

(3)急性溶血　如异型输血或血型不合，造成大量红细胞被破坏，红细胞内的磷进入血液中，使血磷突然升高，而发生急性高磷血症。

(4)应用抗癌药物　特别是治疗淋巴系统恶性肿瘤，淋巴母细胞内较其他细胞含磷量高。这些抗癌药物使瘤细胞崩解，将细胞内的磷释放到血液中，引起高磷血症。同时也可伴有高钙血症。

(5)严重的肌肉损伤、肌纤维溶解、肌肉缺血或缺氧　肌细胞内的磷释放到细胞外液，引起高磷血症。除高磷血症，还可发生肌红蛋白血症、高钾血症，亦可引起急性肾功能衰竭。

(6)代谢性酸中毒　如乳酸中毒，由于细胞代谢障碍，细胞内磷可释放到细胞外，而发生高磷血症。

(7)甲状旁腺功能减弱　由于甲状旁腺素分泌不足使尿磷排泄减少，可发生高磷血症。

(8)肾功能衰竭　当肾小球滤过率为20～30 mL/min时，由于磷酸盐的滤过障碍导致血清磷升高。

此外，由于高血磷导致低血钙，引起继发性甲状旁腺素增多，使骨盐释放增加，过多的磷酸盐在重度肾衰竭时又不能及时排出，使血磷进一步上升。

2. 主要症状

(1)急性高磷血症　常伴有低钙血症，故出现低钙血症的临床表现，如手足搐搦等。

(2)慢性高磷血症　血磷升高缓慢，而低血钙又可诱发继发性甲状旁腺功能亢进及肾脏的代偿，使血钙的浓度正常甚至高于正常。所产生的磷酸钙因其溶解度小，在慢性肾衰竭时，发生软组织(结合膜、肺、肾、肝、心脏、血管及皮肤等)钙化，出现相应组织器官损伤的症状。当发生心脏钙质沉着时，影响左心室功能，导致心律紊乱；当主动脉瓣发生钙化时，可发生主动脉狭窄或关闭不全，出现相应的症状；肾间质发生钙质沉着，可引起肾功能损害；关节附近肿瘤样软组织钙化，可发生局部溃疡；皮肤血管钙化时，影响皮肤血液供应，发生皮下脂肪坏死。

技能 136 低磷血症的治疗

1. 诊断

血液检查血清磷低于正常即可确诊。因磷代谢紊乱常伴有钙代谢紊乱，需做血及尿磷测定、溶血检查(如红细胞脆性试验)、X 线检查、骨密度测定等。

2. 治疗

严重病犬、猫，可用磷酸钠或磷酸钾(3.0 mmol/mL)溶液(不含钙，常用生理盐水或 5% 葡萄糖溶液配制)，按每小时每千克体重 0.01～0.03 mmol 的剂量，静脉注射，3～6 h 输完。随后测定血清磷，并根据其浓度，确定其补充量。注意可能出现的副作用包括低血钙、高血钠、高血钾及转移性钙化等。

【相关知识】

犬血清磷低于 0.75 mmol/L，猫血清磷低于 1.20 mmol/L 时，即为低磷血症。

1. 发病原因

(1)磷从细胞外液转移到细胞内　无机磷被机体用来合成磷蛋白、磷糖、磷脂、磷酸肌苷等有机化合物。当细胞代谢旺盛时，葡萄糖的酵解加速，磷与葡萄糖代谢的中间产物结合较多，血浆中磷进入细胞内增加。此时，虽然有血磷的降低，但体内磷的总含量并不减少。代谢性碱中毒时，因血中 HCO_3^- 增加，引起中度血磷降低，伴有尿排磷增加。急性呼吸性碱中毒时，如过度呼吸 10 min，pH 升高，磷从血浆中转移到细胞内，而血磷则很快下降到 0.32 mmol/L。

(2)肠道丢失增多或摄入减少　长期应用氢氧化铝凝胶、碳酸铝凝胶等能与磷结合的药物治疗消化道溃疡时，可发生严重的低血磷。严重呕吐时，因摄入磷少，也可发生低磷血症。

(3)肾小管重吸收磷减少　见于原发性甲状旁腺功能亢进(磷从骨骼中移出增加，肾脏排磷增加)、快速输入糖皮质激素(可降低近曲小管对磷的重吸收，增加尿磷的排出)及使用利尿剂(如噻嗪类、速尿、利尿酸钠，可增加排尿和排磷)等。

(4)肠道对磷的吸收障碍　缺少维生素D时,引起肠道吸收磷功能障碍,伴有尿排磷增多。

2. 主要症状

磷为机体的重要能量来源,发生低血磷时,可引起多系统的病变。

(1)血液系统

①红细胞。血浆中磷浓度降低,红细胞内的磷浓度也降低。当红细胞内缺磷时,2,3-二磷酸甘油酸(2,3-DPG)及ATP(维持红细胞膜的完整性及结构)生成减少。若血清磷低于0.32 mmol/L时,红细胞中的磷含量降低,ATP生成减少,发生溶血及组织缺氧。

②白细胞。低血磷损害白细胞的骨架,影响白细胞的趋化、吞噬及杀菌作用,降低机体的抵抗力。

③血小板。低血磷时,血小板数量减少,寿命缩短,血块收缩功能不良。

(2)循环系统　低血磷可降低心肌的收缩力,使心搏出血量减少。

(3)消化系统　低血磷可使胃、肠平滑肌收缩无力而发生肠麻痹。

(4)泌尿系统　低血磷时,尿排磷减少,而钙及镁排出增加。因 HCO_3^- 排出增加,发生高氯性代谢性酸中毒。

(5)中枢神经系统　低血磷时,可出现肢体麻木、腱反射降低。由于红细胞内缺少2,3-DPG,中枢神经细胞缺氧,可发生抽搐,甚至昏迷。

(6)运动系统　低血磷可引起肌无力,使破骨细胞活动加强,骨骼的吸收增加,可导致佝偻病及骨软症。

技能137　镁缺乏症的诊断与治疗

1. 诊断

通过临床症状和对食物的分析不难建立镁缺乏症的诊断,但确诊需通过血清镁的检测,同时应与钙缺乏症相鉴别。

2. 治疗

去除病因,并采取对症治疗。轻症口服氧化镁0.2～0.5 g,每月3次,或10 kg体重肌内注射25%硫酸镁溶液4～5 mL,每天3次;重症者,用10%硫酸镁溶液10 mL,用5%葡萄糖溶液稀释成1%的浓度,缓慢静脉注射。

【相关知识】

犬血清镁低于0.79 mmol/L,猫血清镁低于0.62 mmol/L时,即为低镁血症。

1. 发病原因

(1)摄入不足　正常情况下,肉类、豆类、谷物等均含有较多的镁,若食物过于单一,或给含镁少的食物时,则可引起镁缺乏。

(2)镁的排出增多　见于慢性腹泻、大量泌乳时,镁从粪、乳中大量流失而导致发病。应用大剂量利尿剂时,也会导致镁的排出增多。

此外,胃肠道疾病时,病犬、猫吸收镁的功能障碍,也易发病。

2. 主要症状

生长迟缓,爪外展,甚至掌骨和跖骨也外展、增长,软组织钙化,长骨骨端外缘扩大。缺镁可使神经兴奋性失去控制,因而肌群呈无制约性兴奋性收缩,表现为对外界反应过于敏感,耳竖起,头颈高抬,行走时肌肉抽动,最后惊厥,并可能迅速死于抽搐之中。

3. 预防措施

防止食物过于单一,要对日粮中镁的含量进行监测,成年大型犬每天对镁的需要量为80～180 mg,当镁不足时,应添加镁石膏等含镁制剂。

技能 138　铜缺乏症的诊断与治疗

1. 诊断

根据病史调查和临床症状建立诊断。血铜含量低于 0.7 μg/mL,可确诊。早期诊断可进行血浆铜蓝蛋白活性(血浆铜蓝蛋白的正常量为 45～100 mg/L)测定。

2. 治疗

先将硫酸铜按 1%的比例加入食盐中,再将此铜盐按正常量混于食物中喂饲。

【相关知识】

铜缺乏症是指血铜含量低于 0.7 μg/mL 的病症。

1. 发病原因

原发性铜缺乏主要是因为日粮中长期缺乏铜。一般认为,日粮干物质含铜量低于每千克体重 3 mg 时可以引发铜缺乏症。继发性铜缺乏则是因为日粮中含钼、锌、镍、锰等过多,干扰对铜的吸收。

2. 主要症状

铜缺乏时,犬、猫虽然不缺铁,但也表现出贫血症状。因缺铜造成含铜酶活性降低,导致骨骼胶原的强度下降，发生骨骼疾患，表现为骨骼弯曲、关节肿大，跛行，四肢易骨折。深色被毛的宠物，缺铜时易造成毛色变淡、变白，尤以眼睛周围较严重，状似戴白边眼镜，故有"铜眼镜"之称。

技能139　锌缺乏症的诊断与防治

1. 诊断

根据皮肤角化不全、生长缓慢的临床表现和病史调查，结合血清中锌含量的检测（犬血清中锌含量为13.62～14.67 μmol/L），可建立诊断。但需注意与下列疾病鉴别。

（1）疥螨病　有奇痒，皮肤刮取物镜检能发现虫体，用杀虫剂有效。

（2）渗出性皮炎　是湿润的脱屑性皮炎，而锌缺乏症表现为皮肤干燥、角化不齐、痂皮易碎。

（3）烟酸缺乏症　皮肤粗糙，左右对称性皮炎。用烟酸治疗有效。

2. 预防

预防本病的关键在于日粮中必须含有足够的锌，一般应含锌每千克体重40 mg，生长期幼犬、猫和种公犬、猫要保持在每千克体重60～80 mg。同时要注意食物的钙含量不要过高，一般限制在0.5%～0.6%。

3. 治疗

用硫酸锌每千克体重10 mg，口服，每天1次，连用2周。或口服葡萄糖酸锌、醋酸锌、元素锌等。也可肌内注射碳酸锌。于皮肤患部涂布10%氧化锌软膏，亦能奏效。

【相关知识】

锌缺乏症是指由于锌的绝对或相对不足而引起的一种营养缺乏病。

1. 发病原因

（1）锌摄入不足　蛋白质类食物中锌含量较高，海产品是锌的主要来源，奶类和蛋类次之，蔬菜及水果中锌含量较少。长期以碳水化合物类食物喂饲宠物，易患本病。

（2）食物中某些成分比例不当或存在过多锌的拮抗剂　如给猫饲喂过多的植物性蛋白质时，对锌的需要量则增多，每100 g干食物中需添加10 mg以上的锌（正常为3 mg）；食物中高钙能减少对锌的吸收而造成缺锌症。

2. 主要症状

生长发育缓慢。幼犬、猫食欲减退、腹泻、消化紊乱、消瘦、发育停滞。皮肤角化不全和脱毛是缺锌的特征性变化。被毛粗糙，眼、口、耳、下颌、肢端、阴囊、包皮和阴门周围出现厚的痂片和鳞片，趾(指)垫增厚龟裂。身体上有色素沉着。

另外，还表现有生殖能力下降，公犬和公猫睾丸变小萎缩，母犬和母猫性周期紊乱，屡配不孕。有的发生骨骼变形。

任务 17　犬、猫内分泌系统疾病

技能 140　幼犬脑垂体功能不全的诊断与治疗

1. 诊断

根据全身发育障碍并与同窝犬生长情况进行对比做出初步诊断，结合测定内分泌腺功能确诊。内分泌功能检查，血浆中生长激素水平低于正常，特别是在给予胰岛素或精氨酸等药物后仍无明显升高；血中促性腺激素、促甲状腺激素、促肾上腺皮质激素及尿中 17-羟类固醇、17-酮类固醇均低于同龄犬，仅相当于幼犬期水平。促肾上腺皮质激素兴奋试验后，血中皮质酮和尿 17-羟皮质类固醇增高。

2. 治疗

用牛生长激素 10 IU，皮下注射，隔日 1 次，连用 1 个月。同时配合口服甲状腺素片，从小剂量开始，10 mg/次，缓慢增加至维持量 30～40 mg。对继发性患犬需针对病因治疗，如肿瘤可实施手术或者放射治疗。

【相关知识】

幼犬脑垂体功能不全也称脑垂体侏儒症，主要是由生长激素分泌减少而引起的一种疾病。频发于德国牧羊犬，其他品种犬如鹿犬、丝毛犬和卡雷利阿犬也有发生。以体格矮小侏儒症为特征。

1. 发病原因

主要由于近亲繁殖引起，是常染色体隐性遗传病，通常与颅咽管口咽外胚层不能分化为远侧部促激素分泌细胞有关，使脑垂体不能完全发育，从而引起生长激素分泌减少或下丘脑的生长激素释放因子分泌减少，导致整个机体生长发育发生障碍。本病也可见于颅咽管口咽外层的良性肿瘤。

2. 主要症状

主要表现为全身发育障碍。2 月龄内的患犬与同窝正常犬相比无明显差异，2 月龄后患犬逐渐表现为全身生长极慢，头、颈、躯干和四肢成比例短小，成年犬仍保持幼犬的外貌。患本病的德国牧羊犬的体重为2 kg到正常的1/2左右，其体格和柔软多绒毛的皮毛似郊狼或狐狸。

两侧对称性脱毛逐渐加重，直至除头部和腿部有簇毛外，其余部位皮肤全部脱毛。永久齿发育延迟或完全缺乏。骨骼骺化延长达4年。睾丸和阴茎变小，阴茎骨钙化延迟或不完全，阴茎鞘萎缩。卵巢皮质发育不良，发情周期不规律或不发情。病犬的寿命缩短。

技能141 肢端肥大症的诊断与治疗

1. 诊断

根据病史和症状以及实验室检查发现碱性磷酸酶活性增高、高血糖、轻度红细胞增多症（猫）等可做出初步诊断，通过检测血清生长激素浓度可以确诊。对头盖骨做CT和MRI（核磁共振成像）检查，可显示垂体肿瘤的大小和位置。

2. 治疗

去除病因和对症治疗。如因黄体酮用药过度所致，则立即停药，若停药6～8周仍无效或因内源性黄体酮过多，则应及早手术摘除卵巢和子宫。但无论是停止用黄体酮或是手术摘除卵巢和子宫，都要注意监测动物血糖和尿糖的变化，防止发生低血糖症。

对垂体肿瘤引起的病例，尚无可靠的手术切除法，进行放射疗法，作用有限。

【相关知识】

肢端肥大症是由于生长激素分泌过多而引起的一种代谢性疾病。临床上以结缔组织增生、骨骼过度生长、脸面粗糙和内脏增大为特征。多伯曼猎犬、美国可卡犬、达尔马提亚犬、德国牧羊犬和杂种母犬多发。猫也有发生。

1. 发病原因

犬多见于长期使用黄体酮或乏情期内源性黄体酮分泌过多引起，有时由垂体肿瘤引起。猫常见于垂体肿瘤。

体内过量的黄体酮能促使垂体分泌大量的生长激素。生长激素一方面具有合成代谢作用，能促进骨骼、软骨、结缔组织、骨骼肌和心肌的生长；另一方面具有分解代谢作用，能使脂肪分解和产生高糖血症，从而导致糖尿病。

2. 主要症状

肢端明显肥大，头面部变宽，脸和颈部多皱褶，齿间距离增大，腹部膨大。反应迟钝、头低和呆立。舌头增大，出现喘鸣音。乳房上有软组织肿块。老年犬猫厌食，易疲劳。多饮多尿，严重者可发生糖尿病。猫多表现心肌和关节疾病。

技能 142 尿崩症的诊断与治疗

1. 诊断

根据病史、症状可初步诊断，实际测定饮水和排尿量，或使用药物诊断确诊。

本病的诊断标准为，每天饮水超过每千克体重 100 mL，每天排尿超过每千克体重 90 mL，可以确立诊断。也可肌内注射垂体后叶鞣酸加压素 2.5～10 IU，如为尿崩症则在用药后数小时内尿量迅速减少，尿比重增高至 1.040 以上，尿渗透压增高至正常。但是，注射加压素对肾原性尿崩症无效，由此与中枢性尿崩症相区别。

2. 治疗

消除感染、控制原发病后，对丘脑-垂体后叶性尿崩症的犬、猫，用垂体后叶鞣酸加压素 2.5～10 IU，每 1～3 d 肌内注射 1 次。也可用垂体后叶素粉剂（尿崩停）10～30 mg/次，吸入鼻腔，每天 3 次。

肾性尿崩症注射抗利尿激素无效，可试用双氢氯噻嗪每千克体重 2～4 mg，口服，每天 2～3 次。或氯磺丙脲每千克体重 3 mg，口服，每天 1 次。为提高疗效，二者应交替应用。

【相关知识】

尿崩症是由下丘脑-神经垂体功能减退，引起加压素（抗利尿激素）分泌减少而发生的多尿、多饮和尿比重降低为特征的疾病。公母犬、猫都发生，以老年病例多见。

1. 发病原因

（1）下丘脑-神经垂体原性尿崩症（中枢性尿崩症） 见于下丘脑、垂体或其附近组织肿瘤、脓肿、创伤、感染等。使抗利尿激素分泌不足或缺乏，导致肾小管远端和集合管对于水的再吸收减少，尿液不能浓缩，从而发生多饮、多尿症。有的下丘脑-神经垂体原性尿崩症，可能源于遗传性加压素合成缺陷。

（2）肾原性尿崩症 多因肾盂肾炎、低血钾肾病、高血钙肾病、肾淀粉样变及某些药物等所致。血液中加压素浓度正常或升高，但是肾小管对抗利尿素的作用无反应，而发生多尿。

2. 主要症状

病情缓急及轻重程度与病因有关。由肿瘤引起者，多呈渐进性发生；因外伤、炎症引起的，通常发病急剧。表现多饮、多尿，频尿和夜间排尿。日饮水量大于每千克体重 100 mL，日排尿量大于每千克体重 50 mL，尿比重降低，小于 1.006。限制饮水，尿量不减，尿呈水样清亮透明。病后期消瘦，生殖器官萎缩。

技能 143　甲状腺功能亢进症的诊断与治疗

1. 诊断

根据病史、病状做出初步诊断，结合实验室检查结果综合确诊。实验室检查，血浆中甲状腺素(T_4)和三碘甲腺原氨酸(T_3)浓度升高。丙氨酸氨基转移酶、天门冬氨酸氨基转移酶(AST)和碱性磷酸酶活性升高。

2. 治疗

采用药物治疗，必要时行手术治疗。

(1)药物治疗

①抗甲状腺药。甲硫咪唑，严重甲状腺功能亢进者，剂量为 15 mg/d，口服。若做长期治疗，减至最低有效量 5 mg/d。有的病猫可能有厌食、呕吐及昏睡等副作用，一般不需要停药。但若瘙痒伴有表皮脱落者必须停药；或丙硫氧嘧啶每千克体重 10 mg，内服，每天 1 次，病情好转后减少用药剂量。

②控制心脏并发症。心得安 2.5 mg，口服，开始时每天 2～3 次，若效果不明显，剂量可加倍。

③放射碘治疗。碘$^{-131}$，使用时按每克甲状腺组织给予碘$^{-131}$ 220×10^4～296×10^4 Bq，一次口服。服药后的 1 个月开始显效，多数病例 3 个月后症状基本缓解。该药可集中在腺瘤样增生的甲状腺腺体中(正常腺体不摄入)，破坏瘤样甲状腺滤泡组织，减少甲状腺素的合成。

(2)手术治疗　长期服用药物无效或停药后复发者，可考虑手术切除甲状腺。70%以上的猫具有双侧性病变，一般不能一次手术切除两侧病变腺体，需间隔 4 周做第二次手术，这样可减少甲状腺功能减退的发病率。

【相关知识】

甲状腺功能亢进症是由于甲状腺素分泌过多，基础代谢增加所引起的内分泌疾病。临床上以甲状腺肿大、烦渴、贪食、消瘦和心功能变化为特征。

1. 发病原因

多因甲状腺肿瘤引起。此外，甲状腺部分切除、碘缺乏也可发生本病。

2. 主要症状

犬在病初出现烦渴，多尿，食欲增强，随后体重减轻、消瘦，心搏动增强，血压升高，喘息，喜找凉爽处休息，但直肠温度正常；眼球突出，流泪，结膜充血；不安，活泼，易疲劳。

猫的甲状腺功能亢进症多发于 4～22 岁的中老年龄段，9 岁以下的病猫很少出现临床症状。9 岁以上的突出症状是贪食，体重减轻，常排大量软粪便，烦渴，多尿，不安及不停的走动。常发出惨叫声，被毛杂乱。心功能紊乱，严重者心动过速，节律不齐，有杂音。

甲状腺肿瘤多为一侧性，从咽到胸口部，可摸到肿大的甲状腺肿瘤。

技能 144 甲状腺功能减退症的诊断与治疗

1. 诊断

根据临床症状做出初步诊断，确诊需进行实验室检查。

(1)用放射性免疫法测定血浆中甲状腺素(T_4)和三碘甲腺原氨酸(T_3)浓度　T_3 和 T_4 均降低(正常值 T_3 0.1～0.2 μg /100 mL，T_4 1.5～4.0 μg/100 mL)。

(2)血清碘、血清蛋白结合碘和血清胆固醇测定　血清蛋白结合碘降低为(1.0±0.5) μg/100 mL[正常值(2.4±0.6) μg/100 mL]，血清碘降低为(3.3±2.2) μg/100 mL 以下[正常值(7.8±3.4) μg/100 mL]；血清胆固醇上升达 300～800 mg/100 mL(正常为 140～210 mg/100 mL)。

(3)药物诊断　正常犬肌内注射或静脉注射促甲状腺素(TSH)0.5 IU，8 h 后，T_4 浓度可升高 2～3 倍；注射糖皮质激素(TRH)后，血浆 T_4 和 TSH 浓度升高者为下丘脑性甲状腺功能减退症(动物表现为呆笨和呆睡)，如 T_4 和 TSH 浓度不变者，一般为垂体性甲状腺功能减退症。

2. 治疗

左旋甲状腺素每千克体重 20 μg，口服，每天 1 次。或甲状腺素片，犬 10～15 mg，猫 5～10 mg，每日清晨喂 1 次，连用 2～3 周。一般在治疗后 6 周内显效，脱落的被毛在 4～6 个月内可全面再生。但要注意，如出现多尿、烦渴、不安、呼吸困难和心跳过速等症状，则为甲状腺素用量过多，应及时调整用量。

【相关知识】

甲状腺功能减退症是由于甲状腺素合成和分泌不足而引起的全部细胞活性和功能降低的疾病。临床上以容易疲劳、嗜睡、畏寒、皮肤增厚、脱毛和繁殖功能障碍为特征。常见于犬，偶见于猫。

1. 发病原因

(1)原发性甲状腺功能减退症　常见的原因是自发性甲状腺萎缩和慢性淋巴细胞性甲状腺炎。前者常与染色体隐性遗传有关；慢性淋巴细胞性甲状腺炎可能是自身免疫引起，由于淋巴细胞、浆细胞呈弥散性的或结节样浸润甲状腺组织，引起腺泡进行性破坏、萎缩或消失。

(2)继发性甲状腺功能减退症　主要见于垂体受肿瘤等压迫而萎缩造成促甲状腺素分泌和排放不足，以及严重碘缺乏、应用抗甲状腺药物、甲状腺部分切除等。

2. 主要症状

(1)原发性甲状腺功能减退症　通常发生在中老年犬，2 岁以下犬发病较少。病初易疲劳，嗜眠，恶寒，体温偏低，喜欢睡在温暖的炉灶旁或暖气管旁。脑反应迟钝，肥胖。皮肤被毛干粗、脱毛，在躯干腹侧、大腿内侧、颈两侧皮肤脱毛明显，并有色素沉着，皮脂腺萎缩。有的脱屑增加转为脂溢性病变，并有轻度瘙痒。母犬发情减少或不发情，公犬睾丸萎缩无精子。部分病犬有烦渴、多尿和贪食。

重症病犬，由于黏液性水肿(黏液蛋白样物质严重沉着于皮下或黏膜等部位而形成的硬性浮肿)而使面部和头部皮肤增厚形成皱纹，触之有肥厚感和捻粉样，但无指压痕。

(2)继发性甲状腺功能减退症　表现为明显的体力下降和丧失，行动迟缓，发育缓慢，头大腿短，痴呆。先天性继发性甲状腺功能减退症伴有垂体性侏儒；后天性继发性甲状腺功能减退症常伴有神经症状，如抑郁、运动紊乱、面神经或前庭神经麻痹，眼睑下垂。便秘和腹泻交替出现。有的可见关节痛、关节腔积液、肌肉疼痛。

技能 145　甲状旁腺功能亢进症的诊断与治疗

1. 诊断

根据特征性骨骼病损、血钙浓度升高、血磷浓度下降、血清碱性磷酸酶活性升高可以做出诊断。

2. 治疗

(1)原发性和假性甲状旁腺功能亢进　手术摘除肿瘤。术后静脉输注 10%葡萄糖酸钙注射液 10～15 mL，以后补给高钙食物和维生素 D_3，每天每千克体重 100 IU，以防止因血液中甲状旁腺激素浓度迅速降低而引起的低钙搐搦症。

(2)肾性继发性甲状旁腺功能亢进　首先治疗肾脏疾病。如肾脏疾病难以治愈，可适当增加饲料中钙和维生素 D_3 含量，以缓解甲状旁腺功能亢进和骨骼脱钙。

(3)营养性甲状旁腺功能亢进　先饲喂 2～3 个月的维生素 D 和钙磷比例为 2∶1 的食物。对食欲不振的犬、猫可静脉注射葡萄糖酸钙以改善症状。症状缓解后可给予钙磷比例 1.2∶1的食物。

此外，还要纠正水电解质紊乱和酸中毒，用林格氏液或 5%葡萄糖生理盐水补液，同时给予 5%碳酸氢钠溶液。并发感染时，用抗生素治疗。治疗期间要注意护理，以防发生骨折、褥疮和便秘。

【相关知识】

甲状旁腺功能亢进症是由于甲状旁腺激素分泌过多而引起的机体钙、磷代谢紊乱的疾病。临床上以血钙浓度升高、骨质疏松、泌尿道结石或消化道溃疡为特征。

1. 发病原因

(1)原发性甲状旁腺功能亢进　多见于甲状旁腺肿瘤或自发性增生,致使甲状旁腺激素分泌过多。

(2)假性甲状旁腺功能亢进　由于骨和甲状旁腺以外的肿瘤,特别是淋巴肉瘤、恶性淋巴瘤等肿瘤细胞分泌骨吸收性物质(甲状旁腺样多肽、前列腺素 $F_{2\alpha}$ 破骨细胞刺激因子),表现甲状旁腺分泌亢进的高钙血症和低磷血症。

(3)继发性甲状旁腺功能亢进　多见于老年犬、猫,如长期患间质性肾炎、肾小球肾炎、肾硬变、淀粉样变性等,引起肾功能衰竭;青年犬、猫肾皮质发育不良、多囊肾、两侧性肾盂积水等,引起肾功能不全,肾小球滤过率下降,磷滞留并产生进行性高磷血症,血钙相对降低,刺激甲状旁腺主细胞增生。

(4)营养性甲状旁腺功能亢进　主要是食物中磷多钙少,钙、磷比例不当。动物血钙水平较低,反射性引起甲状旁腺分泌增强,久之导致甲状旁腺增生。

2. 主要症状

本病主要表现高钙血症和低磷血症的病理过程。病初由于血钙过高,神经肌肉应激性降低,又因甲状旁腺激素促进蛋白质分解,动物表现厌食,呕吐,腹痛,肌肉松弛,张力减退,软弱无力,心动过慢或节律不齐,精神沉郁,反应迟钝,有时抽搐,多饮、多尿,有时出现血尿和尿路结石。后期,由于骨吸收,骨髓脱钙,常见骨质疏松,容易出现骨折、牙齿脱落、脊柱、颜面部骨变形等症状。

此外,假性甲状旁腺功能亢进,还可见到其他恶性肿瘤综合症状;营养性甲状旁腺功能亢进以骨质疏松为突出症状;肾性甲状旁腺功能亢进还可见多饮、多尿、脱水、呕吐及呼出气有氨臭味等肾功能不全和尿毒症症状。

技能 146 甲状旁腺功能减退症的诊断与治疗

1. 诊断

根据病史和症状可以做出初步诊断,实验室检查发现血钙降低和血磷增高,心电图检查发现 QT 间期延长,ST 段延长,T 波矮小,有助于诊断。

2. 治疗

急性搐搦时,用 10%葡萄糖酸钙溶液,犬 10～30 mL,猫 5～15 mL,缓慢静脉注射,或用 5%氯化钙溶液,犬 5～18 mL,猫 3～7 mL,缓慢静脉注射,每天 2 次。痉挛控制后,改为口服葡萄糖酸钙 1～2 g,同时投予维生素 D_2 4 000～6 000 IU/d。双氢速固醇溶液 0.5～2 mL,肌内注射(类甲状旁腺激素作用),但要注意尿钙及血钙的变化。甲状旁腺激素 25～200 IU,皮下或肌内注射,初期有效。用氢氧化铝凝胶 20 mL,口服,每天 3 次,能减少肠道对磷的吸收。

【相关知识】

甲状旁腺功能减退症是由于甲状旁腺激素分泌不足或分泌的甲状旁腺激素不能正常的与靶细胞作用而引起的疾病。临床上以血钙浓度降低、肌肉痉挛或搐搦、血清无机磷浓度升高为特征。

1. 发病原因

见于甲状旁腺手术时损伤及摘除甲状旁腺，放射性同位素照射，颈部外伤、感染，恶性肿瘤转移和浸润，长期应用钙制剂或维生素 D 等，均可引起甲状旁腺破坏和萎缩。

此外，甲状旁腺发育不全、淋巴细胞性甲状旁腺炎及犬瘟热等也可引起。

2. 主要症状

由于甲状旁腺激素缺乏，血钙浓度呈进行性降低，突出的表现为神经-肌肉兴奋性增强。一般呈阵发性发作，发作间歇为数小时至数天。动物表现全身肌肉抽搐、痉挛，虚弱，呕吐，神态不安，神经质和共济失调。体温升高，心动过速。病程长时，可见皮肤粗糙，色素沉着，被毛脱落，牙齿钙化不全。

技能 147　糖尿病的诊断与治疗

1. 诊断

根据典型症状及定量测定血糖和尿糖浓度进行诊断。糖尿病时，空腹血糖升高达 7.78 mmol/L 以上(正常值，犬 3.61～6.55 mmol/L，猫 3.89～6.11 mmol/L)，尿糖阳性，尿比重升高(正常值，犬 1.015～1.045，猫 1.015～1.065)。

2. 治疗

采用药物降糖和食饵疗法相结合原则，同时根据病情对症治疗。

(1)食饵疗法　改善饮食，多喂肉类，限制碳水化合物的摄入。对轻症病犬、猫，用 80%的肉和 20%的米饭按每千克体重 25 g 的量，每天分 3 次饲喂，定期测体重，让其自由饮水，若饮水减少，说明有效。

(2)药物治疗　主要是用胰岛素。中性鱼精蛋白锌胰岛素每千克体重 1～10 IU，皮下注射，剂量由小到大，直至清晨的尿中不含糖为止。但用药后 3～7 h，可能出现低血糖，动物表现虚弱和疲倦，此时可口服葡萄糖浆或静脉注射 50%葡萄糖溶液 5～10 mL，若危重时可皮下注射肾上腺素。

还可口服降糖药，常用氯磺丙脲每千克体重 2～5 mg，每天 1 次。但一般限于血糖不超过 200 mg/100 mL 且不伴有酮血症的病犬、猫。

对伴发酮酸中毒的病犬，可选用结晶胰岛素，小剂量连续静脉注射(每千克体重 0.1 μg)

或小剂量肌内注射(3 kg 以上 1 μg,10 kg 以下 2 μg)。

(3)对症治疗　补充体液用林格氏液、生理盐水和 5%葡萄糖生理盐水等,然后用 5%碳酸氢钠溶液,以缓解酸中毒。静脉注射流体的量一般不应超过每千克体重 90 mL,可先注入每千克体重 20～30 mL,然后缓慢注射,要适量补充钾盐。

【相关知识】

糖尿病是由于胰岛素分泌不足引起的糖代谢障碍性疾病。临床上以多饮、多尿、多食、消瘦和血糖升高为特征。

1. 发病原因

原发性因素有胰腺创伤、肿瘤、感染、自体抗体等引起的胰腺损伤;生长激素、甲状腺激素、糖皮质激素等诱发的 β-细胞衰竭以及靶细胞的敏感性下降等。

继发性因素见于急性和复发性腺泡坏死性胰腺炎及胰岛淀粉样变性。

此外,镇静药、麻醉剂、噻嗪类及苯妥英钠等药物可影响胰岛素的释放;过度肥胖或长期饲喂过多高热量食物而运动量不足;妊娠时血中雌激素、孕酮对胰岛素的拮抗作用以及胎盘分泌的胰岛素分解酶促进胰岛素分解等,也可诱发本病。

在以上因素作用下,使 β-细胞分泌胰岛素相对或绝对的减少,降低了组织对葡萄糖、氨基酸和脂肪酸的利用,不能分解和转化来自食物和肝糖原异生的葡萄糖,使血糖升高,产生高糖血症。血糖浓度过高,超过葡萄糖的肾阈值(犬为 9.8～12 mmol/L,猫为 11.1～17.8 mmol/L)时,便产生糖尿、多尿。排尿量越多,口渴愈甚。由于葡萄糖未被充分利用而排出,机体有饥饿感,进食虽多,但不能被利用,以大量脂肪和蛋白质分解代替之,故机体逐渐消瘦。若病情进一步发展,脂肪分解增强,则可使血中酮体继续增多形成酮血病、酮尿病和酮酸中毒。

2. 主要症状

糖尿病主要发生于 7～9 岁的犬和 9～11 岁的猫。典型症状是多饮、多尿、多食和消瘦。尿液有烂苹果味(丙酮味)。发生酮酸中毒时,表现为顽固性呕吐和黏液性腹泻,呼吸急促,脱水,最后极度衰弱而昏迷。有的肝肿大,有的伴有膀胱炎,也有的尾尖坏死。近 50%的病犬、猫可出现星状白内障,角膜溃疡,晶状体浑浊,视网膜脱落,视力减退或失明。

技能 148　胰岛素分泌过多症的诊断与治疗

1. 诊断

根据病史和症状可初步诊断,血液生化检验有助于确诊。正常犬猫空腹时血浆胰岛素为 20 IU/L,患病动物常达 54 IU/L 以上,同时测定血糖值为 60 mg/mL 以下时,则提示本病的发生。

2. 治疗

补充血糖，轻症用高渗葡萄糖溶液，如20%葡萄糖溶液每千克体重0.5 g，或10%葡萄糖溶液每千克体重1 g，快速静脉注射；重者可用50%葡萄糖溶液每千克体重0.5～1.0 g，静脉注射。泼尼松每千克体重4 mg或地塞米松0.5～2.0 mg，肌内注射。长期口服苯妥英钠每千克体重10 mg，每天1次。

高胰岛素血症病例，二氮嗪每千克体重10 mg，每天2次，双氢克尿噻每千克体重0.5～1.0 mg，配合使用。

本病的根本治疗方法是手术切除功能性胰岛细胞肿瘤。

【相关知识】

胰岛素分泌过多症是由于胰腺的胰岛β-细胞瘤引起的疾病。临床上以血糖浓度降低和神经功能障碍为特征。通常发生在5～15岁的犬，发病高峰是8～12岁，拳师犬种犬较易发病，猫多发生在老年猫。

1. 发病原因

多见于功能性胰岛细胞肿瘤，偶见胰岛细胞癌致病。过多的胰岛素可使血液中的葡萄糖进入细胞而造成低血糖。

2. 主要症状

轻症病犬、猫表现不安，常常边叫边走。颜面肌肉痉挛，后肢无力，到处排粪、排尿。重者恶心、呕吐，心跳加快，全身间歇性或强直性痉挛，神志不清，视力障碍，昏睡。

技能149 肾上腺皮质功能减退症的诊断与治疗

1. 诊断

根据病史和临床特征，可做出初步诊断，实验室检查发现白细胞总数增多，血液尿素氮浓度升高至44.30～54.98 mmoL/L（正常为1.79～8.21 mmoL/L）。血钠离子浓度低于106 mmoL/L（正常为138～156 mmol/L），血钾离子浓度高达10.2 mmoL/L（正常为3.8～5.8 mmol/L），Na^+/K^+值从(27～40)∶1降至20∶1以下，但继发性肾上腺皮质功能减退动物，其Na^+、Cl^-变化不明显（因继发性肾上腺皮质功能减退，盐皮质激素保持正常），有助于确诊。

必要时用促肾上腺皮质激素（ACTH）刺激试验，方法是，先禁食，采血测定皮质醇浓度，然后肌内注射促肾上腺皮质激素，2 h后再测定皮质醇浓度。正常犬血清皮质醇浓度为27.59～137.95 mmol/L。如果注射后血浆中皮质醇浓度升高，则为继发性肾上腺皮质功能减退症；如皮质醇浓度低于正常，则为原发性肾上腺皮质功能减退症。

2. 治疗

急性病犬先纠正脱水、电解质失衡和酸中毒。用5%葡萄糖生理盐水，静脉注射，琥珀酸钠皮质醇每千克体重10 mg，或琥珀酸钠强的松龙每千克体重5 mg，或磷酸钠地塞米松每千克体重0.5 mg，静脉注射。同时，用5%碳酸氢钠溶液，解除酸中毒。以后用醋酸脱氧皮质酮每千克体重0.2～0.4 mg，肌内注射，每天1次。

病情稳定后，可每天口服醋酸氟氢考的松片（每片含0.1 mg），20 kg体重的犬，每天服用2～4片，但不宜间断给药。也可应用皮下植入醋酸脱氢皮质酮丸（125 mg），每丸可维持10个月，10个月后取出旧丸另植新丸。同时应监测电解质和尿素氮等变化。饲喂食盐量要多于正常犬。

继发性病例，可使用脱氢皮质（甾）醇类药如醋酸可的松（皮质素）片，犬每千克体重0.5～1 mg，口服，每天2～3次。可缓解临床症状，然后进行根除病因治疗。

【相关知识】

肾上腺皮质功能减退症又称为阿狄森氏病，是由于双侧肾上腺皮质因感染、损伤和萎缩而引起的肾上腺皮质激素分泌减少。临床上以体虚无力、体重减轻、血清钠离子浓度下降、钾离子浓度升高为特征。本病主要发生于幼龄至中年犬，且以母犬为多。

1. 发病原因

（1）原发性病因　主要见于自身免疫性肾上腺皮质萎缩、组织胞浆菌等深部真菌感染、淀粉样变性、出血性梗塞、腺癌转移、某些治疗肾上腺皮质功能亢进药物（如氯苯二氯乙烷）引起肾上腺皮质损伤等，直接引起肾上腺皮质功能减退。

（2）继发性病因　丘脑-垂体前叶受到损伤和破坏，如肿瘤等；长期或大剂量的使用外源性皮质醇治疗过程中突然停止用药或迅速减量，均能引起促肾上腺皮质激素分泌不足，进而引起肾上腺皮质功能减退。

2. 主要症状

病犬精神沉郁，体质衰弱，颤抖，不愿走动，脉细弱，心搏徐缓。食欲不振，嗜睡，多饮，多尿，呈进行性消瘦。腹痛，呕吐，便秘，有时腹泻。机体脱水，齿龈毛细血管再充盈时间延长（正常值为1.0～1.5 s）。个别病犬出现休克和昏迷，多很快死亡。

技能150　肾上腺皮质功能亢进症的诊断与治疗

1. 诊断

根据病史和症状可做出初步诊断，血象、血液生化、尿液以及ACTH刺激试验和地塞米松抑制试验有助于确诊。

(1)血象及血液生化、尿液检查 中性粒细胞和单核细胞增多,淋巴细胞和嗜酸性粒细胞减少;血糖和血钠浓度升高,血尿素氮和血钾浓度降低,血浆皮质醇浓度升高。丙氨酸氨基转移酶和碱性磷酸酶活性升高。血浆胆固醇浓度升高,并出现高脂血症;尿液稀薄,比重低于1.007。

(2)内源性ACTH测定 垂体性柯兴氏综合征ACTH浓度升高,肾上腺皮质肿瘤性柯兴氏综合征ACTH浓度降低。

(3)地塞米松抑制试验 地塞米松可抑制垂体分泌ACTH,或者抑制下丘脑分泌皮质激素释放激素。低剂量的地塞米松静脉注射后,可使皮质醇减少。清晨采取实验犬血样然后静脉注射地塞米松(每千克体重0.01 mg),以后于第3 h、第8 h再采血样检测,如皮质醇浓度减少至75.9 mmoL以下,可认为正常或是轻度肾上腺皮质增生;如皮质醇浓度在386.26 mmoL/L以上则为柯兴氏综合征。如用大剂量的地塞米松(每千克体重0.1~1 mg)皮质类固醇亦无变化,多为皮质癌(分泌皮质类固醇不受地塞米松的影响);如其浓度下降至用药前的50%~75%,则是垂体性肾上腺皮质功能亢进。

(4)ACTH刺激试验 首先饥饿动物,并在上午8~10点采血测定皮质类固醇浓度(正常为95~220 μg/L),然后静脉注射促肾皮质激素凝胶10 U,注射后于8 h内再采血,测定皮质醇浓度,若超过正常浓度的数倍(可达500~600 μg/L),即可诊断为垂体性柯兴氏综合征,若低于正常值,可诊断为肾上腺皮质肿瘤性柯兴氏综合征。

2. 治疗

(1)药物治疗 可用邻对二氯苯二氯乙烷,能抑制皮质类固醇合成和破坏肾上腺皮质肿瘤细胞。剂量为每千克体重25 mg,口服,每天2次。直到动物每天每千克体重需水量降至60 mL以下后,改为每7~14 d给药2次,以防复发。此药对胃有刺激作用,给药3~4 d后如出现反应,可少量多次服用或停止几天用药。

(2)手术治疗 肾上腺皮质增生及肿瘤可用手术摘除。手术时,将类固醇(水溶性氢化可的松50~100 mg/次)加入生理盐水中注射,术后用醋酸氢化可的松每千克体重 0.2~1.0 mg,口服,每天3~4次。术后4~8周内,隔日给药1次,以后逐渐减少用量及给药次数,6个月后视病情停药。

【相关知识】

肾上腺皮质功能亢进又称为柯兴氏综合征,是由于糖皮质激素长期过多引起的临床征候群。临床上以多饮、多尿、贪食、肥胖、脱毛和皮肤钙质沉着为特征。主要发生于中老年犬(2~16岁),峰期发病年龄为7~9岁,性别、品种间无明显差异。亦散发于猫。

1. 发病原因

(1)原发性肾上腺皮质病变 见于肾上腺皮质腺瘤和癌。能在无促肾上腺皮质激素

(ACTH)释放的情况下,自动分泌皮质醇。

(2)下丘脑一垂体功能紊乱或垂体疾病 见于垂体肿瘤。垂体大量分泌 ACTH,使两侧肾上腺皮质增生,皮质醇分泌过多。

此外,大量使用促肾上腺皮质激素及皮质醇类激素,也可引起。

2. 主要症状

病初表现渴欲增加,饮水量为正常犬的 2～10 倍,多尿,贪食,腹部增大下垂呈壶腹状,运动耐力下降,呼吸促迫,嗜睡,渐胖。表皮和真皮萎缩,皮肤变薄,形成皱襞,血管显露,腹部可见许多粉刺,鳞屑增加,皮肤呈纤细的砂纸状,无瘙痒。两侧对称性脱毛,脱毛先从身体突出部位开始,逐步向腹部、会阴和腹下发展,病情严重动物,全身被毛大部分脱光,只剩下头和四肢上部被毛。常在头颅颞部、背中线、颈下、腹下、股内侧、气管环等部位发生钙盐沉着,触诊皮肤和皮下有较硬的斑块。皮肤容易感染,黑色素沉着多为分散性、灶状分布。

由于蛋白质代谢的异化作用,带来骨骼和肌肉的消耗,常出现肌肉无力震颤和萎缩,脊柱弯曲、关节和肘部易产生褥疮。

此外,患病母犬发情周期延长或不发情,公犬睾丸萎缩。若为肾上腺皮质增生或肿瘤引起,由于产生过量雄激素,使母犬阴蒂增大。

技能 151 雌性激素过多症的诊断与治疗

1. 诊断

根据病史和症状可做出初步诊断,确诊需做实验室检查。

①阴道黏膜涂片无正常发情犬、猫的各种细胞成分。

②血清雌性激素测定明显高于正常。

③病侧睾丸活组织检查可发现睾丸曲细精管上皮细胞瘤。

2. 治疗

采用手术和药物相结合疗法。

(1)雌性犬、猫 手术切除双侧子宫和卵巢。用孕酮 10～50 mg/d,或人绒毛膜促性腺激素 100～150 IU/d,以抑制子宫内膜增生、制止子宫出血。

(2)雄性犬、猫 摘除睾丸。睾酮每千克体重 0.5 mg,皮下注射,每周 1 次。地塞米松 0.5～1.0 mg,肌内注射,每天 1 次,连用 3～5 d。

(3)促进被毛生长,用 L-甲状腺素每千克体重 0.02 mg,口服,每天 1 次。

【相关知识】

雌性激素过多症是由于雌激素分泌过多而引起的一种内分泌疾病。无论雌性或雄性犬、猫，均可发生此病，但雌性发病占多数，常发生于5岁以上的雌性犬、猫；而雄性发病则表现为雌性化综合征。

1. 发病原因

主要因卵泡囊肿、卵巢肿瘤、睾丸曲细精管上皮细胞瘤引起。医源性雌激素投予过量也可致病。

2. 主要症状

(1)雌性犬、猫　常出现发情样征候，子宫内膜增生，外阴肿胀，阴道流出血样分泌物，乳头变大。肷部、阴道周围、乳房和会阴部皮肤出现左右对称性脱毛、色素沉着和脂溢性皮炎。子宫内膜增生的犬表现多饮、多尿。如继发感染，可引起子宫蓄脓症。

(2)雄性犬、猫　表现无性欲，乳房和乳头肿大，有的可分泌乳汁。皮肤角化从腹侧开始，逐渐蔓延至生殖器和股后部，色素过度沉着，左右对称性苔癣化。有的发生耳垢性外耳炎。阴茎和非肿瘤侧睾丸萎缩。慢性病例发生脂溢性皮炎和脱屑。前列腺肥大者可发生血尿和脓尿。肿瘤多发生于单侧睾丸，表现为浅表肿大和硬感。

技能152　雌性激素缺乏症的诊断与治疗

1. 诊断

根据临床表现和血液、尿液中雌激素含量测定可以做出诊断。

2. 治疗

(1)己烯雌酚　0.1～1 mg，每天1次，口服，连用3～5 d后维持量1 mg，每周1次。

(2)苯甲酸雌二醇　0.5～1 mg/次，每2～3 d肌内注射1次，若逐渐好转可延长用药时间和间隔。

(3)孕马血清　25～200 u/次，肌内注射，或人绒毛膜促性腺激素，25～300 u/次，肌内注射。

(4)雌二醇复合制剂　0.1～0.5 mg，肌内注射，每2～3周1次。

【相关知识】

雌激素缺乏症是由卵巢功能不全引起雌激素分泌减少的内分泌疾病。犬、猫均可发生。

1. 发病原因

(1)原发性因素　多见于先天性卵巢发育不全或双侧卵巢切除。

(2)继发性因素　多因下丘脑、垂体肿瘤及异常引起。

2. 主要症状

主要表现为生殖器官不发育或萎缩，不发情。有时可见不随意的频繁而少量的排尿。

技能 153 雄性激素过多症的诊断与治疗

1. 诊断

根据病史和症状可做出初步诊断。实验室检查发现血中睾酮增多，尿中17-酮类固醇增加，有助于确诊。

2. 治疗

对药物过量引起的病例，应立即停止投药，肿瘤所致的病例可以做去势手术。

【相关知识】

雄性激素过多症是病理性雄性激素分泌亢进的疾病。无论雌雄犬、猫均可发生。

1. 发病原因

雄性犬、猫常见于睾丸间质细胞增生或肿瘤、脑下垂体萎缩病变，可致使睾酮分泌过多。雌性犬、猫常因卵巢切除或医源性雄性激素投予过量所致。

2. 主要症状

患病犬、猫性欲旺盛，不断爬跨。被毛油腻发光，时有发痒，大面积脱毛，并有色素沉着。

技能 154 雄性激素缺乏症的诊断与治疗

1. 诊断

根据病史和症状可初步诊断。实验室检查发现血液中睾酮水平明显降低，尿中17-酮类固醇减少，以及精液中精子数量少、活力低，甚至无精子或死精子，有助于确诊。

2. 治疗

对隐睾犬、猫可实施外科修复手术。药物治疗可用睾酮每千克体重1 mg，肌内注射，每周1次，用泼尼松每千克体重1 mg，隔日口服1次。

【相关知识】

雄性激素缺乏症是由于各种原因导致睾丸分泌睾酮不足或精子生成障碍。临床上主要表现为性欲降低。犬、猫均可发生。

1. 发病原因

(1)原发性因素　见于先天性睾丸发育不全,双侧隐睾,睾丸炎,去势,电离辐射或放射性照射等。

(2)继发性因素　见于下丘脑-垂体肿瘤,过度肥胖,甲状腺功能减退等。

2. 主要症状

患病犬、猫性欲降低,副性腺分泌减少,生殖器官萎缩,几乎无繁殖能力。幼小动物发育不良,被毛干燥无光泽,对称性脱毛,皮肤色素沉着,常有外耳道炎症发生。

任务18　犬、猫中毒性疾病

技能155　安妥中毒的诊断与治疗

1. 诊断

根据病史、症状和剖检变化,可做出初步诊断,胃内容物和残剩饲料中检出安妥,即可确诊。将胃内容物置于研钵中捣碎,加丙酮于40～50 ℃水浴中2 h后过滤。取滤液水浴蒸干,将残渣置于试管中,加入80%醋酸、20%铁氰化钾溶液数滴,加热,出现深蓝色并久置不褪色,可证实安妥存在。

2. 治疗

本病无特效解毒药,主要是防止毒物吸收和对症治疗。

(1)排除毒物　根据具体情况采用催吐、洗胃、灌肠等急救措施。

①中毒不久给予催吐剂,0.2%～0.4%硫酸铜溶液,犬40～50 mL,猫5～20 mL。

②洗胃,用0.1%高锰酸钾溶液100～500 mL,清除胃内没有消化的毒物。

③导泻,硫酸镁,口服,犬8～25 g/次,猫2～4 g/次。禁用油类泻剂,以免促进毒物吸收。

(2)对症治疗　缓解肺水肿和胸膜渗出,可先静脉放血,再缓慢静脉注射高渗利尿剂如50%葡萄糖溶液或20%甘露醇溶液;也可肌内注射二巯基丙醇溶液或静脉注射硫代硫酸钠溶液。注射维生素K制剂制止出血。

【相关知识】

安妥($C_{11}H_{10}N_2S$)又称甲萘基硫脲,纯品为白色无味结晶,商品为灰色粉末。犬、猫因误食安妥毒饵或吃食被安妥毒死的鼠类而发生中毒。犬安妥中毒致死量为每千克体重60～150 mg,猫中毒致死量为每千克体重100～200 mg。临床上以呕吐和呼吸困难为特征。

1. 发病原因

安妥经胃肠道吸收,分布于肺、肝、肾和神经组织中。在组织液中水解成为二氧化碳、氨气和硫化氢等,对局部组织具有刺激作用。但对机体的主要毒害作用则是经交感神经系统阻断缩血管神经,造成肺部微血管壁的通透性增加,以致血浆大量透入肺组织和胸腔,导致严重的呼吸障碍。此外,安妥尚具有抗维生素K样作用,即阻抑了血中凝血酶原的生成及其活性,从而降低了血液的凝固性,致使中毒动物呈出血性倾向。

2. 主要症状

病初表现为流涎、强烈呕吐。很快出现咳嗽、呼吸迫促、体温偏低。由于肺水肿和渗出性胸膜炎,使呼吸更加困难,流带血色的泡沫状鼻液。病犬、猫兴奋、不安,或怪声嚎叫。听诊肺部有明显的湿啰音,心音浑浊,脉搏增数,常发生强直性痉挛,最后多因窒息致死。如中毒后能耐过12 h,则预后良好。

3. 剖检变化

以肺部的病变最为显著,全肺呈暗红色,极度肿大,且有许多出血斑,气管内充满血色泡沫。胸腔内有大量的水样透明液体。肝呈暗红色,稍肿大。脾也呈暗红色,并见有溢血斑。心包积液,心冠状血管扩张。肾充血,表面有溢血斑。胃中有时尚可检出安妥的颗粒或团块,有的可能有胃肠卡他性病变。

技能156 磷化锌中毒的诊断与治疗

1. 诊断

根据病史、临床症状可做出初步诊断,如在胃内检出磷化锌即可确诊。

2. 治疗

无特效解毒药。中毒早期可灌服0.2%～0.5%硫酸铜溶液催吐,硫酸铜还可与磷化锌形成不溶性的磷化铜,阻滞磷化锌吸收而降低毒性。继之用5%碳酸氢钠溶液洗胃,以延缓磷化锌分解为磷化氢。也可用0.1%高锰酸钾溶液洗胃,使磷化锌变为毒性较低的磷酸盐,再投服硫酸钠导泻。

此外,镇静解痉可用安定或戊巴比妥钠,制止渗出用10%葡萄糖酸钙溶液缓缓静脉注射。同时注射高浓度葡萄糖、维生素C、细胞色素C等药物。

【相关知识】

磷化锌为黑灰色粉末，蒜臭味。通常按2%～5%的比例与食物、糖配制成颗粒毒饵用于鼠害、昆虫病害的防治。犬、猫因误食含有磷化锌的毒饵、被磷化锌污染的食物或吞食被磷化锌毒死的鼠而发生中毒。中毒致死量每千克体重20～40 mg。其特征为呕吐物在暗处能发出可见磷光，并伴有蒜臭味。

1. 发病原因

磷化锌进入机体后，可在胃酸的作用下释放出磷化氢气体，刺激胃肠黏膜，引起急性出血性胃肠炎。磷化氢和未完全分解的磷化锌被吸收后进入血液，随血液循环进入全身组织，一方面直接损害血管内膜和红细胞，发生溶血形成血栓，另一方面还可引起组织细胞变性坏死，最终由于全身组织广泛出血、组织缺氧而导致昏迷死亡。

此外，磷化氢气体还可抑制呼吸而使病犬、猫窒息。

2. 主要症状

中毒发生较快，食入毒物15 min后即可出现症状，表现为食欲减退，继而呕吐不止，腹痛不安，呕吐物或呼出气体有大蒜味，腹泻，粪便中混有血液，呕吐物和粪便在暗处可发出磷光。呼吸加快加深，心脏节律不齐。黏膜呈黄色，尿液量少色黄。末期出现共济失调、兴奋不安、喘息、痉挛、惊厥、昏迷，一般在2～3 d内死亡。

3. 剖检变化

胃内容物有蒜臭味，将其移置暗处时，可见有磷光。尸体静脉扩张，呈泛发性的微血管损害。胃肠道充血、出血，肠黏膜脱落。肝、肾淤血、浑浊、肿胀。肺间质水肿，气管内充满泡沫状液体。

技能157 灭鼠灵中毒的诊断与治疗

1. 诊断

根据接触灭鼠灵病史和广泛出血症进行初步诊断。确诊需测定血凝时间和活体血浆中灭鼠灵浓度。

（1）毒检 检测犬、猫活体血浆中灭鼠灵的浓度，如有致死浓度的灭鼠灵即可确诊。

（2）血检 犬、猫凝血酶原出现时间、凝血时间及凝血激酶部分活化时间等均延长。

2. 治疗

精心护理，保持安静，避免引起外伤。动物从采食毒物到出现临床症状大多需要2～7 d，在此期间毒物大多已经完全吸收，治疗的关键在于止血、补充血容量和促进毒物排出。

(1)急性中毒　输全血，每千克体重10～20 mL，静脉注射，前一半快速注入，后一半缓慢输入，控制在每分钟20滴。呼吸困难时立即给氧，同时给予维生素K_1。处理过程中动作要轻柔，避免肌内注射药物，以防止出血不止。

(2)亚急性中毒　维生素K_1每天每千克体重2～5 mg，口服，连用7～30 d。同时饲喂高脂肪食物以促进吸收。

此外，给予安定或用巴比妥类药物轻度镇静、麻醉，有助于对中毒动物的处理，同时能增强肝脏对毒物的生物转化能力。

【相关知识】

灭鼠灵，又名华法令，属抗凝血杀鼠药，由4-羟基香豆素和苯丙酮缩合而成。化学名称为3-(α-乙酰甲基苄基)4-羟基香豆素。为白色结晶，性质稳定，难溶于水(但其钠盐易溶于水)，是使用较广的杀鼠药之一。

本品无臭无味，一般以0.025%～0.05%的浓度做成毒饵，鼠类采食后约1周发挥药效，灭鼠效果好。但对犬、猫的毒性也较强，犬的致死量为每千克体重20～50 mg，猫的致死量为每千克体重5～50 mg。临床上以广泛性皮下血肿和创伤后流血不止为特征。

1. 发病原因

犬、猫多因误食毒饵或被灭鼠灵毒死的死鼠而发生中毒。华法令钠为抗凝血药物，临床应用可防止血栓性疾病，用量过大或用药时间过长，或者应用了能增强其毒性的保泰松、阿司匹林、广谱抗生素和氯丙嗪等，易引起中毒。

由于灭鼠灵所含羟基香豆素的主要结构与维生素K很相似，当其进入体内后与维生素K竞争生物酶，从而抑制这类生物酶的活性，降低血液凝固性，延长凝血时间，导致机体发生广泛性出血。

2. 主要症状

(1)急性中毒　动物常突然死亡，呕血或其他天然孔出血。

(2)亚急性中毒　黏膜苍白，呼吸困难，常见鼻出血和便血。也可出现巩膜、结膜和眼内出血。体表出现大面积血肿，稍有创伤即长时间出血不止。常有关节肿胀，并有压痛。严重失血时，动物十分虚弱，心跳减弱，节律不齐，行走摇晃。当肺出血时，呼吸极度困难，鼻孔流出红色泡沫状液体。如出血发生于脑、脊髓或硬膜下间隙，则表现轻瘫，共济失调，痉挛，并很快死亡。病程长者可出现黄疸。

技能158　变质食物中毒的诊断与治疗

1. 诊断

根据病史和临床症状可做出初步诊断，确诊需对食物进行实验室检查。

2. 治疗

立即停止饲喂腐败变质食物，并采用以下方法和药物治疗。

①病初，呕吐有利于排出食入的变质食物，待其排净后，应用止吐药物。如盐酸苯海拉明，犬、猫每千克体重0.5～2 mg，肌内注射，或每千克体重2～5 mg，口服，每天2～3次。同时，使用吸附剂，如药用炭每千克体重10～20 mg，口服，每天3次。或白陶土每千克体重10～15 mg，口服，每天3次。

②腹泻初期，不要止泻，待肠内容物基本排完，方可使用止泻药物，如硫酸阿托品，犬0.3～1 mg/次，猫每千克体重0.05 mg，皮下或肌内注射。或氢溴酸东莨菪碱，犬0.1～0.3 mg/次，皮下注射。由于呕吐和腹泻引起脱水和酸碱平衡失调，需静脉输液，补充水分和电解质。在少尿或无尿时，输液中加入甘露醇每千克体重1～3 g以利尿。

③为了防止肠道内细菌继续生长繁殖产生毒素，应口服庆大霉素或四环素等广谱抗生素。

④防止犬、猫休克，可应用皮质类固醇类药物，如地塞米松磷酸钠注射液，犬0.25～1 mg/次，猫0.125～0.5 mg/次，静脉或肌内注射，根据病情间隔1～4 h可重复应用。

此外，在口服补液盐中加入少量多维葡萄糖供动物少量多次饮用。

【相关知识】

本病是指犬、猫采食变质食物后引起的中毒。

1. 发病原因

在温暖的季节，所有食物，尤其是肉类、奶及其制品、蛋和鱼等富含蛋白质和水分的食品，极易腐败变质。夏季放在冰箱里的食物，时间长了也会变质。变质食物中的链球菌、葡萄球菌、沙门氏菌、大肠杆菌和其他杆菌等，大量繁殖产生肠毒素；一些革兰氏阴性细菌死后溶解，释放出大量性质稳定、耐热的脂多糖性内毒素。将这些含有内毒素和肠毒素的变质食物饲喂犬、猫，便可引起中毒。

2. 主要症状

犬、猫采食变质食物后，一般6～180 min发生呕吐。轻者在吐出变质食物后可康复。严重中毒者，出现腹泻、便中带血，腹壁紧张、触压疼痛。随后肠蠕动变弱，肠内充气，肚腹膨胀。烦躁，虚弱无力，有时可表现共济失调。机体因血容量下降或毒血症而出现休克。另外腐败鱼类引起的中毒常可出现荨麻疹。

技能159 食盐中毒的诊断与防治

1. 诊断

根据病史、临床症状可以做出初步诊断，实验室检查血清中氯化钠含量显著升高有助于确诊。

2. 预防

加强食盐和饲料盐的管理，谨防误食。配制日粮时应该严格参照营养标准添加食盐，且注意混匀。日粮中合理添加如咸肉、火腿和鱼粉等含盐量高的成分。给予足够的饮用水。

3. 治疗

立即停止饲喂含盐分过高的食物，有限制的少量多次给予饮水，切忌暴饮，以防病情恶化。给予油类泻剂促进食物排出、减少食盐再吸收。

20%甘露醇溶液，每千克体重 1～2 g，静脉注射。或 10%葡萄糖溶液 200～500 mL，维生素 C 0.5 g，10%葡萄糖酸钙注射液每千克体重 50 mg，缓慢静脉注射。以缓解脑水肿、降低颅内压。

用速尿每千克体重 0.5～1 mg，肌内注射，促进体内钠、氯离子的排出；用 2.5%盐酸氯丙嗪注射液 4～6 mL，维生素 B_1 50～100 mg，肌内注射，以解痉、镇静、安神。

【相关知识】

食盐中毒是由于食盐摄入过量而引起的以神经症状和消化紊乱为特征的中毒病。犬、猫发生较少。

1. 发病原因

本病多因食物中食盐添加过量，饮水不足，或配合食物中拌料不均，或因食入含盐过多的腌制食品(如腌肉、咸鱼)所引起。

过多的食盐被摄入后，一部分进入血液，大部分滞留于消化道，一方面，可直接刺激胃肠黏膜引起炎症反应，另一方面，使胃肠内容物渗透压升高，导致组织失水。由于血液浓缩，尿量减少，吸收入血的氯化钠广泛分布于各组织器官，又可造成组织水肿。

2. 主要症状

最初表现肌肉震颤，尤以头面部肌群表现剧烈，不停地空口咀嚼，口唇周围沾满白色泡沫。共济失调，痉挛乃至昏迷。食欲废绝，口渴贪饮，呕吐，先排稀便，然后水样腹泻。体温正常，脉搏细数，呼吸浅表，结膜发绀。病程短者数小时，因呼吸麻痹而致死。也有呈慢性经过，主要表现精神沉郁，口干舌燥，到处寻水欲饮，磨牙流涎，瘙痒，失明，转圈，昏迷，经 2～3 d 后因呼吸麻痹而致死。

技能 160 黄曲霉毒素中毒的诊断与防治

1. 诊断

根据临床症状和剖检变化，结合病史调查可作出初步诊断，确诊需对可疑饲料进行黄曲霉毒素测定。

(1)血液检查 早期红细胞数量明显减少，凝血时间延长，白细胞总数增多。

(2)肝功能检查 碱性磷酸酶、天冬氨酸氨基转移酶和异柠檬酸脱氢酶活性升高。

(3)黄曲霉毒素 B_1 的定性检验 称取被检样 100 g 于 500 mL 锥形瓶中，加入萃取液(7 份甲醇、3 份水)300 mL，在磁力搅拌器上搅拌 3 min 后静置，取上清液 150 mL 于 500 mL 分液漏斗中。取 30 mL 苯于分液漏斗中，振荡 30 s 后加入纯化水 300 mL，待分层后弃去下层液，将上层液移入烧杯中加热蒸干，加入苯 0.5 mL，使之溶解。然后取上清液 1 滴(0.05mL)，滴于滤纸上，待干后在紫外线下观察，滤纸上若出现蓝色荧光，表明有黄曲霉素 B_1 存在，必要时可用标准黄曲霉毒素作对照。

2. 预防

禁止饲喂霉变食物，严禁用霉变的谷物为原料生产宠物食粮。高温潮湿季节应定期监测饲料，防止产生黄曲霉毒素。

3. 治疗

目前尚无特效解毒剂。中毒后，应立即停喂霉败食物，给予低脂肪的含碳水化合物食物。恢复期可补充鱼肝油和多种维生素。药物治疗以清除毒物、保肝、止血和对症治疗为原则。

(1)清除毒物 用 0.05%高锰酸钾溶液洗胃，投服硫酸钠以泻毒。

(2)保肝、止血 静脉注射 25%～50%葡萄糖注射液和维生素 C、20%葡萄糖酸钙注射液、40%乌洛托品溶液等；内服蛋氨酸，犬 0.5 g/次，猫 0.1 mg/次，每天 2～3 次。

(3)对症治疗 防止继发感染，给予氨苄青霉素或头孢拉定，但切勿用磺胺药物；心力衰竭者，可皮下或肌内注射苯甲酸钠咖啡因等强心剂；兴奋不安时可用氯丙嗪。

【相关知识】

黄曲霉毒素中毒是由黄曲霉毒素引起的以全身出血、消化功能紊乱、腹水、神经症状等为临床特征的中毒病。

1. 发病原因

黄曲霉毒素主要是黄曲霉和寄生曲霉等产生的有毒代谢产物。这些产毒霉菌广泛存在于自然界中，在适宜的环境中产生大量黄曲霉毒素。犬、猫采食了被上述霉菌及其毒素污染的饲料而发病。

黄曲霉毒素易溶于有机溶剂，不溶于水，耐高温。目前已发现黄曲霉毒素及其衍生物有 20 种，并以毒素 B_1、B_2、G_1 和 G_2 的毒力最强，在紫外线照射下，毒素 B_1、B_2 呈蓝紫色荧光；毒素 G_1、G_2 呈黄绿色荧光，均具有致癌作用，其中又以毒素 B_1 的致癌性最强。当毒素 B_1 进入机体后，在肝细胞内质网中的混合功能氧化酶的催化下，转变为环氧化黄曲霉毒素 B_1，再与 DNA 及 RNA 结合，并发生变异，使正常肝细胞转化为癌细胞。

2. 主要症状

中毒多呈慢性经过，早期表现食欲不振，精神萎顿，不愿活动，消瘦，胃肠功能紊乱，间断性腹泻，黏膜苍白和体温正常等。稍后出现精神极度沉郁、嗜睡、唇麻痹、流涎、可视黏膜黄染、肌肉震颤、血便、腹水、腹部下垂。病程长者，可发生肝癌。

3. 剖检变化

主要是胃肠道黏膜出血，有时结肠浆膜呈胶样浸润。肝硬变、黄色脂肪变性及胸腹腔积液。肾苍白、肿胀。淋巴结充血、水肿。

技能 161 洋葱和大葱中毒的诊断与治疗

1. 诊断

根据有饲喂洋葱或大葱熟食的病史和典型的血红蛋白尿，可建立诊断。必要时可以结合血常规检查、血液生化及尿液检查确诊。

(1)血液学检查　血浆呈粉红色、红细胞数、血红蛋白含量及红细胞比容等中度减少，网织红细胞增多，红细胞大小不等并呈明显多染性，红细胞内和边缘上有大量海因茨小体。白细胞总数稍增加。

(2)生化检验　血清总蛋白、总胆红素、直接及间接胆红素、尿素氮和天门冬氨酸氨基转移酶活性均不同程度增加。

(3)尿液检验　颜色呈红色或红棕色，比重增加，尿潜血、尿蛋白和尿血红蛋白检验阳性。尿沉渣中红细胞少见或无。

2. 治疗

轻度中毒者在停喂洋葱或大葱后即可自然康复。重症病例主要采取对症治疗。

(1)强心、利尿　强心，安钠咖每千克体重 0.05～0.2 mL，皮下注射；利尿，速尿每千克体重 1～2 mg，每天 1 次，连用 2～3 d。

(2)保肝解毒　10%葡萄糖注射液 100 mL，维生素 C 注射液 4 mL，三磷酸腺苷(ATP) 2 mL，肌苷 2 mL，辅酶 A 10 U，肝泰乐 4 mL，混合静脉滴注。

(3)改善贫血　维生素 B_{12} 1 mL，皮下注射，同时口服补铁口服液，静脉输注白蛋白、氨基酸等。对于严重贫血和缺氧的患犬可输氧、输血。口服或肌内注射复合维生素 B 及维生素 E。

(4)抗菌消炎　根据情况可适当给予抗生素及泼尼松、地塞米松等。

【相关知识】

本病是因食用洋葱和大葱后，其中的有毒成分 N-丙基二硫化物或硫化丙烯会引起中毒。犬多发，尤以秋田犬最敏感。犬的洋葱中毒剂量为每千克体重 15～20 g。临床上以排出红色或红棕色尿液为特征。

1. 发病原因

犬采食了含有洋葱或大葱的食物后，如包子、咖喱饭、葱爆肉片、洋葱炒牛肉等，即可引起中毒。

洋葱和大葱中含有 N-丙基二硫化物或硫化丙烯，不易被加热破坏，进入机体后，能降低红细胞内葡萄糖-6-磷酸脱氢酶的活性，使血红蛋白易被氧化而变性凝固，从而使红细胞快速溶解和形成海因茨小体。红细胞溶解后，从尿中排出大量血红蛋白，尿液颜色变红，严重溶血时，尿液呈红棕色。

2. 主要症状

一般在食后 1～2 d 发病，病初呈现明显的红尿，尿的颜色深浅不一，从浅红色、深红色至红棕色。中毒轻者，排出淡红色尿液，精神欠佳，食欲减退。严重中毒时，尿液呈深红色或红棕色，食欲下降或废绝，精神沉郁、喜卧地，走路蹒跚，眼结膜和口腔黏膜发黄，心悸，气喘，体温正常或降低，严重者可导致死亡。

技能 162 有机磷中毒的诊断与治疗

1. 诊断

一般根据接触有机磷药物病史、临床症状可做出初步诊断，实验室检查发现胃内存在有机磷成分，血液中胆碱酯酶活性降低有助于确诊。

2. 预防

尽量避免犬、猫接触有机磷制剂。禁止在有机磷制剂喷洒的小区绿化带上玩耍。使用杀虫药驱除犬、猫体内外寄生虫时应严格控制剂量，防止中毒。

3. 治疗

立即停止使用疑为有机磷污染的食物或饮水。治疗以清除毒物、药物解毒和对症治疗为原则。

(1)清除毒物　因外用敌百虫等制剂过量所致的中毒，宜充分用水(勿用碱性药剂)冲洗用药部位，以免继续吸收，加重病情；中毒时间未超过 2 h 用催吐疗法，0.2%～0.4%硫酸铜溶液，犬 40～50 mL/次，猫 5～20 mL/次，口服。中毒时间稍长者，灌入盐类泻剂。

(2)药物解毒　常用乙酰胆碱拮抗剂结合胆碱酯酶复活剂的综合疗法。

①乙酰胆碱拮抗剂。阿托品 0.2 mg/kg，皮下或肌内注射，每 1～2 h 1 次。药量达到轻度中毒状态(阿托品化)，直到瞳孔逐渐散大，视力恢复，全身症状显著减轻。

②胆碱酯酶复活剂。在用阿托品之后，随即用解磷定每千克体重 20～50 mg，溶于葡萄糖溶液或生理盐水 100 mL 中，缓慢静脉注射。解磷定的作用快速，但持续的时间仅为 1.5～2 h，必要时可重复给药。也可使用氯磷定、双复磷和双解磷。

③对症治疗。兴奋呼吸，用尼可刹米；脱水明显时用 5%葡萄糖生理盐水或复方氯化钠注射液补充体液和促进毒物排泄；严重病例可行吸氧、人工呼吸急救。

【相关知识】

有机磷中毒是由有机磷制剂而引起的中毒性疾病。临床上以体内的胆碱酯酶活性受抑制、乙酰胆碱大量蓄积而导致胆碱能神经过度兴奋为特征。

1. 发病原因

常用的有机磷制剂有剧毒类如对硫磷(1605)、内吸磷(1059)、甲基对硫磷(甲基 1605)等；强毒类如敌敌畏(DDVP)、乐果、甲基内吸磷(甲基 1059)、杀螟松等；弱毒类如敌百虫、马拉硫磷等。犬、猫中毒多因误食被上述有机磷制剂污染的食物或饮水，或使用其(驱除体内、外寄生虫)方法不当或剂量过大而发生中毒。偶见于人为投毒所致。

有机磷制剂属于剧烈的接触毒，且具有高度的脂溶性，不仅可通过消化道迅速被吸收，还可经完整的皮肤渗入机体。动物中毒以经由消化道吸收者最为常见。

正常情况下，胆碱能神经末梢所释放的乙酰胆碱，在胆碱酯酶的作用下分解。胆碱酯酶在分解乙酰胆碱过程中，先脱下胆碱并生成乙酰化胆碱酯酶的中间产物，继而水解，迅速地分离出乙酸，而胆碱酯酶则又恢复其正常生理活动。有机磷化合物可同胆碱酯酶结合而产生较稳定的磷酰化胆碱酯酶，以致不能发挥分解乙酰胆碱的作用，造成体内乙酰胆碱蓄积，出现胆碱能神经的过度兴奋症状。

2. 主要症状

临床上将其归纳为 3 类症候群。

(1)毒蕈碱样症状　流涎，呕吐，肠音亢进，腹泻，尿频、尿失禁，腹痛。由于支气管收缩和分泌物增多，引起呼吸困难。瞳孔缩小，眼球震颤，视力减弱或丧失。

(2)烟碱样症状　肌肉痉挛性收缩，继而肌无力而麻痹。

(3)中枢神经系统症状　表现兴奋，运动失调，惊恐，逐渐发展成惊厥和癫痫等。重者陷于昏睡，昏迷或死亡。

技能163 蛇毒中毒的诊断与治疗

1. 诊断

根据病史、局部咬伤孔的特征以及发病急骤的特殊症状可做出诊断。

2. 治疗

首先要防止蛇毒扩散，进一步排毒和解毒，并配合对症疗法。

(1)结扎 被毒蛇咬伤四肢时，立即用柔软的绳子或布带，或就近采集适用的植物茎秆，如稻草、野藤等，在伤口上方2～3 cm处结扎。结扎松紧度以能阻断淋巴及静脉血回流为宜，但不能妨碍动脉血液的供应。结扎后每隔20 min松1～2 min，以免造成组织坏死。经排毒和服用有效蛇药3～4 h后，才可解除结扎。

(2)冲洗伤口 结扎后，可用清水、冷开水、肥皂水、3%过氧化氢溶液、0.1%高锰酸钾溶液冲洗伤口，清除残留的蛇毒及污物。

(3)扩创排毒 冲洗处理后，用干净的或消过毒的小刀或三棱针划破伤口或扩创，使毒液外流，并检查伤口内有无毒牙，如有毒牙应取出。也可将伤口周围组织切除，然后挤压排毒，并用0.1%高锰酸钾溶液冲洗伤口。

(4)局部解毒 用结晶胰蛋白酶2 000 IU，加入0.25%～0.5%普鲁卡因溶液10～30 mL中，做咬伤部周围浸润注射，并在伤口上方或肿胀上方做环行封闭，必要时可重复进行。

(5)排除或破坏已吸收的毒素 缓慢静脉注射单价或多价抗蛇毒血清。同时用季德胜蛇药片8～12片，口服，每天4次。

(6)维护呼吸和循环功能 可应用葡萄糖、安钠咖、乌洛托品等解毒、强心、利尿的药物。有窒息危险时，施行气管切开术。

(7)中药治疗 半边莲、独角莲、七叶一枝花、天南星、蛇含草等，选其中两三种捣烂或用醋磨汁外敷，再用蛇含草50 g，白芷10 g，雄黄4 g，合捣成汁，制成每丸6 g，内服，每次4丸。

【相关知识】

本病是因犬、猫被毒蛇咬伤而引起的以毒血症、溶血、中枢麻痹、休克甚至死亡为特征的疾病。

1. 发病原因

在我国有50多种毒蛇，常见且危害较大的毒蛇主要有眼镜蛇科(眼镜蛇、眼镜王蛇、银环蛇、金环蛇)、海蛇科(海蛇)、蝰蛇科(蝰蛇)、蝮蛇科(蝮蛇、五步蛇、竹叶青、龟壳花蛇)等。犬、猫多因狩猎、配种、觅食、玩耍或在野外活动时被毒蛇咬伤。毒蛇在长江以南存在较多，特别在炎热季节活动频繁，易对犬、猫造成伤害。

蛇毒是一种复杂的蛋白质化合物，蛇毒的毒性作用通常分为神经毒、血液毒和混合毒。神经毒主要作用于脊髓神经和神经肌肉接头而使骨骼肌麻痹乃至全身瘫痪，也可直接作用于延髓呼吸中枢或呼吸肌，使呼吸肌麻痹，最后窒息而死。血液毒主要作用于血液循环系统，引起心力衰竭、溶血、出血、凝血、血管内皮细胞破坏，最后休克而死。混合毒兼有神经毒和血液毒的毒性作用，但多以其中一种毒作用为主。

2. 主要症状

蛇咬伤部位多在面部、鼻端或四肢，检查常发现两个特征性的咬伤孔。由于毒蛇的种类不同，毒液的成分各异，所以各种蛇伤的临床症状亦不一样。根据蛇毒的作用类型，分为神经毒、血液毒和混合毒 3 大类。

(1)神经毒类　金环蛇、银环蛇属神经毒类。咬伤后流血少，红肿热痛等局部症状轻微，但毒素很快由血液及淋巴循环吸收，通常在咬伤后数小时内出现急剧的全身症状。表现兴奋不安，四肢麻痹而无力，由于心脏及呼吸中枢、血管运动中枢麻痹，导致呼吸困难、脉搏不整、瞳孔散大、吞咽困难，口吐白沫，最后全身抽搐、呼吸肌麻痹、血压下降、休克以至昏迷、死亡。

(2)血液毒类　竹叶青、龟壳花蛇、蝰蛇、五步蛇等属这一类。咬伤后局部症状突出，主要表现为咬伤部剧痛，流血不止，迅速肿胀，发紫发黑，并极度水肿，往往发生坏死，而且肿胀很快向上发展，一般经 6～8 h 可蔓延到整个头部以至颈部，或蔓延到全肢以至背腰部。毒素吸收后，则呈现全身症状，包括血尿、血红蛋白尿、少尿或无尿及胸腹腔大量出血，最后由于心力衰竭或休克而死。

(3)混合毒　蝮蛇、眼镜蛇和眼镜王蛇等。咬伤处红肿热痛和感染坏死等局部症状明显，兼有神经毒和血液毒所致的各种临床表现。因呼吸肌麻痹而窒息死亡，或心力衰竭、休克而死。

技能 164 阿维菌素中毒的诊断与防治

1. 诊断

根据使用伊维菌素后动物很快出现神经抑制症状，严重者昏迷、死亡等，可做出诊断。

2. 预防

严格控制用药剂量，并采用正确的给药途径（内服或皮下注射）。混饲给药时要混匀。由于伊维菌素可经乳排出，故该药不宜用于正在泌乳的动物，以防影响幼崽。柯利牧羊犬驱虫时禁用伊维菌素。

3. 治疗

立即停用阿维菌素，迅速采取解毒、强心补液等急救措施。强力解毒敏 1～2 mL，肌内注射，6～7 h/次；地塞米松每千克体重 1 mg 肌内注射；10％葡萄糖注射液内加入 10％葡萄糖酸钙注射液、维生素 C 注射液静脉注射。

【相关知识】

本病是由于使用阿维菌素过量而引起的中毒。临床上主要表现神经症状。

1. 发病原因

阿维菌素类药是阿维链霉菌的发酵产物及其衍生物，不仅对动物的体内线虫，而且对体外节肢动物均具有优良驱杀作用，具有广谱、高效和低毒等优点。兽医临床上常用的产品有阿维菌素和伊维菌素，尤以伊维菌素应用最为广泛。犬最大耐受量为一次内服每千克体重 2.0 mg；或按每千克体重 0.5 mg，连续内服或皮下注射 14 周。超过此剂量，可引起急性中毒。需要特别注意的是，柯利牧羊犬对伊维菌素特别敏感，其最大耐受量仅为每千克体重 50 μg。

2. 主要症状

犬急性中毒的症状为厌食、共济失调、精神沉郁、脱水、震颤、瞳孔散大、昏迷，甚至死亡等。

猫中毒表现共济失调、走路摇晃、四肢僵硬、行动不便，肛门松弛，排便困难，瞳孔散大等。

项目5

犬、猫外科疾病

问题 1 一病猫表现不安，由于瘙痒而不断地在物体上摩擦，啃咬患部，局部被毛脱落，皮肤明显增厚。细察局部，可见皮肤上有丘疹结节，有的表面湿润或覆有黄褐色的痂皮。病猫精神沉郁，食欲废绝，体温升高，因继发败血症而死亡。该病可能是（　　）。

A. 皮肤真菌病　　B. 秃毛癣　　C. 口炎

D. 胃肠炎　　E. 湿疹

问题 2 博美犬，5 岁，近 5 d 经常磨蹭和舔舐肛门。检查时发现肛门部肿大，肛门下方两侧破溃，流脓性分泌物，触诊敏感。根据上述症状，错误的治疗方法是（　　）。

A. 烧烙疗法　　B. 手术疗法　　C. 冲洗治疗

D. 缝合破溃口　　E. 抗生素治疗

问题 3 一 5 岁犬，头向一侧歪斜，有时出现转圈运动，体温 39.7 ℃，听力下降。耳镜检查见鼓膜穿孔，X 线检查可见鼓室泡骨性增生。此病不宜采用的治疗方法是（　　）。

A. 电烧灼　　B. 中耳腔冲洗　　C. 抗生素滴耳

D. 中耳刮除术　　E. 全身应用抗生素

问题 4 苏格兰牧羊犬，雄性，5 岁。10 h 前突发右下腹痛，体温 39.7 ℃，心率 131 次/min，右腹股沟可见有 4 cm×3 cm 肿块，表面有擦伤痕迹，触诊疼痛明显，正确的处理方法是（　　）。

A. 保守治疗，密切观察　　B. 疝高位结扎，疝修补术　　C. 手法复位

D. 结扎疝囊颈，坏死段肠管切除并做吻合术　　E. 坏死肠管切除，疝修补术

问题 5 牧羊犬，雄性，5 岁。左后肢外伤 12 h，伤口有分泌物，骨折断端外露，小腿成角畸形，正确的处理方法是（　　）。

A. 石膏固定　　B. 夹板固定　　C. 髓内针固定

D. 钢板内固定　　E. 清创缝合术

问题 6 雄狮犬，雄性，2 岁。随主人散步时被汽车撞伤前腹部，入院观察，第 1 天，该犬用力咳嗽后，腹痛加剧，鸣叫不安。检查：触诊腹部柔软，叩诊脾区疼痛，心率 136 次/min。此时应进行哪项检查（　　）。

A. 血常规　　B. 尿常规＋淀粉酶　　C. 腹部 X 线片

D. 腹腔穿刺　　E. 胃液潜血试验

问题7　上述病例中，最有可能的诊断是(　　)。

A. 肋骨骨折　B. 脾破裂　C. 胃破裂

D. 胰腺损伤　E. 结肠损伤

问题8　上述病例若进一步确诊应做哪些检查(　　)。

A. 腹腔穿刺液常规化验　B. 腹腔穿刺液细菌培养　C. 腹部B超

D. 血液淀粉酶测定　E. 胃镜检查

任务19　损伤

技能165　创伤的诊断与治疗

1. 诊断

做好创伤检查，了解创伤性质，对采取正确的治疗措施和判断愈后有着非常重要的意义。创伤检查主要有一般检查、创伤局部检查和辅助检查3方面的内容。

(1)一般检查　通过问诊及全身检查，主要了解创伤发生的原因和时间，致伤物的性状，犬、猫当时的表现和创伤的部位等。然后测定体温、脉搏及呼吸数，观察可视黏膜的颜色和整体状态，检查创伤部位及四肢有无功能障碍等。

(2)创伤局部检查　要注意检查伤口的大小、形状、方向，创口裂开的程度，创缘、创壁、创底的情况，创内有无异物，创伤组织挫灭及出血和污染的程度等。检查创底时，应注意深部组织受伤状态，可借助消毒的探针或硬质胶管等。若创内有创液或脓汁流出时，要注意检查其性状和排出情况等。创内已有肉芽组织时，要注意其数量、颜色、生长发育的情况等。

(3)辅助检查　包括血常规、创伤脓汁、创伤细胞压片检查等。严重创伤时，可借助于X线检查及其他特殊的检查方法，以探明创伤部有无内脏器官或骨的损伤。

2. 治疗

主要以抗感染、止血、促进创伤愈合为原则。对严重的大面积创伤，应及时采用压迫、钳夹、结扎、填塞等方法止血，或用止血粉、肾上腺素等撒布患处止血，或用安络血每千克体重0.5 mg，肌内注射止血。为减轻疼痛，防止休克，可用0.25%～0.5%普鲁卡因溶液创口喷洒。对于不同的创伤，可采取相应的治疗措施。

(1)新鲜创的治疗　清洁创围，用灭菌纱布盖住创口，剪除周围被毛，用0.1%新洁尔灭溶液或生理盐水洗净创围，然后用5%碘酊和酒精棉依次消毒。清理创腔，用0.1%高锰酸钾溶液或0.1%雷夫奴尔溶液、0.1%新洁尔灭溶液等反复冲洗伤口，除去创内异物，同时修整创缘，扩大创口，消灭创囊，清除挫灭、坏死组织。新鲜创是否进行缝合，应视创伤的具体情况而定。若创面比较整齐，外科处理又比较彻底，可行创口的密闭缝合。若有感染危险时，可部分缝合，并于创口下方留出排液口。对污染严重而又不能缝合的创伤，可用青霉素粉、1∶9碘仿磺胺粉撒布创内后进行包扎。

(2)化脓创的治疗　对创围进行清洗与消毒,用3%过氧化氢溶液或0.1%新洁尔灭溶液清洗创腔,清除脓汁,切除坏死组织,除去异物,消除创囊,创口小时可扩创,然后用0.1%高锰酸钾溶液、0.1%雷夫奴尔溶液等冲洗创内。创口内填塞用10%~25%硫酸镁溶液浸湿的纱布条引流,待创内有肉芽组织生成时,改用魏氏流膏引流。

(3)肉芽创的治疗　创围清洗消毒后,用生理盐水或低浓度防腐液轻轻冲洗创面上的脓汁,然后在创面上涂布磺胺软膏或青霉素软膏、氧化锌水杨酸钠软膏等。若肉芽组织过度生长而超出创面时,可撒布枯矾粉后包扎。

此外,若犬、猫精神沉郁,体温升高,食欲减退或废绝时,要进行全身治疗。可应用头孢拉啶或用头孢噻呋钠每千克体重20~25 mg,维生素C注射液0.5 g(不与抗生素同瓶静脉注射),5%葡萄糖生理盐水250~500 mL,静脉注射,每天2次,连用3~5 d;有酸中毒症状时静脉注射5%碳酸氢钠溶液10~20 mL。严重衰竭者可进行输血及输血浆治疗。

【相关知识】

创伤是指各种机械性外力作用于机体所引起的皮肤、黏膜及其深部软组织发生的开放性损伤。临床上以出血、创口哆开、疼痛及功能障碍为特征。

1. 发病原因

引起创伤的病因较多,其中由针、钉子、铁丝等较小的尖锐物刺入组织而引起的刺伤称为刺创;由刀、锋利铁片、玻璃片等切割引起的切伤称为切创;由打击、冲撞、车轧等钝性外力的作用所致的组织损伤称为挫创;由钩、钉等钝性牵引作用使组织发生机械性牵张而断裂的损伤称为撕裂创;由机体的某部位受压力打击后造成软组织挫碎、骨折或内脏破裂与脱出者称为压创;由互相撕咬而造成的称为咬创;被毒蛇、毒蜂刺蜇等所致的组织创伤称为毒创;由枪弹或弹片所致的组织损伤称为火器创等。

2. 主要症状

创伤按伤后经过的时间可分为新鲜创和陈旧创,按有无感染可分为无菌创、污染创和感染创。

(1)新鲜创　创口裂开,出血,疼痛,功能障碍。如创口不大,能迅速自行凝固而止血。较重的创伤,裂口大,组织损伤重,出血多,疼痛剧烈,常表现不同程度的全身症状,甚至引起休克。

(2)化脓创　组织器官损伤严重,创内挫灭组织和血凝块较多,创缘、创面肿胀、疼痛,创围皮肤增温、肿胀。创内流出脓性分泌物,脓汁的颜色和气味因感染细菌种类不同而不同。如葡萄球菌感染所致的脓汁,多为黏稠、黄白色或微黄色,且无不良气味;以链球菌感染所致的脓汁,呈淡红色液状;以绿脓杆菌所致的脓汁,呈浓稠的黄绿色或灰绿色,且有生姜气味;

以大肠杆菌所致的脓汁，呈淡褐色黏稠样，且有粪臭味。

(3)肉芽创　创内出现红色、平整颗粒状的新生肉芽组织，较坚实，肉芽组织表面附有少量黏稠的灰白色脓性分泌物。创缘周围生长有灰白色的新生上皮。若肉芽组织不被上皮组织覆盖则老化，形成疤痕。当机械、物理、化学因素经常刺激或创伤发生于四肢的下部背面、关节部背面时，易形成赘生肉芽组织，高出于周围皮肤表面，易出血，久治不愈。

技能166　挫伤的诊断与治疗

1. 诊断

根据病史和症状可做出诊断。

2. 治疗

治疗原则为制止溢血、镇痛、防止感染、促进肿胀吸收和加速组织修复。病初冷敷可减轻疼痛与肿胀。2 d后改用温热疗法，如热敷、红外线照射，也可局部涂擦樟脑酒精或5%鱼石脂软膏等刺激性药物。

此外，防止感染，镇痛消炎，可注射抗生素、磺胺类药物、安乃近、安痛定等，对皮肤擦伤处涂碘酊消毒。

【相关知识】

挫伤是指由钝性外力直接作用于体表而引起软组织的非开放性损伤。临床上以局部溢血、肿胀、疼痛、功能障碍及体温升高等为特征。

1. 发病原因

主要由钝性物体的打击或撞击造成。

2. 主要症状

挫伤的症状因发生部位不同而存在差异，常见的有溢血、肿胀、疼痛和功能障碍。在缺乏色素的皮肤上可见到明显的溢血斑，且用手指压迫溢血斑不消退，溢血斑的颜色随着红细胞的崩解及血红蛋白的变化，可由紫红色变为褐色。

触诊肿胀部疼痛，有热感。疼痛的程度与损伤部位和损伤程度有关，如肌肉、关节损伤时，疼痛剧烈；皮肤或皮下组织损伤时，则疼痛较轻。

不同部位挫伤所呈现的功能障碍不同，如四肢肌肉、关节和骨挫伤后，表现跛行；发生于头部，则出现意识障碍；发生在胸部，影响呼吸功能；发生在腹部，形成腹壁疝，内出血，影响全身功能；腰荐部挫伤，会发生后躯瘫痪。严重的挫伤可伴有体温升高、休克、贫血等全身症状。有的部位反复发生挫伤，可形成淋巴外渗，黏液囊炎及患部皮肤肥厚，皮下结缔组织硬化等。

技能 167 血肿的诊断与治疗

1. 诊断

根据病史和症状可做出诊断。

2. 治疗

治疗原则为制止溢血、防止感染和排出积血。

(1)局部处理　先对肿胀部位剪毛清洁，涂抹碘酊消毒，装压迫绷带进行止血，并注射止血敏、安络血等止血药。经 4～5 d 后可穿刺或切开血肿，排除积血、血凝块及破碎组织。如继续出血，可结扎止血，清理创腔后再行缝合。已发生感染的血肿应迅速切开，并施行开放疗法。

(2)针灸治疗　止血药物注入悬枢穴；继发脓肿时，将抗生素注入大椎、身柱穴。

【相关知识】

血肿是由于外力作用引起局部血管破裂，溢出的血液分离周围组织，形成充满血液的腔洞。犬、猫血肿多发生在耳部、颈部、胸前和腹部等。

1. 发病原因

血肿常见于软组织非开放性损伤，但是骨折、刺创、火器创也可形成血肿。根据损伤的血管不同，血肿分为动脉性血肿，静脉性血肿和混合性血肿 3 种。

血肿形成的速度、大小决定于受伤血管的种类、粗细和周围组织性状。一般呈局限性肿胀且能自然止血。较大的动脉断裂时，血液沿筋膜下或肌间浸润，形成弥漫性血肿。较小的血肿，由于血液凝固而缩小，其血清部分被组织吸收，凝血块在蛋白分解酶的作用下软化、溶解和被组织逐渐吸收。较大的血肿周围，可形成较厚的结缔组织囊壁，其中央仍储存有未凝的血液，时间较久则变为褐色。

2. 主要症状

局部受伤后肿胀迅速增大，有波动感或富有弹性。4～5 d 后肿胀周围坚实，且有捻发音，中央有波动，局部或周围温度升高。穿刺时，可排出血液。有时会出现邻近部位淋巴结肿大和体温升高等全身症状。如继发感染，则血肿转变成脓肿，穿刺常流出伴有血液的脓汁。

任务20 外科感染

技能168 脓肿的诊断与治疗

1. 诊断

浅在性脓肿一般容易诊断，对深在性脓肿，可进行穿刺诊断。

2. 治疗

治疗原则是初期消炎止痛、促进吸收，后期促进脓肿成熟、排出脓汁。若出现全身症状时，及时采用抗菌消炎、强心补液等对症疗法。

(1)消炎止痛、促进吸收　用1%普鲁卡因青霉素溶液分点注射于脓肿周围，或采用复方醋酸铅散于患部冷敷，以促进炎症的消退和局限化。当炎性渗出停止后局部可用温热疗法、超短波疗法、微波疗法，促进炎性渗出物消散吸收。对体温升高的犬、猫，用氨苄青霉素每千克体重10～15 mg，肌内注射，每天2次。或用头孢拉啶每千克体重20～25 mg，肌内注射，每天2次。

(2)促进脓肿成熟　若已出现脓肿，则用10%～30%鱼石脂软膏涂敷，促进脓肿成熟。

(3)手术排脓　对于有完整脓肿膜的小脓肿，可用注射器抽净脓汁，用3%过氧化氢溶液或0.1%高锰酸钾溶液反复冲洗脓腔后注入抗生素，或直接进行脓肿摘除。但对较大的且已有波动的脓肿，可行脓肿切开术，以排除脓汁，减轻压力，防止毒素扩散吸收。术部剪毛、消毒，切口选择在波动最明显、位置最低处，必要时可做反对口。为防止脓汁向外喷射，可用针头先行穿刺，排出部分脓汁后再行切开。脓肿腔用3%过氧化氢溶液或0.1%高锰酸钾溶液充分冲洗后，于腔内撒布磺胺粉，用10%～25%硫酸镁溶液浸灭菌纱布条引流，1～2 d更换1次引流条，并对脓腔进行冲洗和消毒，待炎症净化后，创内有肉芽组织生长时，换用魏氏流膏引流条，再待肉芽组织基本填满创腔时，去除引流条，用氧化锌软膏涂于肉芽表面。

【相关知识】

脓肿是指组织或器官内形成的局限性脓腔。在生理体腔内(胸膜腔、喉囊、关节腔、鼻窦、子宫)有脓汁贮留时称蓄脓。

1. 发病原因

本病的主要致病菌是金黄色葡萄球菌，其次是化脓性链球菌、大肠杆菌、绿脓杆菌和化脓棒状杆菌，有时可见结核杆菌、放线菌等。刺激性强的化学药品，如氯化钙、高渗盐水、水合氯醛等被误注或注射时漏入皮下、肌肉也能发生脓肿；注射时不遵守无菌操作规程可于注射部位发生脓肿；由原发病的细菌经血液或淋巴循环转移至新的组织或器官内则形成转移性脓肿。

2. 主要症状

按脓肿发生的部位，将其分为浅在性脓肿和深在性脓肿。

（1）浅在性脓肿　多发于皮下、筋膜下、肌腱间或表层肌肉组织中。浅在急性脓肿初期，肿胀无明显界线，以后逐渐局限化，触之局部坚实，热、痛明显。脓肿成熟后，中心逐渐软化并出现波动，皮肤变薄，被毛脱落，自溃排脓；浅在慢性脓肿，一般发生缓慢，有明显的肿胀和波动感，但热、痛反应轻微。

（2）深在性脓肿　发生于深层肌肉、肌间、骨膜下及内脏器官。深在急性脓肿，因其部位深，局部肿胀症状不明显，但常可以见到局部皮肤及皮下组织的炎性水肿，触诊疼痛，常留有指压痕，但波动不明显，全身症状明显；深在慢性脓肿，缺乏急性症状，脓肿腔内已有新生肉芽组织形成，但腔内积有脓汁，有时可形成瘘管。

技能 169 蜂窝织炎的诊断与治疗

1. 诊断

根据临床症状和病史调查可做出诊断。

2. 治疗

本病的治疗原则是减少炎性渗出，抑制感染蔓延，减轻组织内压，改善全身状况，增加机体抵抗力。

（1）抑制炎症蔓延，促进肿胀消退　患部剪毛、消毒，用 0.5%盐酸普鲁卡因青霉素溶液于病灶周围做封闭注射。病初用醋调制的复方醋酸铅散冷敷，3～4 d 后改为热敷或涂布樟脑酒精等刺激剂。

（2）手术切开　蜂窝织炎一旦形成化脓性坏死，应进行手术切开。切口部位应选择在波动明显处，常规消毒，局麻或全麻后，切开皮肤或深层筋膜，切开的深度要贯透整个病损组织，必要时可多做几个切口，使炎性产物充分排出，然后用 3%过氧化氢溶液或 0.1%高锰酸钾溶液彻底冲洗，创口内填塞用 10%～25%硫酸镁溶液浸湿的纱布条引流，待创内有肉芽组织生成时，改用魏氏流膏引流条。

（3）“象皮病”的治疗　局部用 CO_2 激光扩焦照射、中波透热及微波电疗法等。

（4）全身治疗　早期应用抗生素或磺胺药以抗感染；静脉滴注 5%葡萄糖生理盐水和碳酸氢钠以调节血液酸碱平衡。

（5）针灸治疗　抗生素注入大椎、身柱穴。

【相关知识】

本病是指疏松结缔组织发生的急性弥漫性化脓性炎症。常发生于皮下、黏膜下、肌肉、气管及食道周围的蜂窝组织内，以浆液性、化脓性和腐败性渗出液并伴有明显的全身症状为特征。

1. 发病原因

本病主要由溶血性链球菌、葡萄球菌，亦可见于大肠杆菌和腐败菌等，经皮肤、黏膜的伤口侵入而感染，或继发于邻近组织或器官的化脓性炎症。注射时消毒不严，或局部误注、漏注硫贲妥钠、氯化钙、高渗盐水、松节油等刺激性药物和变质疫苗等，也可引起蜂窝织炎。

2. 主要症状

本病发展迅速，局部症状主要表现为大面积肿胀，局部增温，疼痛剧烈，皮肤紧张和功能障碍。全身症状主要表现为精神沉郁，体温升高，食欲减退，以及各系统的功能紊乱。由于发病的部位不同，临床表现亦有差异。

(1)皮下和筋膜下蜂窝织炎　常发于四肢部。病初局部出现弥漫性渐进性肿胀，触诊局部热痛明显，初期呈捏粉状有指压痕，后期变坚实。局部皮肤紧张，无移动性。随着局部坏死组织的化脓性溶解，体温显著升高，肿胀更加明显，触诊柔软而具波动感。经过良好者，化脓过程局限化，形成蜂窝织炎性脓肿，脓汁排出后局部和全身症状减轻。严重者，化脓灶可向周围蔓延而使病情加剧，甚至转变为全身性化脓性炎症，而危及生命。

若由误注或漏注刺激性强的药物于皮下，可在注射后1～2 d局部出现明显的渐进性肿胀，有热痛反应，但全身症状不明显，如并发化脓性或腐败性感染时，则经3～4 d后，局部出现化脓性浸润，出现化脓灶。切开或自行破溃流出微黄白色较稀薄的脓汁。有时可继发引起化脓性血栓性静脉炎。

(2)肌间蜂窝织炎　患部肌肉肿胀、肥厚、坚实，皮肤紧张，界线不清，功能障碍明显，触诊疼痛剧烈。全身症状明显，体温升高，精神沉郁，食欲不振。局部形成脓肿时，切开后可排出灰色带血的脓汁。常继发引起关节周围炎、血栓性血管炎和神经炎。

如治疗不及时或延误治疗，可转为慢性过程。此时皮肤及皮下组织肥厚，弹力消失而成为慢性畸形性弥漫性肥厚，称为“象皮病”。

技能170　毛囊炎、疖和疖病的诊断与治疗

1. 诊断

根据症状可做出诊断，细菌学检查有助于确定病原。

2. 治疗

轻症毛囊炎和疖病，一般涂抹2%～5%碘酊即可自愈。对已成脓的疖肿，可切开排脓，

局部清洗、消毒。对浸润期的疖肿,可用青霉素普鲁卡因溶液于病灶周围注射,患部涂抹抗菌消炎药膏。若是蠕形螨引起毛囊炎,应以治疗螨虫为主,同时局部涂抹消炎药膏。有全身症状者,注射抗生素以抗菌消炎。

【相关知识】

毛囊炎是指浅在毛囊的急性化脓性炎症。

疖是指毛囊、皮脂腺及其周围皮肤和皮下组织发生的急性化脓性炎症。若多数疖同时散在性发生或反复发生,经久不愈者则称疖病。

1. 发病原因

主要由化脓性球菌感染所致,如葡萄球菌,链球菌等。犬、猫皮肤污秽不洁,床铺不清洁,皮肤机械性损伤,维生素缺乏等因素都可促进本病的发生。另外,蠕形螨可引起症状性毛囊炎。

2. 主要症状

(1)毛囊炎　主要发生在口唇周围、背部、四肢内侧和腹下部。病初皮肤毛根处出现潮红,肿胀,疼痛,以后出现深红色至紫红色的凹凸不平,从中排出带血的脓汁和坏死组织。如果不及时治疗,炎症扩散会形成疖或脓肿。

(2)疖　因发病部位不同,其症状稍有差异。在皮肤薄的部位,病初局部出现温热而又疼痛的圆形肿胀结节,界线明显,且较坚硬。继而肿胀结节的顶端形成小脓疱,触之有波动感;在皮肤厚的部位,肿胀不显,但触之剧痛,以后在毛囊周围形成炎性浸润,并迅速向周围和深部蔓延,很快也形成突出于皮肤表面的小脓肿。

任何部位形成的小脓肿,经数日可自行破溃,流出乳汁样微黄白色脓汁,破溃处炎症随之消退,其表面则被覆肉芽组织和脓性痂皮。

疖病是数疖同时或先后发生,可集中在一个局部,也可散在身体其他部位,可引起体温升高、食欲减退等全身症状,甚至引起脓毒败血症。

任务21　骨、关节疾病

技能171　骨折的诊断与治疗

1. 诊断

根据病史和临床症状可初步诊断,X线检查可确诊。

2. 治疗

首先要采取急救措施，限制活动，维持呼吸畅通（必要时做气管插管）和血循环容量。如开放性骨折大血管损伤，应在骨折部上端用止血带，或创口填塞纱布，控制出血，防止休克。发现有威胁生命的组织器官损伤，如膈疝、胸壁透创、头或脊柱骨折等，应包扎骨折部创口，临时夹板固定。

（1）闭合性整复与外固定　骨骺骨折，肘、膝关节以下的骨折经手整复易复位者，可使用外固定材料进行固定。主要采用内软外硬支架固定，先用硬纸板将骨折部裹紧，并用棉花填匀呈同样粗细的直筒状，随后用四根快餐筷分别紧贴于骨折部的外、内、前、后侧，并在两端和中央用绷带扎紧，用棉花填补筷子间的空隙，使其呈粗细相同的圆筒，最后用纱布绷带均匀的包紧。包扎的松紧度要适合，次日若发现包扎的下端肿胀严重宜放松重新包扎。此后根据骨折愈合时期正确运用"动""静"结合原则做适当的功能锻炼。

（2）开放性整复与固定　根据骨折性质和不同骨折部位，常选用髓内针、骨螺钉、接骨板等材料进行内固定。为加强固定，在内固定之后，配合外固定。

术后全身应用抗生素预防或控制感染；加强营养，补充维生素 A、维生素 D、鱼肝油及钙剂等；限制动物活动，保持内、外固定材料牢固固定；嘱咐主人适当对患肢进行功能恢复锻炼；外固定时，术后注意观察固定远端如有肿胀、变凉现象，应解除绷带，重新包扎固定。

【相关知识】

骨折是指骨或软骨的连续性发生完全或部分中断。根据骨折处皮肤、黏膜是否完整，分为开放性骨折和闭合性骨折；根据骨折的严重程度，分为全骨折和不完全骨折。全骨折指骨全断裂，一般伴有明显的骨错位。骨折断离有多个骨片，称粉碎性骨折。不完全骨折指骨部分断裂；根据骨折线的方向，分为横骨折、纵骨折、斜骨折、螺旋骨折、嵌入性骨折等；根据骨折部位，分为骨干骨折、骨骺骨折、干骺骨折、髁骨折等；根据骨折病因，分为外伤性骨折和病理性骨折等。临床上以功能障碍、变形、出血、肿胀、疼痛为特征。

1. 发病原因

直接暴力，常见于车祸、打击、坠落等；间接暴力是在奔跑、跳跃、急停、急转、失足踏空等时，暴力通过骨骼或肌肉传导到远处发生骨折。此外，骨营养不良、骨髓炎、骨软症、佝偻病、骨肿瘤等骨骼疾病，常易导致骨折。

2. 主要症状

（1）特有症状

①变形。犬、猫因肌组织薄，当发生全骨折时，易发生骨折端移位，使受伤部位形状改变，如肢体成角、弯曲、旋转、延长或缩短等。

②骨摩擦音。全骨折两断端互相摩擦或移动远端骨折部位可听到骨摩擦音。

③异常活动。四肢长骨全骨折后，其骨折点出现异常的活动。

(2)其他症状

①疼痛。骨折时，犬、猫不安或痛叫，局部触诊敏感、压痛及反抗。

②局部肿胀。由于骨膜、骨髓及周围软组织的血管破裂，血液从创口流出(开放性骨折)或局部瘀血或形成血肿(闭合性骨折)。

③功能障碍。如四肢骨折引起跛行，椎体骨折可引起瘫痪，颅骨骨折可引起意识障碍，颌骨骨折引起咀嚼障碍等。

另外，骨折如伴有内出血或内脏损伤，可发生失血性休克。闭合性骨折一般1～2 d后血肿分解体温轻度升高。如开放性骨折继发感染，则可出现局部疼痛加剧、体温升高、食欲减退等症状。

技能 172 髋关节脱位的诊断与治疗

1. 诊断

根据外伤病史、临床症状结合X线检查，一般可以确诊。

2. 治疗

(1)保守治疗　适用于急性髋关节脱位。全身麻醉，使患肢在上侧卧保定。术者一手握住患肢膝部，另一手拇指或食指按压大转子。先外旋、外展和伸直患肢，使股骨头整复到髋臼水平位置，再内旋、外展股骨，使股骨头滑入髋臼内。当听到复位声时，表示复位成功，患肢可做大范围转动。

(2)手术整复　适用于因髋关节脱位引起圆韧带和关节囊的撕裂、撕断，髋关节出血、炎症，保守疗法整复后易复发的病例。可在大转子外面从臀中部向股中部做一弧形切口，切开股二头肌和阔筋膜张肌联合的筋膜，向后牵引股二头肌。在大转子处切断臀浅肌腱，将其向上翻转，暴露其下层的臀中肌。用骨凿凿断大转子骨端，连同臀中肌止点也被切断。再在大转子前外侧切断臀深肌的止点，将两肌向上转折，充分暴露关节囊和髋臼缘。暴露髋关节后，彻底清洗关节内血凝块、组织碎片。将髓内针从股骨头窝斜向下钻入，从大转子下方钻出，从外侧调整髓内针，使其针尖与头窝持平。然后整复股骨头进入髋臼，使股骨平行于手术台，与脊柱呈90°。再将髓内针钻入臼窝，并穿过髋臼进入骨盆腔1 cm。助手可经过直肠触摸针进入骨盆腔长度，注意不要刺破直肠。将大转子复位，用两根克氏针进行固定。将所有钢针外侧末端弯曲，剪断。常规缝合关节囊、肌肉及皮肤。

术后1周后肢悬吊，禁止活动2周，第3周时拔除固定钢针。

【相关知识】

本病是指股骨头与髋臼脱离。如股骨头完全脱离髋臼者称为完全脱位；关节头与髋臼仍有一部分接触的称为不全脱位。全脱位时，股骨头向前方脱出称为前方脱位，向前上方脱出称为上方脱位，向内侧脱出称为内侧脱位，向后方脱出称为后方脱位。临床上以上方脱位较多见。

1. 发病原因

车祸、跌倒、打斗、强烈牵引后肢等，使圆韧带和关节囊损伤，从而导致本病的发生。此外，髋关节发育异常也常引起本病。

2. 主要症状

股骨头前上方脱位，动物患肢变短，不能负重，呈外展、外旋肢势，趾尖向前外方，股骨头脱出于髋臼上方，大转子与髋结节之间的距离变长。运动时拖拉前进或三脚跳，并向外划弧形。下方脱位时，患肢长于健肢。内侧脱位时，股骨头进入闭孔，患肢明显缩短；他动试验，内收外展均容易。直肠检查，可在闭孔内触摸到股骨头。

技能173　髌骨脱位的诊断与治疗

1. 诊断

根据临床症状、X线检查可以确诊。

2. 治疗

轻症病例，可进行人工整复或让动物行走自行恢复。若习惯性反复发作的病例，根据具体情况可行关节囊缝合术、滑车成形术、胫骨和股骨切除术等。

(1)关节囊缝合术　在外侧关节囊做一排伦勃特缝合，缝线仅穿过其纤维层，从接近髌骨远端1 cm处开始缝合，向下缝至胫结节。

(2)滑车成形术　切开关节囊，髌骨向外移，暴露滑车。测量髌骨厚度，确定滑车成形术的范围。滑车软骨可用手术刀、骨钻、骨钳或骨锉去除。其深度以能容纳50%髌骨为宜。新的两滑车嵴应相互平行，并且垂直于新的滑车床。然后将髌骨复位，屈伸关节，判定其稳定性。

术后限制活动3周以上，以利于关节组织的恢复。

【相关知识】

髌骨正常时根据膝关节屈伸而在股骨滑车内上下滑动。髌骨脱位时，滑入滑车的内侧嵴内侧或外侧嵴外侧,因其不能上下滑动,而导致膝关节不能屈伸。本病多发于犬,猫较少发生。

1. 发病原因

该病的发生与遗传和外伤有关。以一侧内方脱位较为常见。外伤性脱位多由于跳跃、竖立、碰撞等引起髌骨骨折,或因膝内侧直韧带、膝外侧直韧带、膝中直韧带剧伸、撕裂等引起。

2. 主要症状

髌骨内方脱位时,患肢不能伸直,膝关节屈曲,趾尖向内,小腿向内旋转,股四头肌群向内移位。行走时跛行,有时呈三脚跳步样。在运动过程中,有时能自行复位。严重者不能复位或髌骨与股骨髁相连接。触诊局部无热、无痛,有时可摸到很浅的滑车沟。

髌骨外方脱位时,动物行走跛行,偶尔呈三脚跳步样。患肢膝外翻,膝关节屈曲,趾尖向外,小腿向外旋转。

任务 22 眼部疾病

技能 174 眼睑内翻的诊断与治疗

1. 诊断

根据病史和临床表现可做出诊断。向患眼滴局麻药数滴,如内翻解除,提示为痉挛性睑内翻,反之为发育缺陷性睑内翻。

2. 治疗

治疗原发病。轻症犬,用盐酸丁氧普鲁卡因点眼,可缓解症状。但先天性及瘢痕性眼睑内翻需手术矫正。

【相关知识】

本病是指部分或全部睑缘向内翻转,导致睫毛和皮肤被毛长期刺激结膜和角膜的异常状态。本病多发生在面部皮肤皱褶的犬种,如沙皮狗和松狮犬等。

1. 发病原因

(1)先天性眼睑内翻　与品种和遗传有关,见于沙皮犬、松狮犬、可卡猎鹬犬、拉布拉多猎犬、大丹犬、爱尔兰赛特猎犬、玩具犬及小型贵妇犬等品种仔犬的正常发育过程中。轻型病例仅下睑缘外侧内翻,重者上眼睑或下眼睑部分乃至全部内翻。

(2)后天性眼睑内翻　见于结膜炎、异物、干性角膜结膜炎、倒睫、睫毛异生和角膜溃疡等，继发眼轮匝肌痉挛而使睑内翻。三叉神经痛可引起睑痉挛和内翻。眼睑创伤、烧伤、烫伤等引起的瘢痕收缩也可导致眼睑变形、内翻。眼眶内脂肪丧失或因颧肌萎缩致使眼睑下陷而内翻。此外，眼球异常变小也会发生本病。

2. 主要症状

常见一侧或两侧睑内翻。有的上、下眼睑均内翻。轻度睑内翻时，眼睑内翻少，其睫毛或皮肤被毛仅轻轻地接触眼球表面，表现轻微不适、泪溢或流泪。严重者，眼睑内翻过度，眼难睁开。动物持续疼痛、羞明、睑痉挛等，进而发生严重结膜炎和角膜炎。病程延长，出现角膜血管增生、色素沉着及角膜溃疡。

技能175 第三眼睑腺脱出的治疗

全身麻醉后，用洗眼液冲洗眼结膜。用组织钳夹住肿胀物包膜外缘，充分暴露基部，以止血钳钳夹基部数分钟后，用手术刀沿止血钳外侧切除。松开止血钳，其残留组织自行退回至内眦内。如有出血，用灭菌干棉球填塞止血。术后，局部涂以抗生素眼药水(膏)，每天2～3次，连用3～5 d。

【相关知识】

本病又称瞬膜腺脱出、樱桃眼，是指瞬膜下与眼眶周围组织间结缔组织松弛，使位于腹侧的腺体向外翻转、脱出于眼球表面的一种眼病。犬多发，猫较少发生。

1. 发病原因

确切病因不详。可能因腺体基部与眶周组织间或腺体与软骨间结缔组织附着先天性缺陷或发育不全、局部受到异物刺激或局部应激所致。虽然各种品种犬均可发生，但常发生于美国可卡犬、英国叭喇犬、巴吉度犬、比格犬、北京狮子犬和波士顿犬。

2. 主要症状

单眼或双眼发病，或两眼先后发病。在眼内眦出现粉红色椭圆形软组织，逐渐增大。由于腺体长期暴露在外，充血、水肿、泪溢，动物常用前爪搔抓患眼，严重者，脱出物呈暗红色、破溃，久之引起结膜炎、角膜炎、角膜损伤和视力受损。

技能176 结膜炎的诊断与治疗

1. 诊断

根据病史和临床特点可做出初步诊断。炎症早期取眼分泌物做病原微生物、细胞检测确诊。

2. 治疗

去除病因，治疗原发病。清洗患眼，对症治疗。

①用3%硼酸溶液或1%明矾溶液或生理盐水洗眼，清除结膜囊及瞬膜后的异物。充血、肿胀明显时，可用冷敷疗法，分泌物多时改用热敷。常用庆大霉素和地塞米松混合后点眼，每天3～4次，连用7～10 d。疼痛剧烈时，可用1%～2%盐酸丁卡因溶液滴眼。

②急性结膜炎也可采用眼底注射或球结膜注射抗生素溶液(青霉素5万IU溶于1 mL 0.5%利多卡因溶液和0.5 mL氢化可的松溶液)。

③疑为疱疹病毒感染时，禁止用考的松制剂。可滴用疱疹净眼药水或吗啉胍眼药水，开始1～2 h 1次，症状改善后，每天5～6次。

④轻度滤泡性结膜炎，用四环素眼药膏涂擦，每天3～4次，当滤泡大而多且引起刺激时，用纱布摩擦或手术刀片刮破滤泡。

⑤对顽固性化脓性结膜炎，用1%碘仿软膏涂布，同时用普鲁卡因青霉素眼底封闭。

⑥中药治疗　酒胆草8 g，酒黄连、酒栀子、酒黄芩、泽泻、生地各6 g，木通、车前子、杭菊花、柴胡各4 g，蝉蜕2 g(另包，后下)。水煎取汁内服，每天1剂，连用1～3 d。

【相关知识】

结膜炎是指睑结膜和球结膜的炎症。临床上以畏光、流泪、结膜潮红、肿胀、疼痛和眼分泌物增多为特征。犬、猫均可发生。

1. 发病原因

(1)感染性因素　常继发于传染病(如犬瘟热、犬传染性肝炎)、立克次氏体、真菌(芽生菌性皮炎)、寄生虫病(眼吸吮线虫)及邻近组织的细菌性疾病(如眼睑异常、角膜炎、干性角膜结膜炎、鼻泪管阻塞等)等。

(2)机械性因素　见于结膜和眼睑外伤、睑异常(如睑内、外翻，睫毛生长异常等)、结膜及结膜囊异物(如灰尘、草籽、昆虫等)。

(3)过敏性因素　最常见的过敏原是花粉、灰尘和细菌性毒素等，偶见注射疫苗、滴用某些眼药水引起过敏性结膜炎。

(4)其他因素　如使用被毛清洁剂或驱虫剂时误入眼内。

2. 主要症状

(1)浆液性或浆液黏液性结膜炎　为多种原因引起结膜炎的早期症状。急性型表现结膜轻度潮红，呈鲜红色，分泌物稀薄或呈黏液性。严重时，眼睑肿胀、增温、羞明，结膜充血，疼痛加剧；慢性型常因急性未及时治疗所致。表现结膜充血，患眼羞明，疼痛常不明显，有少量分泌物，经久者，结膜增厚。

(2)化脓性结膜炎　局部症状加剧，常因严重细菌感染，眼内流出多量脓性分泌物，上、下眼睑常粘在一起，易并发角膜浑浊、溃疡、睑球粘连及眼睑湿疹等。

(3)滤泡性结膜炎　主要见于猫衣原体感染。在第三眼睑内出现大小不等鲜红色或暗红色颗粒，偶尔在穹隆结膜处见有淋巴滤泡，重者发生睑球粘连。

(4)伪膜性结膜炎　为猫支原体性和衣原体感染的典型特征。其伪膜由一层白色、黏稠分泌物形成，覆盖在结膜和瞬膜表面，易于分离。

技能177　角膜炎的诊断与治疗

1. 诊断

根据症状和病史调查可做出诊断。

2. 治疗

(1)色素性角膜炎　首先去除病因，用地塞米松和环孢菌素眼膏点眼、涂布，每天2次。如视力发生障碍，可采用浅表角膜切除术，将沉着的色素切除。

(2)慢性浅表性角膜炎　开始用0.1%地塞米松注射液或10%强的松龙注射液点眼，每天3～4次，连用3～4周。但长期使用易引起角膜感染和溃疡。此时应涂布0.2%环孢菌素眼膏，配合地塞米松，每天2次，可改善临床症状。严重病例，可施浅层角膜切除术。

(3)间质性角膜炎　为防止虹膜粘连或当有前色素层炎时，可滴入1%硫酸阿托品溶液。也可用0.5%利多卡因溶液或0.5%普鲁卡因溶液2 mL加入25万IU氨苄青霉素，再加入0.5 mL氢化可的松或地塞米松磷酸钠2 mg做球结膜下或眼底注射。继发性青光眼，可用降眼压药治疗。

(4)溃疡性角膜炎　禁止使用皮质类固醇药物治疗。用荧光色素钠点眼判断有无角膜溃疡。对于浅表性角膜溃疡，用广谱抗生素眼药水(膏)点眼，每天3～4次。配合滴用1%阿托品溶液，每天2～3次，连用3～5 d，以控制睫状体肌痉挛，消除疼痛。如泪腺分泌减少，可滴用0.5%～1%甲基纤维素，每天4～6次。对于因蛋白酶或胶原酶所致的深在性角膜溃疡，用5%～10%半胱氨酸溶液滴眼，每天4次。对于顽固性角膜溃疡可施行结膜瓣、第三眼睑瓣遮盖术，保护角膜1～3周。

【相关知识】

角膜炎是指角膜因受微生物、外伤、化学及物理性因素影响而发生的炎症。犬、猫多见。临床上以畏光、流泪、眼睑痉挛、结膜水肿、充血、角膜浑浊、角膜新生血管和角膜溃疡为特征。

1. 发病原因

根据其组织受损程度，可分为色素性角膜炎、慢性浅表性角膜炎、间质性角膜炎和溃疡性角膜炎等。

(1)色素性角膜炎　因角膜长期受到刺激所致。如倒睫、双行睫、干燥性角膜结膜炎、睑内翻和外翻、眼球突出、眼球显露等。

(2)慢性浅表性角膜炎　又称变性角膜翳，是一种进行性、炎性和潜在性失明角膜炎。角膜和眼色素层抗原的细胞免疫介导、环境因素(如紫外线)可诱发本病。

(3)间质性角膜炎　主要由犬传染性肝炎、全身性真菌感染、败血病和眼创伤、浅表性角膜炎、眼肿瘤等继发感染所致。

(4)溃疡性角膜炎　见于机械性损伤(角膜外伤、睫毛异生)和继发感染(犬瘟热，猫鼻气管炎、细菌或真菌感染)等。

2. 主要症状

(1)色素性角膜炎　动物表现泪溢、疼痛、羞明、睑痉挛等。随炎症的发展，角膜水肿，粗糙和透明度降低，角膜新生血管增生。角膜内有黑色素沉着，并逐渐向中间移行，覆盖角膜和瞳孔，视力下降。

(2)慢性浅表性角膜炎　一般双眼并发。开始在角膜缘呈红色、血管增生的病变，并逐步向角膜中央发展。检查可见在病变和血管的前缘 1～2 mm 角膜基质层有一条白线或小白点状物。最后，整个角膜血管形成，伴有色素沉着，呈“肉色”血管翳，导致失明。

(3)间质性角膜炎　角膜上形成的新生血管分支比浅表性的少，但多位于深层，出现深在弥漫性角膜浑浊，呈毛玻璃样，也有局灶性浑浊。角膜周边形成环状血管带，呈毛刷状，如病情发展，浅层也出现血管，进一步可导致失明和青光眼。

(4)溃疡性角膜炎　患眼流泪、结膜充血、眼睑痉挛和脓性分泌物，角膜表层或深层不规则缺损。缺损部细胞浸润，角膜浑浊，血管增生。常伴发前色素层炎，易发生后弹力层和角膜穿孔。

技能 178 白内障的诊断与治疗

1. 诊断

根据病史和临床症状，如肉眼观察瞳孔深部有无乳白色；有无对光反射；检眼镜能否观察到眼底等进行诊断。

2. 治疗

目前尚无理想的药物。建议局部或全身应用硒-维生素 E、过氧化物歧化酶(SOD)或柠檬酸锌等。对先天性、幼稚性或皮质液化的过熟期白内障，可滴用散瞳剂，以改善视力。对糖尿病性白内障，在水分快速吸收期和晶体蛋白未发生变化之前，控制血糖，有助于减轻浑浊。

一旦晶状体浑浊不能吸收，在无色素层炎和视网膜正常情况下，应手术摘除晶状体。局部麻醉后，首先在眼睑穿线牵开睑裂，于上方做结膜切口，分离并暴露角巩膜，穿上直肌牵引线。自9:00—3:00点钟位置层间切开角巩缘，分别于10:30、12:00、1:30点钟角巩缘层间切口处做3针预置缝线。切穿并扩大角巩缘切口达180°，切除虹膜，松解上直肌牵引线，用囊内镊夹住晶状体前下方囊膜，向左右摆动，断离下方悬韧带，将晶状体向上翻起，在肌肉拉钩的配合下，驱使晶状体从瞳孔及角巩膜切口娩出，立即抽紧12:00点钟缝线，使角巩膜切口暂时闭合。整复虹膜后，结扎角巩膜缝线，缝合结膜。术后每天点眼药膏，10 d后拆线。

【相关知识】

白内障是指晶体囊或晶体浑浊，视力发生障碍的一种眼病。犬、猫均可发生。

1. 发病原因

先天性白内障是由晶体及其囊膜先天发育不全所致。常与遗传病有关，如持久瞳孔膜、持久玻璃体动脉、视网膜发育不全、进行性视网膜萎缩及糖尿病等；或与母体孕期感染、营养不良、代谢紊乱以及应用某些药物有关。

后天性白内障常继发于前色素层炎、视网膜炎、青光眼、角膜穿孔、晶体前囊破裂、长期X线照射、糖尿病、萘或铊中毒、长期使用皮质类固醇等。老年动物因晶体退变亦可发生白内障。

在发病过程中晶体通透性增加，致使晶体失去屏障效应，导致晶体浑浊。白内障常用分类方法有2种，一是根据其发病的不同时期分为初发期、幼稚期、成熟期和过熟期；二是根据其发病原因分为先天性、青年性、老年性、外伤性和并发性白内障。

2. 主要症状

先天性白内障常在出生时或出生后不久发病，多为两侧性。青年性白内障一般在青年期发生，也常为两眼发病。老年性白内障，随年龄增长，逐步发生晶体退行性变化，5岁以上犬多发。

(1)初发期　晶体或晶体囊膜轻度浑浊，位于晶状体轴线上，常不发展或发展缓慢，视力一般不受影响。

(2)幼稚期　晶体及其囊膜浑浊范围逐步扩大，累及晶体皮质，浑浊多呈绒毛状，位于晶体赤道、前后囊下，有对光反射，视力一般不受影响。

(3)成熟期　形成均匀一致的浑浊，一眼或两眼瞳孔呈灰白色(白瞳症)，视力严重减退或丧失，前房变浅，检眼镜观察看不见眼底，动物活动减少，行走不稳，在熟悉环境内也碰撞物体。

(4)过熟期　患眼失明，前房变深，晶体前囊皱缩。由于皮质液化分解，使晶体蛋白逸出囊外，导致前色素层炎。严重者晶体悬韧带断裂，晶体不全脱位或全脱位，继发青光眼。

技能 179 青光眼的诊断与治疗

1. 诊断

根据临床症状可做出诊断。检查眼压可用两手食指尖在闭合上眼睑时触压眼球，可粗略估计其硬度。精确眼压是用 SchiΦtz 氏眼压计测定。正常眼压为 2～3.6 kPa。

用检眼镜检查眼底，可见视神经乳头形成杯状凹陷，其周围血管伸进凹陷呈“屈膝”状和视网膜变性等。

2. 治疗

治疗原则是抑制房水产生，降低眼压和维护视觉功能。

(1)降低眼压　常用 20%甘露醇溶液，每千克体重 10～20 mL，静脉注射，也可用 50%甘油，每千克体重 2～3 mL，口服。必要时 8 h 后重复应用。

(2)抑制房水产生和促进房水排泄　二氯磺胺每千克体重 10～30 mg，口服，每天 2～3 次，或用乙酰唑胺，每千克体重 2～4 mg，口服。用药后 1 h 眼压开始下降，并可维持 8 h。同时配合 1%～2%硝酸毛果芸香碱溶液点眼。初期 1 h 1 次，瞳孔缩小后减到每天 3～4 次。

(3)手术治疗　在上述药物治疗无效时，应尽早施行虹膜切除术。全麻后，局部用 0.5%丁卡因溶液点眼，并在眼的正上方球结膜下，注射 2%普鲁卡因溶液。在眼球的正上方距角膜缘 5 mm 处做结膜横切口，分离暴露角巩膜后，垂直切开角巩膜 4 mm，轻压切口后唇，使虹膜自行脱出少许，用虹膜镊夹住并适当拉出，于虹膜和睫状体交界处，剪除虹膜 2 mm，然后将虹膜还纳于眼球内，缝合结膜切口。术后观察前房液形成情况及有无感染，7 d 后拆线。

【相关知识】

青光眼是眼房液排泄受阻、眼压升高、视网膜损害，发生视力障碍的一种眼病。犬多发，可发生在一眼或双眼。

1. 发病原因

①原发性青光眼与遗传有关。尤其纯种犬易发，易发青光眼的品种有：萨摩犬、法兰德斯牧羊犬、西伯利亚雪橇犬、大丹犬、秋田犬、松狮犬、沙皮犬、贵宾犬、西部高地白㹴等。猫罕见，但波斯猫和泰国猫也较易发生。多数原发性青光眼两眼发病，开角和闭角型青光眼均可发生。多因眼房角结构发育不良或发育停止，引起房水排泄受阻、眼压升高所致。

②继发性青光眼，常由于眼球疾病如前色素层炎、瞳孔闭锁或阻塞、晶体前或后移位、眼肿瘤等，引起房角黏连、堵塞，改变房水循环，使眼压升高而导致青光眼。

③先天性青光眼见于房角中胚层发育异常或残留胚胎组织、虹膜梳状韧带宽，阻塞房水排出通道，使眼压升高而成青光眼。

2. 主要症状

(1)早期　可能无症状,或表现泪溢,轻微瞳孔散大,短期角膜水肿,巩膜深层轻度充血。视网膜及视神经乳头无损害,视力未受影响。

(2)中期　随着眼内压增高,不同程度瞳孔散大,视力大为减弱,巩膜深层血管充血,角膜水肿,眼球轻度增大,虹膜及晶体向前突出,从侧面观察可见到角膜向前突出,眼前房缩小,瞳孔散大,对光反射消失。滴入缩瞳剂(1%~2%毛果芸香碱溶液)时,瞳孔仍保持散大,或者收缩缓慢,但晶体没有变化。患眼呈绿色或淡青绿色。角膜初期透明,后期变为毛玻璃状。

(3)晚期　眼球显著增大突出,眼压明显升高(5.3~6.7 kPa 及以上),指压眼球坚硬。瞳孔散大固定,对光反射消失,散瞳药不敏感,缩瞳药无效。角膜严重水肿浑浊。皮质性白内障形成,玻璃体退变,晶体脱位。视神经乳头萎缩、凹陷,视网膜变性,视力完全丧失。晚期病例的视神经乳头呈苍白色。

任务 23　耳部疾病

技能 180　外耳道炎的诊断与治疗

1. 诊断

根据临床症状、检耳镜检查可做出诊断。若要确定病原需进行微生物的分离培养和鉴定。耳痒螨感染时,痒感明显,用放大镜或低倍镜可发现细小的白色或肉色的螨虫虫体。

2. 治疗

首先局部处理,然后根据病原鉴定结果针对病因进行治疗。同时,为防止犬、猫搔抓耳廓,引起损伤或加重病情,应佩戴伊丽莎白项圈。

(1)局部处理　剪去耳廓内及外耳道的被毛,除去耳垢、分泌物和痂皮。分泌物多时,用3%过氧化氢溶液或0.1%新洁尔灭溶液冲洗耳道,然后吸干。

(2)对因治疗

①细菌性外耳道炎。向耳道内滴入新霉素滴耳液等,并轻轻按揉,每天 1~2 次。

②真菌性外耳道炎。向耳道内涂抹酮康唑乳膏,直至耳道内鳞屑消失。

③寄生虫性外耳道炎。向耳道内滴入伊维菌素数滴,每 6~7 d 1 次。在使用抗寄生虫药间歇期,应向耳道内滴入抗生素滴耳液,以防止细菌感染。

④过敏性外耳道炎。向耳道内滴入糖皮质激素药物。

⑤增生性外耳道炎。如久治不愈,外耳道过度狭窄或堵塞,可行外耳道部分切除术。

此外,外耳道内脓性分泌物多、体温升高者,用氨苄青霉素每千克体重 50 mg,肌内注射或静脉注射，每天 1～2 次，连用 4～5 d。

【相关知识】

外耳道炎是指外耳道的炎症。外耳道炎是犬的常发病，猫有时也发生。垂耳或外耳道多毛品种如可卡犬、贵妇犬多发。

1. 发病原因

(1)寄生虫感染　耳痒螨、蠕形螨和虱、蚤等寄生于耳廓引起外耳道炎症。

(2)细菌、真菌感染　如葡萄球菌、假单胞菌、变形杆菌、马拉色霉菌等易在外耳道生长繁殖，造成感染。

(3)机械性刺激　如耳垢、泥土、被毛、芒刺、昆虫等刺激，动物搔抓、摩擦造成外耳道损伤，病原微生物侵入伤口或毛囊、耵聍腺而引起感染。

此外，耳道肿瘤、过敏反应等也可引起外耳道炎症。

2. 主要症状

瘙痒是常见的临床症状，动物表现不安，经常摇头、摩擦或搔抓耳郭，痛叫；有时仅见搔抓耳根部及附近颈部皮肤，致使耳廓及颈部皮肤抓伤、擦伤、出血，甚至出现耳郭血肿。被毛脱落、缠结。外耳道内积垢较多，其表面粘有分泌物，散发出异常臭味。病程长者耳道皮肤肥厚，发生溃疡，听力减退。

感染的病原种类不同，耳垢和分泌物的性状也有差异，细菌感染时，耳垢为淡黄或棕黄，黏稠或干涸易碎；真菌感染时，耳内形成干燥的鳞片，耳垢紧紧地粘在皮肤上；耳痒螨感染，耳垢呈暗褐色蜡质样。

任务 24　疝

技能 181　腹壁疝的诊断与治疗

1. 诊断

根据病史和典型的局部表现以及触诊摸到疝孔可确诊。注意与腹壁脓肿、血肿等相鉴别。

2. 治疗

(1)对因治疗　本病一般发生在受到钝性外力作用之后，常常伴有其他组织的损伤，如大出血、骨折等，因此，首先要采取相应措施控制和稳定病情，改善全身症状。

(2)手术整复　全身麻醉,仰卧保定,肿胀处常规消毒,在肿胀部中心皱起处切开皮肤,分离皮下组织,找到疝囊,将疝内容物还纳于腹腔,分别找到腹膜和腹壁肌层,并削剪成新鲜创面后做水平褥式或垂直褥式缝合;当疝孔过大难以拉拢时,可自疝囊皮下分离出左右两块纤维组织瓣,分别拉紧重叠缝合在疝孔邻近组织上,以起到覆盖疝孔的作用。最后对皮肤做适当修整,做减张缝合。在缝合腹底壁疝时,用褥式缝合或减张缝合法。

手术整复后要减少饮食量和运动量,防止便秘和过度努责。

【相关知识】

腹壁疝是指腹腔内脏器经腹壁破裂孔脱至腹壁皮下而形成的局限性突起。疝内容物多为肠管和网膜,有时也可见到子宫和膀胱等脏器。多见于犬、猫。

1. 发病原因

本病多见于腹壁受到钝性外力如车祸、摔跌、动物相互厮咬等,造成腹壁肌层和腹膜破裂,而皮肤仍保留完整,从而导致腹腔内脏器经腹壁破裂孔脱至腹壁皮下。腹腔手术之后,腹壁切口内层缝线断开、切口开裂,而皮肤层愈合良好,结果在腹壁切口处或其下方发生本病。

2. 主要症状

腹壁皮肤形成局限性的扁平或半球形突起,其表面常有擦伤或挫伤痕迹。早期疝内容物一般可以还纳,触诊局部可以摸到疝环。如发生嵌闭,则疝内容物不能还纳,囊壁紧张,腹痛不安,食欲废绝,呕吐,发热,严重者可出现休克;随病程延长,常与疝孔缘、腹肌和皮下纤维组织发生粘连,触摸时可感知疝的轮廓不清。

技能182　腹股沟和阴囊疝的诊断与治疗

1. 诊断

根据病史、症状基本可以诊断是腹股沟疝。通过仔细触诊和X线摄像可以进一步了解疝内容物。若触摸柔软或稍硬,X线钡餐摄像,可见明显阻塞区,而且有呕吐、腹痛、精神沉郁等症状,可能与肠阻塞有关;腹股沟部有明显的肿物,又见子宫出血和污物排出,用手按压有时可见更多的污秽物排出,则表明是子宫;若有痛性尿淋漓病史者表明是膀胱性疝;网膜或前列腺脂肪脱入腹股沟管,通过整复疝气和触摸即可感知。X线摄像或造影可用于决定内容物的性质。细针头抽吸有助于诊断肿块,但如果怀疑是肠管或子宫化脓,穿刺要多加小心,因后者会使液体漏出,导致脓毒败血症发生。

阴囊疝的诊断，通过整复内容物和触诊疝环来确定。可按腹股沟疝所述方法加以复位。当摸到腹股沟外环至阴囊的索状肿胀时，一般可排除严重阴囊炎症、睾丸炎以及睾丸或阴囊肿瘤，诊断腹股沟疝的其他方法也可用于阴囊疝，如X线摄影以及针吸疝内容物等。

2. 治疗

以手术修整为主，必要时采取对症疗法。

(1)腹股沟疝的手术治疗　动物全麻，仰卧保定，患侧腹股沟周围常规消毒。在肿胀中间切开皮肤，与腹皱褶平行。钝性分离，暴露疝囊，向腹腔挤压疝内容物，或抓起疝囊扭转迫使内容物通过腹股沟管整复到腹腔。如不易整复，可切开疝囊，扩大腹股沟管(在腹股沟前内侧切开直至腹壁)。若疝内物坏死可先切除，做断端吻合。在疝囊基部用剪刀剪除疝囊或先结扎疝囊颈，再切除疝囊。结节缝合切开的腹股沟外环和腹壁。最后闭合皮下组织和皮肤。

(2)阴囊疝的手术治疗　动物全麻，仰卧保定。阴囊周围广泛剪毛、消毒。在腹股沟环平行与腹皱壁处切口，分离皮下组织，暴露总鞘膜。纵行切开总鞘膜，取出疝内容物，如坏死，则切除，断端吻合后将其还纳腹腔。如欲做去势，则贯穿结扎精索，切除睾丸。腹股沟内环水平处结扎疝囊。然后闭合腹股沟外环和腹壁。最后常规缝合皮下组织和皮肤。

(3)术后护理　术后先让动物适当走动，限制活动直至拆线。限制饮食。抗生素治疗5～7 d。

【相关知识】

本病因腹股沟缺陷而导致腹腔内容物经此脱出称为腹股沟疝，一般指雌性犬、猫的间接疝与直接疝以及雄性犬猫的直接疝；而雄性犬猫的间接疝，称为阴囊疝。腹股沟疝内容物多为大网膜、前列腺脂肪、子宫、肠管，有的可能是膀胱；而阴囊疝是因总鞘膜口缺陷，腹腔内容物脱出至总鞘膜，沿精索旁下降至睾丸的水平，疝内容物多半是前列腺脂肪、大网膜和肠管。

1. 发病原因

腹股沟疝有先天性和后天性两类。犬、猫的先天性腹股沟疝少见；有时与先天性脐疝还可在同一动物身上发生，雄性比雌性更易发生先天性腹股沟疝，可能是因犬的睾丸推迟下降而使腹股沟延迟变狭之故。犬的后天性腹股沟疝常见，最常发生于未阉割的母犬。可能因性激素改变结缔组织的力量和特性，使腹股沟环变弱或变大。猫可发生后天性腹股沟疝，犬、猫均无品种与性别差异。

犬、猫患阴囊疝的遗传性因素尚未阐明，一般认为与腹股沟环内环先天性扩大有关。

2. 主要症状

(1)腹股沟疝　患病动物无痛，单侧或双侧发生，质地柔软呈面团状。根据疝内容物和血管嵌闭量的不同，其外观表现各异。疝的外形可以表现得很小甚至难以察觉，有的很大(含有怀孕的子宫或膀胱)。在母犬，大的腹股沟疝可在圆韧带后方扩展阴户，类似于会阴疝。在公犬，患直接腹股沟疝时，由于腹股沟环处静脉或淋巴回流受阻，睾丸和精索肿胀和水肿，故临床表现与阴囊疝相同。

(2)阴囊疝　多半是一侧性，也有双侧性。阴囊疝外部表现取决于疝环静脉受阻的程度。疝呈索状肿胀，从腹股沟环延伸至阴囊的后方(尾端)。雄性犬猫腹股沟管较小，其内容物嵌闭比雌性犬猫间接腹股沟疝多见。嵌闭性疝时，其疝内组织发暗，在外面也常看到，且触之有痛感。

技能183　会阴疝的诊断与治疗

1. 诊断

根据病史、临床症状可做出初步诊断，结合直肠检查、X线检查和对突起部进行穿刺等检查结果确诊。钡餐显示直肠内容物在疝中；尿道膀胱X线摄影可显示尿道和膀胱在疝中。注意与会阴肿瘤和会阴部血肿等相鉴别。

2. 治疗

(1)保守疗法　对前列腺增生肿大，可用醋酸氯地孕酮每千克体重2.2 mg，口服，每天1次，连用7 d，以减轻前列腺增生；对直肠偏移、积粪的动物，首先灌肠使大肠排空，给予低残渣食物以使肠内容物减少，用甲基纤维素或羟甲基纤维素钠0.5～5 g/次，口服，可刺激肠壁蠕动，起到轻泻作用；若膀胱进入疝中，可插入导尿管导尿，或于突起部穿刺排出尿液。

(2)手术整复　动物术前禁食、导尿、灌肠，全麻后胸卧保定，前低后高。尾巴向前转折固定，皮肤常规处理。从尾根外侧至坐骨结节内侧做一弧形切口，钝性分离打开疝囊，充分显露并辨认疝内容物。用长柄止血钳夹持浸有生理盐水的纱布块将内容物向前还纳盆腔，将纱布暂时填塞此处。仔细辨认肛外括约肌、直肠、尾肌、肛提肌、闭孔内肌、荐坐韧带、阴部内动静脉、阴神经。注意不要损伤神经和血管。切开闭孔内肌起点的背侧缘，用骨膜剥离器将其从坐骨上分离开来。分离不要超过闭孔内肌的背缘，以防止损伤闭孔神经和动脉。切断闭孔内肌肌腱，并将其覆盖到侧方的坐骨上。分离闭孔内肌、切开其肌腱后，将其向背部牵引填塞疝轮。充分分离肛外括约肌以附着到闭孔内肌上。将闭孔内肌与肛外括约肌进行缝合。肛外括约肌后外侧缘与荐坐韧带之间进行4～6针褥式缝合。常规关闭切口。如为双侧会阴疝，可先完成一侧手术，4～6周后再修复另一侧。疝修复手术结束后，可对动物施行去势术。

术后给予低残渣食物以减少直肠内容物，使用粪便软化剂4～6周以减少排粪困难，并在局部热敷以消肿。

【相关知识】

本病是指腹腔和骨盆腔器官经盆腔后直肠侧面结缔组织间隙脱至会阴部皮下而形成的局限性突起。疝内容物多为直肠，少数为膀胱、前列腺和腹膜后脂肪。多发于7～9岁公犬，母犬和猫很少发生。其中，波士顿㹴、拳师犬、柯利牧羊犬、北京犬和开尔比牧羊犬易发生。

1. 发病原因

正常的会阴是体壁的一部分，覆盖于骨盆后口和环绕肛门及尿生殖道周围。盆隔由肛提肌、尾肌、荐坐韧带、臀浅肌、闭孔内肌及肛外括约肌等组成，形成一个管口向后的漏斗管道，供直肠和肛门通过。在生殖激素分泌失调、前列腺肿大和慢性便秘等因素长期作用下，导致盆腔后结缔组织无力和肛提肌的变性和萎缩，从而发生本病。此外，随着年龄增长，神经损伤或尾巴退化引起肌肉萎缩，也可发生本病。

2. 主要症状

明显的症状是在肛门下方和前侧方出现局限性圆形或椭圆形隆起。表现顽固性便秘，里急后重，会阴隆起。以单侧会阴疝多见，且大多数为右侧会阴疝。若疝内容物为直肠，触摸柔软有弹性，无热无痛，直肠检查可发现直肠扩张且积有大量粪便，并呈向外偏移状；若疝内容物为膀胱或前列腺时，触摸手感质地稍硬，按压有疼痛反应。用力向前按压疝囊，如有尿液排出，或于突起部穿刺有大量淡黄色透明液体流出时，表明疝内容物是膀胱，此时会出现痛性尿淋漓和血尿；若疝内容物是腹膜后脂肪组织，其疝囊一般较小，触之柔软、无痛、有弹性，并具可复性。

任务25　皮肤病

技能184　湿疹的诊断与治疗

1. 诊断

根据病史和症状可以初步诊断，皮肤刮片和实验室检查，有助于确诊病因。

2. 治疗

以消除病因、制止渗出、减轻瘙痒、脱敏消炎为治疗原则。

(1)消除病因　加强运动，保持犬舍清洁、通风、干燥，减少刺激，饲喂易消化的、营养丰富的食物，消除致敏因子。

(2)局部治疗　患部剪毛后，用1%～2%鞣酸溶液或0.1%高锰酸钾溶液擦洗。根据湿疹病期选用适宜剂型的药物。

①红斑或红疹期，用保护性粉剂(氧化锌2份、滑石粉4份、淀粉4份混合)涂擦。

②水疱、脓疱或糜烂期，渗出液明显时，用收敛剂、糊剂，以促进炎症消散，如2%明矾溶液或醋酸铅溶液(醋酸铅5份、明矾10份、水85份)擦洗。

③渗出液减少或无渗出液的结痂和脱屑期，可用防腐性药物，如白色洗剂(硫酸锌24份、醋酸铅30份、加水至500 mL)，反复擦洗。

④皮肤增厚、角化过度和苔癣样变期，适用软膏和乳剂，使药物渗透到病损深部，如碘仿鞣酸软膏(碘仿10份、鞣酸5份、凡士林加至100 mL)患处涂敷。

(3)脱敏止痒　苯海拉明0.04～0.08 g/次，或扑尔敏4～8 g/次，肌内注射，每天2次，7 d为1个疗程。对急性湿疹可静脉注射葡萄糖酸钙0.5～2 g；顽固性湿疹者，用0.5%氢化可的松注射液5～20 mL，肌内注射。湿疹范围较大时，可采用封闭疗法。

(4)中药治疗　甘草20 g，黄芩15 g，党参30 g，干姜15 g，黄连10 g，大枣10枚，半夏12 g，苍术20 g，茵陈20 g，水煎取汁，分早晚2次灌服；另取甘草12 g，苦参12 g，水煎取汁洗浴患部，每天2次。洗浴前，先用温水将患部洗净，除去痂皮，为防止犬、猫在投药后发生呕吐，可在投药前15 min肌内注射爱茂尔4～10 mL。

【相关知识】

湿疹是由致敏物质作用于动物的表皮细胞引起的一种炎症反应。临床上以皮肤红斑、血疹、水疱、糜烂及鳞屑等为特征。

1. 发病原因

(1)外因　主要见于皮肤卫生差、生活环境潮湿、过强阳光照射、外界物质的刺激，以及昆虫叮咬等因素。

(2)内因　包括各种因素引起的变态反应、营养失调、某些疾病等使动物机体的免疫能力和机体抵抗力下降等。

2. 主要症状

(1)急性湿疹　皮肤上出现红疹或丘疹，病变部位始于面部、背部和腹部，尤其是鼻梁、眼部和面颊部，而且易向周围扩散，形成小水疱。水疱破溃后，局部糜烂。由于瘙痒和病部湿润，动物不安，舔咬患部，造成皮肤丘疹症状加重。

(2)慢性湿疹　常由急性湿疹转变而来。由于病程长，皮肤增厚、苔藓化、有皮屑。皮肤形成明显的皱襞，伴有血色素沉着和脱屑。患部界线明显，瘙痒加重。

技能 185 脂溢性皮炎的诊断与治疗

1. 诊断

主要通过病史调查、临床症状及相关实验室检查结果确诊。

2. 治疗

患部体表每周用肥皂水或二硫化硒剂清洗 1 次。对先天性和营养性脂质缺乏犬、猫，日常食物中要少量添加玉米油或花生油及猪油、牛肉、鸡肉等，注射维生素 A、维生素 D。

投予肾上腺皮质激素如泼尼松龙每千克体重 0.2～2 mg，或地塞米松每千克体重 0.15～0.25 mg，皮下注射或口服。也可外用泼尼松龙喷雾。

患部涂布止痒剂和角质软化剂，可选用 0.5%～10%鱼石脂、松馏油、1%二硫化硒液、10%水杨酸乙醇液、10%～50%间苯二酚软膏等。

由甲状腺功能减退引起者，投予甲状腺粉 0.1～0.3 mg，每天 3 次，到 T_4 值正常为止。若连续用药 6 周后，皮肤仍无好转，要停止用药。生殖腺功能异常引起者，可去势或摘除卵巢与子宫。

【相关知识】

脂溢性皮炎是皮肤脂质代谢紊乱的疾病，包括鳞屑型到严重皮炎的一类脂溢性疾病群。

1. 发病原因

(1)原发性因素　有先天性因素和代谢性因素。先天性因素与遗传有关。代谢性因素见于甲状腺功能减退，生殖腺功能异常，食物中缺乏蛋白质，脂肪吸收不良及胰、肠、肝等功能障碍引起的脂质代谢异常等。

(2)继发性因素　见于体表寄生虫(如蠕形螨、蜱、疥螨等)寄生、脓皮症、皮肤真菌病、过敏性皮炎、落叶状天疱疮、菌状息肉症、淋巴细胞恶性肿瘤等。

2. 主要症状

(1)原发性脂溢性皮炎　皮炎散在发生于背部、头部和四肢末端。根据症状不同，可分为干性型、油性型和皮炎型 3 种。

①干性型。皮肤干燥，被毛中散在有灰白色或银色干鳞屑，脱毛较轻，呈疏毛状态。

②油性型。皮脂腺发达的尾根部皮肤与被毛含有多量油脂或黏附着黄褐色的油脂块，外耳道有多量耳垢，有的发生外耳炎。可闻到特殊的腐败臭味。

③皮炎型。患部瘙痒、红斑、鳞屑和严重脱毛，明显形成痂皮，患部多见于背、耳郭、额、

尾背、胸下、肘、飞节等处。动物因瘙痒啃咬而使患部扩大且病变加重。

(2)继发性脂溢性皮炎　患部不局限于皮脂腺发达的部位，应注意原发病灶对皮肤的损害，如蚤过敏性皮炎的病灶，见于腰荐部；疥螨病的病灶分布在面部及耳廓边缘；蜱感染症在背部；短毛犬的脓皮症在背部；真菌病在面部、耳郭及四肢末端；落叶状天疱疮在鼻梁；菌状息肉症的病变呈全身性分布。不同部位的皮肤病变表现出不同阶段的变化。

任务26　睾丸、附睾、阴茎及前列腺疾病

技能186　隐睾症的诊断与治疗

1. 诊断

根据触诊检查可做出诊断。

2. 治疗

不能做种用。试用绒毛膜促性腺激素1 000 IU，肌内注射，每周2次，连用5周为1个疗程，可能使青春期前的犬、猫睾丸下降至阴囊内。药物治疗无效者，可行手术摘除睾丸。

【相关知识】

本病是指在阴囊内缺少一个或两个睾丸。正常情况下，在7～8月龄时睾丸应下降并停留在阴囊内。若成年犬、猫睾丸仍停留在腹腔内、腹股沟皮下或腹股沟管内，即为隐睾症。

1. 发病原因

有明显的遗传倾向性，多由促性腺激素分泌不足和胎儿雄性激素不足所致。常见于纯种犬、猫，小型品种犬的发病率高于大型品种犬。单侧隐睾较双侧隐睾多见。

2. 主要症状

一侧隐睾时，无睾丸侧的阴囊皮肤松软而不充实，留在阴囊的一侧睾丸仍能正常的起作用和维持性功能。两侧隐睾时其阴囊缩小，如果睾丸在皮下，在阴囊旁或腹股沟内可摸到比正常体积小，但形状正常的异位睾丸，睾丸尚能产生雄性激素，仍可促进前列腺和外生殖器的正常发育，公犬、猫性反射可正常，但是，腹腔内的高温(38.5 ℃)可显著抑制精子生成，在其射出的精液中无精子，没有生殖能力。

技能 187 睾丸炎的诊断与治疗

1. 诊断

根据临床症状和精液检查结果可做出诊断。

2. 治疗

(1)有创伤或发生化脓破溃时,应做清创术和创伤治疗 氨苄青霉素每千克体重 10～20 mg,肌内注射,每天 2 次,连用 2 周以上;或口服磺胺嘧啶钠。同时,给予维生素 A、维生素 C、维生素 D 和维生素 E。病犬、猫经治愈后 2～3 个月,才能完全恢复精子形成。如果效果不好,可施行去势术。

(2)针灸治疗 抗生素注入百会、二眼穴。

【相关知识】

睾丸炎是睾丸实质的炎症。常伴发附睾炎。按病程可分为急性和慢性 2 种。

1. 发病原因

急性睾丸炎常见于机械性损伤和咬伤;或因膀胱、尿道、前列腺等邻近器官的炎症经输尿管等径路逆行感染睾丸;也可继发于结核病、布氏杆菌病、芽生菌病、球孢子菌病、猫传染性腹膜炎等。慢性睾丸炎常因急性睾丸炎治疗不及时或治疗不当引起。

2. 主要症状

(1)急性经过 睾丸体积明显增大、水肿、局部增温、疼痛。阴囊皮肤紧张、发亮。由于炎症过程可侵及睾丸的间质和实质,炎症越严重,对精子形成的影响也越重。在炎症初期,公犬的射精量增加,精子有凝集趋向,以后射精量逐渐减少,精子数量也减少,并出现大量畸形精子。

(2)化脓性睾丸炎 阴囊腔内积有大量脓性渗出物,公犬、猫精神萎靡不振,体温升高,性反射抑制,精液内有死精子和脓液。触诊局部波动、疼痛,穿刺时可排出脓汁。重者可发展成化脓性精索炎和腹膜炎。

(3)慢性睾丸炎 睾丸变小、硬固而隆起,表面凸凹不平。附睾肿大,鞘膜与鞘膜内容物粘连或与阴囊壁粘连。

技能 188 公犬、猫不育症的诊断与防治

1. 诊断

通过病史调查、全身检查、精液品质检查、激素检查、睾丸活组织检查、性行为观察等进

行诊断。对因感染引起不育者,需进行血清学及精液细菌学检查。精液检查,精液品质不良、无精子、少精子、死精子,精子畸形率高(超过20%),pH为7.5以上。

2. 预防

种公犬、猫应适当运动,全价饲养,营养中等,不能过肥与过瘦。在夏季时窝、舍应保持凉爽。淘汰先天性不育或衰老性不育的种公犬、猫。

3. 治疗

宜消除病因,治疗原发病,恢复公犬、猫性功能,提高精子活力。

(1)手术疗法　持久阴茎系带阻止阴茎从包皮中伸出而无法交配,应手术治疗;尿道下裂者,阻止精子从睾丸向阴茎头的运输,轻者能自发愈合,重者需手术闭合;包皮开口狭窄有先天性的,也有由慢性炎症引起的,可导致包茎,在消除原发病的基础上,用手术扩大开口;睾丸肿瘤时,可去除患侧睾丸,另一侧睾丸可代偿产生精子。

(2)激素疗法　对性欲低下的功能性不育者,用丙酸睾丸素注射液10~15 mg,于配种前1~2 d肌内注射,或用孕马血清100~200 IU,1次皮下或肌内注射。

(3)中药治疗　巴戟10 g,熟地10 g,枸杞10 g,淫羊藿6 g,山萸肉3 g,补骨脂3 g,益智仁3 g,麦门冬3 g,五味子3 g,肉苁蓉3 g,白附子3 g,生地3 g,车前子3 g,胡芦巴10 g,泽漆3 g,茯苓3 g,丹皮3 g,山药3 g,覆盆子6 g。共研细末,开水冲,焖30 min,加童便20 mL为引,内服,每天1剂,连用3~5 d。

(4)针灸治疗　将丙酸睾丸素注射液10~15 mg,于配种前1~2 d注入百会、肾俞穴。

【相关知识】

公犬、猫不育症是指公犬、猫达到配种年龄而不能正常交配,或正常交配却不能使母犬、猫受孕的疾病。

1. 发病原因

(1)原发性不育　见于睾丸发育不全。

(2)获得性不育,见于高温应激、自身免疫(睾丸发生损伤时,精子溢出,导致机体产生抗体,引起局部免疫反应)。

(3)化学物质中毒　如锌能使睾丸间质细胞和曲细精管发生严重坏死;两性霉素B、雌激素可引起睾丸萎缩;长春花碱等抗肿瘤药物能抑制睾丸细胞分裂等。

(4)激素紊乱　如甲状腺功能亢进时,睾丸生精能力下降;肾上腺甾体激素含量变化,可影响垂体和睾丸的功能;丘脑下部和垂体发生肿瘤,促性腺激素的产生与释放减少,能引起睾丸变性和萎缩。

(5)疾病性不育　见于阴囊皮炎、睾丸炎、附睾炎、精原细胞瘤、输精管上皮细胞和间质细胞瘤等。

(6)饲养管理性因素　如日粮中缺乏必需氨基酸、矿物质及维生素等，公犬、猫的过肥与过瘦，交配过度，年龄过大，环境因素的突然变化以及辐射致伤都会对公犬、猫的生育力产生不良影响。

2. 主要症状

基本症状是性欲下降和阳痿，精液品质低劣，过度采精者无精子排出，并伴有原发病症状。

任务 27　肿瘤性疾病

技能 189　皮肤癌的诊断与治疗

1. 诊断

主要通过临床症状及实验室检查确诊。实验室检查，红细胞数减少，白细胞数明显增加，核左移。胶体反应和转氨酶升高，肝功能障碍。因癌肿转移而使胸腹水增多，呈血样浑浊液，其沉渣含白细胞、巨噬细胞、红细胞、肿瘤细胞等。穿刺、切剖面或溃疡的新鲜面抹片，可检出恶性肿瘤细胞。

2. 治疗

以早发现、早治疗为原则。预后不良犬只能对症治疗延长生命或安乐死。治疗方法有手术、冷冻、化学疗法、放射线疗法、免疫学疗法等。

(1)手术方法　采用手术方法的一般原则是，适应手术的要尽快实施；癌肿已向周围浸润的，要大范围包括健康部分把肿瘤整体切除，附属淋巴结根据癌肿转移与否来决定切除，通常切除为好；贫血、衰弱的病犬、猫，要输血和对症治疗，待一般状态好转后再手术；转移到胸腹腔脏器或扩散到全身的癌肿，不宜手术；肿瘤不能完全切除的不要手术，部分切除有害无益。

对病的初期或少数小的肿瘤，可投予镇痛药后，局部切除，切痕烧烙或缝合；恶化的肿瘤，要全身麻醉，同时要输液、输血、输氧，以预防术中的突然变化；手术中，首先要尽可能切断病灶的输出静脉、集合淋巴管、营养血管等，同时要避免对肿瘤不必要的机械刺激；切除肿瘤后，进行一般缝合，但创液蓄留妨碍局部愈合，要充分排液，必要时，可考虑烧烙或开放疗法。

(2)冷冻疗法　是通过反复冻融使肿瘤细胞坏死脱落的方法，适用于外科手术难以彻底治疗的病例。速冻用的低温物质有液氮、一氧化氮、干冰等。方法有干冰法(－78.5 ℃，用适合的棒状干冰压迫病灶)、棉棒法(用棉球棒蘸取液氮直接敷于患部)、喷雾法(喷射式冷冻装置)等。

冻结时间根据肿瘤的性状、冷冻材料、装置等来决定。每次要数秒至十几秒钟，再缓慢融解。必要时反复冻融2～3次。肿瘤周围用海棉纱布或棉花保护。术后局部用双氧水等清洗干净，7～14 d后病灶剥离，再经7～21 d可治愈。若发现癌肿仍有残留，可行第二次冻结。

(3)放射线疗法　犬的上皮肿瘤多为表在而局限性浸润型，用放射线疗法效果较好，若并用外科手术则治愈率很高。放射线疗法有远距离照射法和近距离照射法两种。

①远距离照射法。用X线照射。X线的管球电压用140～280 kV，照射剂量为60 rad/min左右，每次照射7～8 min，总照射量为400～500 rad。每周2次，2～3周为1个疗程，总照射量为3 000～4 000 rad，最多为5 500 rad。照射后3个月左右，肿瘤和临床症状可消失。

②近距离照射法。用其他放射性物质照射。常用的放射源有镭、氡、^{60}Co(钴-60)、^{137}Cs(铯-137)等γ粒子线，装置有γ线治疗装置、粒源针状放射体、带状放射体等。照射方法是把放射源放在肿瘤表面或插入内部。^{60}Co对犬的总治疗放射量为3 000～4 500 rad。

(4)化学疗法　抗犬皮肤恶性肿瘤药物主要有以下几种。

对恶性黑色素瘤和淋巴网状细胞瘤，可用放射菌素D每千克体重0.015 mg，静脉注射，每天1次，连用3～5 d后停药3周，待副作用消失后再重复使用。

对肥大细胞瘤、各种肉瘤及癌肿，可用三乙撑硫代磷酸胺每千克体重0.6 mg，静脉注射，连用10 d，也可向病灶内直接注射。

对各种癌肿和肉瘤，可用5-氟脲嘧啶每千克体重5 mg，静脉注射，连用5～7 d。皮肤恶性肿瘤，可涂布氟脲嘧啶乳剂，每天2次，连用2～4周。

对肥大细胞肿瘤和恶性细胞瘤，可用硫酸长春碱每千克体重0.1～0.4 mg，或长春新碱每千克体重0.025～0.05 mg，静脉注射，每隔7～10 d 1次。

【相关知识】

皮肤癌是指皮肤及其附属器官、皮下结缔组织的上皮性和非上皮性的恶性肿瘤。如扁平上皮癌、基底细胞癌、腺癌(皮脂腺、汗腺、耳道腺)、肥大细胞肉瘤、纤维肉瘤等。

1. 发病原因

(1)内因　有内分泌因素、营养因素、遗传性因素、免疫学因素等。

(2)外因　有感染犬口腔乳头瘤病毒、皮肤过度阳光照射以及各种化学物质(如松馏油、蒽油；沥青混合料、苯、氯化聚乙烯等)对皮肤的刺激等。

2. 主要症状

(1)局部病变　皮肤癌细胞呈慢性或急性进行性增生，形成结节状或块状的大小不等的肿瘤。弥漫性癌肿向周围浸润，活动性逐渐变小，并向附属淋巴结转移。癌肿局部自溃出血，有渗出液流出，形成痂皮，组织破损形成溃疡。局部继发细菌感染时，可转为慢性炎症，并有恶臭脓汁流出。这种溃疡持续发展则难以治愈。

(2)全身表现　病初一般无明显变化，随着病情发展，精神和食欲减退，体重减轻。癌肿向周围浸润和转移到内脏时，病情急剧严重，出现贫血、发热、呕吐、浮肿、咳嗽、血便、胸水和腹水等，并向恶病质发展。

技能 190　口腔肿瘤的诊断与治疗

1. 诊断

根据症状及局部病变可确诊。

2. 治疗

(1)口腔黑色素瘤　手术切除后易复发，多数病例在治疗后 6～12 个月死亡。

(2)齿龈瘤　轻者可用电烧烙术处理，术后用 0.2%洗必泰溶液冲洗或用 2%碘甘油涂抹，每天 1～2 次。若出现功能障碍，可用外科手术彻底切除。为防止复发，手术中应除去所有的被皮、软组织及骨骼。静注长春新碱每千克体重 0.02～0.05 mg，7～10 d 用药 1 次。

(3)口腔鳞状上皮癌　猫口腔内发生鳞状细胞癌时，多预后不良。手术切除后，由于局部复发并常伴有转移，大多数在 3 个月内死亡。犬鳞状细胞癌，由于经常在局部复发或转移到同侧的咽后和颈浅淋巴结或肺，预后应慎重。试用长春新碱治疗无效者，可实行安乐死。

(4)嗜酸性肉芽瘤　局部可用 1%龙胆紫溶液涂擦，维生素 E 50～100 mg，每天分 2 次口服，还可用肾上腺皮质激素类药如地塞米松等，或用手术切除病灶；溃疡面较大时，用 5%硝酸银溶液腐蚀后，再涂擦抗生素软膏(如新霉素软膏等)。继发感染时，应用青霉素、卡那霉素等进行治疗。

【相关知识】

口腔肿瘤包括口腔黑色素瘤、齿龈瘤、口腔鳞状上皮癌、嗜酸性肉芽瘤等。

1. 发病原因

病因尚不明确。多发于老年犬、猫。

2. 主要症状

(1)口腔黑色素瘤　肿瘤起自齿龈或口唇黏膜，呈不规则团块状，质地脆，易溃烂，色素沉着。由于感染、出血，常有异味。与周围组织界线不清。

(2)齿龈瘤　齿龈瘤为牙周韧带的一种肿瘤，是由成熟结缔组织构成的排列规则的肿块。初期无明显症状，但被毛、食物残渣可在肿瘤与齿之间积聚产生刺激和口臭。生长速度较慢，外表光滑，粉红色，坚硬。严重者可出现溃疡、出血。

(3)口腔鳞状上皮癌　猫最常见于嘴唇、牙龈和舌，有时发生于食管，造成食管阻塞。而犬的常发部位是齿龈和上腭，有时也出现在下颌内。各部位的肿瘤都表现为非常坚硬的、侵袭性的白色团块，表面往往出现溃烂，切面颜色较淡，常引起下颌的肿大与变形。

(4)嗜酸性肉芽瘤　主要发生于猫。初期在上唇正中部位产生凹陷，病灶小而平滑，患部口唇逐渐变得肥厚红润，其糜烂面沿上唇逐渐扩大，直至浸润到口唇周围组织。严重病变可发展到整个口唇部，齿龈露出，流涎，进食困难。

技能191 胸腔肿瘤的诊断与治疗

1. 诊断

根据动物易疲劳、消瘦、持续性咳嗽和咯血等临床症状，以及X线检查、活体检查或细胞学检查结果可做出诊断。

(1)X线检查　食管造影可发现食管内肿瘤所致的食管变位、狭窄、食管扩张等。肺门部非选择性血管造影可鉴别肺动脉或静脉扩张和肺门淋巴结肿大。心包空气造影，可确定心底部肿瘤。胸膜造影可区别胸腔内肿瘤和胸膜肿瘤。

(2)活体检查或细胞学检查　穿刺取肿瘤组织或有可能存在肿瘤的胸水、心包液，确认异型细胞。

2. 治疗

对局限性原发性肿瘤施以手术切除，但已转移的禁止手术。使用环磷酰胺每千克体重2.0 mg，内服，或按每千克体重1.0 mg，静脉注射，每周1次，有一定的控制作用。为预防继发感染，可结合抗生素及皮质激素疗法。

【相关知识】

胸腔肿瘤常见有肺肿瘤、胸膜肿瘤、纵隔窦肿瘤、肋骨肿瘤和食管肿瘤等。

1. 发病原因

(1)肺肿瘤　原发性肺肿瘤包括癌(腺癌、鳞状细胞癌、支气管肺泡癌等)、肉瘤(淋巴肉瘤和未分化的肉瘤)。转移性肺肿瘤是由于局部肿瘤(如乳腺癌、口腔黑色素瘤等)通过血液、淋巴途径或者是肿瘤细胞直接扩散至肺而引起。

(2)胸膜肿瘤　原发性肿瘤为恶性间皮瘤，多发生于胸膜壁层；转移性胸膜肿瘤多为腹腔瘤经横膈膜转移而来。

(3)纵隔窦肿瘤　纵隔窦肿瘤多发于纵隔窦前腹侧及肺门部。

(4)肋骨肿瘤　多发于2～8岁大型犬种的最后肋骨，肿瘤向胸腔内发育。

(5)食管肿瘤　较少见。

2. 主要症状

易疲劳，食欲不振，体重减少，干咳或持续性咳嗽，咯血。肿瘤本身向肺内浸润，压迫胸腔产生大量渗出液而引起呼吸急促或困难。肿瘤压迫食管使之狭窄及阻塞时，发生咽下困难或逆呕。肿瘤压迫静脉系统则出现腹水、胸水或颈部及前肢浮肿。继发感染、肿瘤坏死的病例，体温升高。

技能192　腹腔肿瘤的诊断与治疗

1. 诊断

根据临床症状、X线检查、超声检查等做出诊断，必要时做活组织学检查以区别肿瘤的性质。

2. 治疗

(1)胃肿瘤　胃腺瘤可手术切除，预后良好。对恶性肿瘤，为延长寿命，可用氨甲蝶呤每千克体重0.06 mg，口服，每天1次，或按每千克体重0.3 mg剂量，静脉注射，每周1次。

(2)肠肿瘤　早期可用手术切除。但肿瘤已转移时不宜切除，可采用放射线疗法，或投予化疗药物(如依木兰每千克体重2～3 mg或环磷酰胺每千克体重2～4 mg，口服，每天1次，使用4 d后停药3 d)，以延长寿命。

(3)胰腺肿瘤　若早期确诊可采用手术完全分离肿瘤。但因本病发展迅速，一旦出现明显临床症状时，多已进入晚期，预后多不良，因此可用阿霉素、5-氟脲嘧啶、丝裂霉素等联合化疗，以维持寿命。

(4)肝脏肿瘤　化学疗法，适用于原发性肿瘤。6-巯基嘌呤，每平方米体表面积50 mg，口服，每天1次，到出现中毒反应时停药；或长春新碱，犬、猫每千克体重0.025～0.05 mg，静脉注射，每周1次，连用4周。手术疗法，适用于肿瘤局限于1个肝小叶的原发性肿瘤，若肿瘤已经转移到附近的淋巴结或肺，则手术效果不理想。同时静注10%葡萄糖溶液，配合补充维生素A、维生素B和维生素C等以增强解毒功能。

(5)肾脏肿瘤　早期可行单侧患肾及输尿管切除。手术前要通过排泄性尿路造影评价对侧肾功能。手术时尽快结扎肾动脉和肾静脉，完全摘除输尿管，尽可能摘除肾周围脂肪，切除局部淋巴结和淋巴管；恶性肿瘤中、后期可采取保守疗法。用环磷酰胺每千克体重2.0 mg，内服，或按每千克体重1.0 mg，静脉注射，每周1次。结合抗生素及皮质激素疗法，以预防继发感染。

【相关知识】

腹腔肿瘤常见胃肿瘤、肠管肿瘤、胰腺肿瘤、肝脏肿瘤和肾脏肿瘤等。常发生于老年犬猫。

(1)胃肿瘤　胃的良性肿瘤有腺瘤性息肉、腺瘤、平滑肌瘤;恶性肿瘤有腺癌、平滑肌肉瘤、纤维肉瘤及淋巴肉瘤。犬易患腺癌,癌肿多发生在胃的幽门部。

(2)肠管肿瘤　包括腺瘤样息肉、平滑肌瘤、淋巴肉瘤和腺癌等,其中,淋巴肉瘤和腺癌为恶性肿瘤。

(3)胰腺肿瘤　大多数为上皮细胞瘤,且常浸润或转移至腹膜或肝脏。

(4)肝脏肿瘤　包括胆管腺瘤、肝细胞腺瘤、肝细胞癌和淋巴肉瘤等。

(4)肾脏肿瘤　肾脏良性肿瘤如腺瘤、乳头状瘤、脂肪瘤、血管瘤、纤维瘤等;恶性肿瘤如肾细胞癌、胚胎性肾胚组织瘤、肾淋巴肉瘤等。

1. 发病原因

(1)外源性致病因素　见于黄曲霉毒素中毒,病毒感染,紫外线、电离辐射等物理性因素,以及致癌化合物和重金属等化学因素。

(2)内源性致病因素　见于免疫功能低下,内分泌功能紊乱,某些遗传性疾病等。

2. 主要症状

病初无明显症状,除表现精神沉郁、体重减轻、食欲减少、贫血等共同症状外,还根据病性和肿瘤的部位,呈现出不同的症状。

(1)胃肿瘤　多以慢性呕吐(带血)为特征。呕吐与采食无关,排黑色煤焦油样粪便。触诊胃部压痛。

(2)肠管肿瘤　腹水,腹泻,呕吐。小肠肿瘤时呕吐明显,大肠肿瘤时里急后重,粪便中带血、黏液,或直肠脱垂。触诊腹部较硬而有充实感,富有弹性,形状不同,表面光滑或凹凸不平,界线明显或不明显,无压痛。

(3)胰腺肿瘤　嗜睡,呕吐,腹痛。如肿瘤在十二指肠的入口处压迫胆管,可引起阻塞性黄疸,若转移至腹膜或肝脏时可引起腹水。

(4)肝脏肿瘤　病情发展快,食欲下降或废绝,腹胀,有时呕吐,体重下降,间歇性黄疸,严重时出现腹水。腹部触诊可发现肿块。

(5)肾脏肿瘤　体温升高,腹部增大。血中红细胞增多。血尿,并伴有不同程度的尿毒症。

技能193 淋巴肉瘤的诊断与治疗

1. 诊断

根据临床症状可做出初步诊断,确诊需做实验室检查。

(1)血液检查 部分病例红细胞减少，呈正色素性贫血，伴以网织红细胞和幼稚红细胞增多。白细胞多正常，有的也表现为增多(占 10%～40%)。中性粒细胞非特异性增多，少数病例淋巴细胞增多，并出现异型淋巴细胞和幼稚淋巴细胞。骨髓穿刺，淋巴细胞异常增多，呈骨髓样增生。

(2)血液生化检查 病情逐渐加重的病例，血清总蛋白和白蛋白减少。

(3)尿液检查 部分病例出现蛋白尿。

(4)胸腹水检查 出现多量异型淋巴细胞和幼稚淋巴细胞等肿瘤性淋巴细胞。

2. 治疗

目前尚无有效治疗药物，可采取补液、强心、消肿、消炎等对症治疗，但多愈后不良，建议实施安乐死。

【相关知识】

本病是一组原发于淋巴结或其他淋巴组织的恶性肿瘤，有淋巴细胞和(或)组织细胞在肿瘤组织中大量增生，是一种进行性致死性疾病。

1. 发病原因

病因尚不明确。最常见的病型是多个淋巴结同时发生的恶性肿瘤，孤立淋巴结或局部淋巴结肿瘤发生较少。

2. 主要症状

根据病变部位不同，其临床表现有以下几种类型。

(1)多中心型 表现精神沉郁，消瘦，体表(颌下、颈浅、耳下、膝窝、腋窝、腹股沟、乳房)淋巴结对称性或非对称性无痛性肿大，间或贫血，黄疸。面部和四肢末端水肿，多饮、多尿，呕吐，肝、脾肿大，腹水等。

(2)消化道型 主要表现为厌食，消瘦，呕吐，腹泻，贫血，腹部触诊可触知腹腔内肿块(主要是肠系膜淋巴结肿大)。

(3)纵隔型 突然呼吸困难，咳嗽，呕吐。胸腔渗出液增多。有的表现多饮多尿，以淋巴结肿大为特征。

(4)皮肤型 皮肤、特别是皮下散在或密布米粒至小指头大小的硬结节。形成结节的部位脱毛，间或形成痂皮或溃疡。有的结节一过性消失，数月或两三年后复发而使症状加重。

项目6

犬、猫产科疾病

任务 28　卵巢、子宫及阴道疾病

问题 1　一雌性腊肠犬，5 岁，1 个月来精神沉郁，时有发热，抗生素治疗后病情好转，停药后复发。现病情加重，阴部流出红褐色分泌物，B 超检查见双侧子宫角增粗，内有液性暗区。该病错误的治疗方法是（　　）。

A. 孕酮治疗　　B. 氧氟沙星治疗　　C. 氯前列醇治疗

D. 阿莫西林治疗　　E. 卵巢子宫切除术

问题 2　上述病例在手术治疗时，必须要结扎（　　）。

A. 卵巢　　B. 输卵管　　C. 子宫角

D. 子宫体　　E. 阴道基部

问题 3　关于先兆流产，错误的是（　　）。

A. 首先保胎治疗　　B. 保胎期间应尽量保持安静

C. 黄体功能不全者给予黄体酮肌内注射

D. 流产常因胚胎发育异常，一旦确诊应尽早清宫

E. 如保胎治疗症状不见改善，可考虑终止妊娠

问题 4　关于胎盘的功能，不正确的是（　　）。

A. 气体交换功能，可代替胎儿呼吸系统的功能

B. 供给营养，具有合成、分解和贮存物质的功能

C. 排泄功能，胎儿代谢物经胎盘排出，可代替泌尿系统的功能

D. 防御功能，能防止各种细菌、病毒感染胎儿

E. 内分泌功能，能合成多种激素和酶

问题 5　安胎可肌内注射的药物是（　　）。

A. 麦角新碱　　B. 黄体酮　　C. 前列腺素

D. 丙酮　　E. 垂体后叶素

问题6 一病犬卧下时发现前庭及阴道下壁形成一小皮球大、粉红色并有光泽的瘤状物在阴门内，站立时肿胀回缩。该病最可能是（　　）。

A. 阴道肿瘤　　B. 阴道脱出　　C. 阴道血肿
D. 阴道脓肿　　E. 子宫外翻

技能194 子宫内膜炎的诊断与治疗

1. 诊断

依据病史、临床症状并结合血液学检验进行确诊。发情期可以从子宫颈采取黏液或收集子宫内容物进行细菌培养，对疑有死胎残留者可进行X线检查或B超检查。

2. 治疗

以促进子宫排除病理渗出物、抗菌消炎和促进子宫收缩为治疗原则。必要时，根据临床症状纠正水及电解质平衡紊乱，静脉注射营养液以保肝解毒。慢性子宫内膜炎病例需进行长期抗生素治疗，无效者应摘除子宫及卵巢。

（1）促进子宫收缩，排除病理渗出物　前列腺素 $F_{2\alpha}$（$PGF_{2\alpha}$）每千克体重0.1～0.25 mg，皮下注射，连用2～4 d。或催产素，母犬5～20 IU，母猫2～5 IU，肌内注射。或麦角新碱0.2 mg，灌服，每天3次，连用2～3 d。子宫极度扩张的病例，禁用子宫收缩药，否则可能导致子宫破裂引起腹膜炎。

（2）子宫冲洗　子宫颈口开张者，用1%～2%小苏打溶液、生理盐水、0.1%高锰酸钾溶液、0.1%雷夫奴尔溶液、0.02%呋喃西林溶液等，温度为35～45 ℃，进行子宫冲洗。有出血时，可用1%明矾溶液、1%～3%鞣酸冷溶液。如子宫积脓，先将脓液排出后再冲洗。冲洗至排出液清亮为止。冲洗子宫后注入抗生素，同时用催产素等药物促使子宫收缩，加速内容物排出。

（3）子宫灌注　甲硝唑注射液20～50 mL，子宫内注入。或土霉素0.5～1 g、雷夫奴尔0.2～0.5 g，生理盐水20～50 mL，子宫内注入，每3 d 1次，连用3～5次。

（4）抗菌消炎　全身应用抗生素，待体温降至正常以后，至少再连续用药3～4 d。

（5）中药治疗　子宫内注入新促孕灌注液。或取当归、川芎、芥穗炭、炮姜各30 g，炮益母草50 g，白芨、桃仁、丹皮各20 g，红花15 g，香附40 g。加水煎成400 mL，候温加黄酒30 g，分6次灌服。有腹痛症状者加蒲公英20 g，郁金30 g，延胡索20 g；口色瘀红，体温升高者加知母30 g，黄柏20 g，车前子40 g。以上药量3 d服完。

（5）针灸治疗　抗生素注入百会、子宫俞和二眼穴。

【相关知识】

本病是指由于分娩时或产后子宫内膜发生细菌感染而引起的炎症。按病程可分为急性和慢性子宫内膜炎。犬、猫均可发生。

1. 发病原因

(1)急性子宫内膜炎 多发于产后，由于分娩和助产时消毒不严、产道受到损伤，或因胎衣不下、子宫脱出、流产(胎儿腐败分解)、子宫复旧不全，或因人工授精时器械消毒不严、长毛品种会阴不洁、过度交配等，子宫受到感染而引起。

引起子宫内膜炎的病原主要是在自然环境中存在的一些非特异性细菌，如大肠杆菌、链球菌、葡萄球菌、棒状杆菌、变形杆菌、嗜血杆菌等。此外，一些特异性的病原，如布鲁氏菌、结核杆菌、滴虫病等感染时也可发生相应的子宫内膜炎。

(2)慢性子宫内膜炎 除了由急性转化而来外，尚可见于休情期子宫内膜囊状增生。

2. 主要症状

(1)急性子宫内膜炎 全身症状严重。最初症状出现于分娩后12 h到4 d内，表现为发热、昏睡和食欲不振。病犬、猫不照顾幼仔，乳量减少或拒绝哺乳，幼仔不安、尖叫、生长速度明显下降。腹泻，肛门红肿，阴道排出物稀薄、带有恶臭、呈红色(胎膜滞留时为绿色或黑色)，并常舔触阴唇，触诊时子宫大而松弛。病情发展则发生自体中毒，动物痉挛、抽搐、呆立、昏睡不起。

(2)慢性子宫内膜炎 阴道长期流出脓性黏液，未产母犬、猫发情不规则或受孕后2～3周内流产或死胎；经产犬、猫产仔数减少或发情征兆不明显，子宫体增大。

技能195 子宫蓄脓的诊断与治疗

1. 诊断

依据病史、临床症状、X线检查、血液学检查和超声波检查等可判断子宫内是否蓄脓。注意与妊娠、膀胱炎、腹膜炎和猫传染性腹膜炎等相区别。继发肾衰时的多尿与烦渴应注意与糖尿病相区别。

(1)血液学检查 中性粒细胞增多，核左移。平均白细胞总数为$(27\sim40)\times10^9$个/L，最高可达100×10^9个/L。

(2)阴道涂片检查 可见大量中性粒细胞。

(3)X线检查 可见从腹中部到腹下部有旋转的香肠样均质液体密度，有时能见到滞留的死胎。

2. 治疗

对种用价值不大或药物治疗无效的犬、猫，应尽早实施卵巢及子宫摘除。对种用价值高、已经中毒或实施手术有可能死亡的病例，采用药物治疗。

(1)药物治疗 庆大霉素每千克体重1万IU，肌内注射；5%葡萄糖生理盐水250～

500 mL，维生素 C 0.5 g，氢化可的松 50～60 mg，三磷酸腺苷 20 mg，辅酶 A50 IU，氨苄青霉素 1～1.5 g，静脉注射，每天 1～2 次，连用 3～4 d。用前列腺素 $F_{2\alpha}$ 每千克体重 250 μg，皮下或肌内注射，每天 1 次，连用 5 d，以促进子宫复旧。

对开放型病例，可施行子宫冲洗后，灌入青霉素和链霉素，隔天 1 次。对闭锁型病例，可先用己烯雌酚 0.5～1 g，肌内注射，待子宫颈口扩张后再冲洗子宫、灌入抗生素。

(2)中药治疗　用新促孕灌注液冲洗、灌注子宫。

(3)针灸治疗　抗生素注入百会、后海、卵巢俞和子宫俞穴。

【相关知识】

子宫蓄脓是指在子宫内蓄积大量的脓性分泌物的一种疾病。按子宫颈口开放与否，可分为闭锁型与开放型两种。是发情后期的一种疾病。

1. 发病原因

内、外源性黄体激素长期持续作用于子宫内膜，引起子宫内膜囊泡状增生是发生本病的主要原因。母犬发情结束后 9～12 周内黄体可产生孕酮。猫在诱导排卵后如果没有怀孕，黄体持续时间大约为 45 d。假妊娠时为了阻止泌乳，长期使用黄体激素样药物等，促进子宫内膜的生长而降低子宫平滑肌的活动，最终发展为囊性子宫内膜增生，使子宫分泌物积聚。孕酮还可抑制白细胞抵抗细菌感染，导致阴道内正常菌群中的某些细菌或从尿道、肛门、阴门内侵入的细菌异常增殖而致病。

此外，细菌感染和机械刺激也是发病原因之一，引起本病的常见细菌有大肠埃希菌、葡萄球菌、链球菌、假单胞菌、变形杆菌等。

2. 主要症状

临床症状通常出现在发情后 4～8 周，或在注射外源性孕激素之后。包括嗜睡、厌食、烦渴、多尿、呕吐以及腹泻等。有的体温升高，有时出现休克。若子宫颈开张时，阴道排出脓性分泌物，并且常带有血液。若子宫颈闭锁时，子宫膨大，并可出现腹部膨隆，按之坚硬，击之如鼓，很快导致休克和死亡。

技能 196　阴道脱的诊断与治疗

1. 诊断

根据症状可以确诊。

2. 治疗

轻度阴道脱出，无须治疗，病因去除后可自行恢复。重者以整复、固定、消炎为治疗原则。

(1)整复、固定　若阴道脱出不能回纳，要进行阴道整复和固定。首先垫高后躯和臀部，用2%明矾溶液洗净脱出部分。水肿严重者，可针刺或用50%葡萄糖溶液冷敷脱水。除去坏死组织，涂润滑油，将脱出的阴道向阴门内托送后，将阴道整复复位。整复困难时，可行外阴上联合切开术或剖腹牵引子宫整复术。整复后，做阴门结节缝合以防止再次脱出。

若脱出阴道已坏死，则行阴道截除术。先切开外阴，暴露阴道，插入尿导管，然后逐层环形切除阴道壁，水平褥式缝合其创缘。

该病有一定的遗传性，对非繁殖用动物，可行卵巢子宫摘除术以根治本病。

(2)针灸治疗　整复后，可将50%葡萄糖溶液10 mL注入后海、阴脱穴(阴唇两侧，阴唇上下联合中点旁开2 cm，左右侧各一穴)。

【相关知识】

阴道脱是指阴道壁部分或全部脱出阴门之外。犬多见，猫也可发生。

1. 发病原因

发情前期和发情期雌激素分泌过多，引起阴道黏膜浮肿，会阴部组织弛缓；便秘，与公犬交配时被强行分离，分娩时强烈努责或腹内压过大时，可诱发本病。

2. 主要症状

阴道部分脱出病例，动物卧下时阴门处可见红色黏膜外翻，站立时可自动缩回，或脱出物呈球形并显露尿道乳头，站立时也不能自行回缩。若脱出部分接触异物而被刺伤，可引起黏膜出血或糜烂。

当阴道全部脱出时，子宫颈外翻，呈“轮胎”状。外翻时间较长时，阴道黏膜发绀、水肿、表面干裂且有渗出液流出。

技能197 阴道炎的诊断与治疗

1. 诊断

根据临床症状和阴道检查可以做出诊断。阴道分泌物检查，有助于区别病原。如查到滴虫，可确定为滴虫性阴道炎；真菌培养阳性，可确定为真菌性阴道炎。

2. 治疗

(1)阴道冲洗　用0.1%高锰酸钾溶液或0.1%雷夫奴尔溶液、生理盐水等冲洗阴道。冲洗时，药液的体积应足以将阴道充满，每天冲洗1～2次，但在配种前72 h不宜冲洗，以免杀伤精子。冲洗后，涂青霉素软膏或磺胺软膏，阴道内填塞洗必泰栓。

(2)抗菌消炎　滴虫性阴道炎,用甲硝唑 0.2 g/次,口服,每天 3 次;真菌性阴道炎,可用制霉菌素片或栓剂 10 万～20 万 IU,每晚放入阴道 1 次,10 次为 1 个疗程。或用酮康唑片或栓剂放入阴道内,每次 1 片,7 d 为 1 个疗程。同时,用磺胺二甲基异噁唑每千克体重 50～100 mg,每天分 3 次口服,以控制炎症。

阴道冲洗和抗生素治疗应持续到阴道排出物消失后约 1 周,否则易复发。

(3)针灸治疗　注射用抗生素可注入百会、二眼、后海穴。

【相关知识】

阴道炎是指母犬、猫阴道的炎症。多发生于经产母犬、猫。

1. 发病原因

主要因交配、分娩、难产、助产及阴道检查时,损伤阴道,由病原微生物侵入而感染。邻近组织器官的炎症如子宫炎、膀胱炎等,也可继发本病。

2. 主要症状

病初烦躁不安,经常舔阴门。阴门有浆液性、脓性和脓血性分泌物排出。从阴门流出的分泌物,散发出一种吸引雄性犬、猫的气味,在非发情期可接受雄性犬、猫交配,常被误认为发情。阴道检查,阴道黏膜充血、肿胀,并有分泌物附着于阴道黏膜表面,有的出现溃疡。

技能 198　不孕症的诊断与治疗

1. 诊断

本病通过询问病史和系统检查做出诊断。询问内容包括年龄、食物种类、数量、质量及来源,胎次、怀孕过程,是否发生过流产、胎衣不下、子宫脱出、难产等情况。系统检查首先观察全身状况,其次是进行阴道检查和腹壁触诊子宫等。

2. 治疗

加强饲养管理,饲喂全价日粮,给予必要的添加剂,加强运动。引进种犬、猫时需在适当季节,最好安排在休情期,以利其适应新环境,克服气候性不孕。生殖器官发育不良的幼稚犬、猫不宜做种用。针对不同情况可采用以下方法治疗:

(1)已到配种年龄而未发情的母犬、猫,确认无先天性器官障碍时,用人绒毛膜促性腺激素每次 200～300 IU,或孕马血清肌内注射,每天 1 次,连用 3 d。

(2)产仔率低或产仔后发情不明显的母犬、猫,亦可用人绒毛膜促性腺激素每次 50～100 IU;断奶后长期不发情的母犬、猫,用前列腺素每次 0.1～0.2 mg、孕马血清 100～200 IU,肌内注射,每天 1 次,连用 3 d。

(3)卵巢囊肿(慕雄狂表现,持续发情)或有激素过剩症表现的母犬、猫,用黄体酮(孕酮)每千克体重2～4 mg,肌内注射,5～10 d再重复注射1次;无效者,实施卵巢和子宫切除术。

(4)对持久黄体、卵巢静止性不孕(不发情或发情不明显)者,用促卵泡激素(FSH)20～40 IU,肌内注射,每天1次,连用2～3 d。

在用药后,一般1周左右即可发情,但应注意最佳配种期,在母犬阴户滴血后的9～13 d。配种时可采用复配或双重配的方式,以提高受胎率。此外,由疾病引起不孕者,应先治疗原发病。

(5)中药治疗　对卵巢静止或持久黄体不孕者,可试用"新促孕灌注液"子宫内灌注。或用淫羊藿、阳起石、菟丝子各10 g,益母草、红花、山药各9 g,肉苁蓉7 g。水煎取汁,候温灌服,每天1剂,连用3～5 d。

【相关知识】

不孕症是母犬、母猫在体成熟之后或在分娩之后,超过正常时限仍不能发情配种受孕,或虽经过数次交配仍不能怀孕的一种病症。

1. 发病原因

可分为先天遗传性不孕和后天获得性不孕。

(1)先天遗传性不孕　主要由于生殖器官发育不良或缺陷所致。如两性畸形、生殖道畸形、卵巢发育或功能不全、子宫发育不全或缺陷等。多为永久性不孕症。

(2)后天获得性不孕　包括如下几个方面:

①疾病性不孕。是指由生殖器官疾病和某些全身性疾病而引起的不孕。生殖器官疾病,如卵巢炎、卵巢囊肿、持久黄体、子宫内膜炎、子宫蓄脓综合征等;全身性疾病,如布鲁氏菌病、弓形虫病、钩端螺旋体病、结核病、李氏杆菌病等。此外,甲状腺功能减退,使精液异常、性欲减退,也可引起不孕。

②营养性不孕。由于饲料量不足、品种单纯、品质不良或缺乏某种与繁殖功能密切相关的营养物质,如蛋白质、维生素A、维生素E、B族维生素和矿物质等,致使机体功能和新陈代谢障碍,生殖系统发生功能性和形态学改变,造成不孕。或由于饲喂量过多,又缺乏运动,过于肥胖,致使卵巢内脂肪沉积,卵泡上皮发生脂肪变性,繁殖功能遭受破坏,而造成不孕。

③环境性不孕。由于饲养环境突然改变,使母犬、猫不能适应而引起不孕。

④衰老性不孕。指未达绝情期的雌性犬、猫,未老先衰,生殖功能过早停止。

⑤技术性不孕。由于错过适当的配种时机,或人工授精技术不熟练,精液处理不当等,往往引起不孕。

此外,患有不育症的公犬、猫,也可引起母犬、猫的不孕。

2. 主要症状

本病的共同特征是性功能紊乱和障碍。如后备母犬、猫不发情,经产母犬、猫不发情或发情不明显，已发情的屡配不孕。其他症状则因致病原因不同而有差异。如先天性不孕病例，除性功能紊乱外，主要表现为生殖器官的解剖构造异常（畸形、发育不全或细小等）。后天获得性生殖器官疾病引起的不孕病例，则有生殖器官疾病的症状，如子宫内膜炎、阴道炎、子宫蓄脓等病例均有炎性分泌物自阴道流出等表现。而其他疾病引起的不孕症，除表现性功能紊乱、不孕或流产外，主要表现为原发病的固有症状，如布鲁氏菌病、弓形虫病、钩端螺旋体病等。

任务29 妊娠期疾病

技能199 流产的诊断与治疗

1. 诊断

根据怀孕日期，结合症状及胎儿、胎衣的排出，一般可以做出诊断；流产后要仔细触诊腹壁，确定子宫内是否还存有胎儿，必要时应做B超检查和X线检查。对原因不明的流产，须进行全面检查，如做血液学、血清学、生化以及尿液检查，以便查明营养状况、有无内分泌疾病、布鲁氏菌病、弓形虫病等。

2. 治疗

①孕犬、猫出现腹痛、起卧不安、呼吸和脉搏加快等先兆流产症状，可进行安胎，使用抑制子宫收缩药，如黄体酮5～10 mg/次，肌内注射，每天1次，连用1周，同时限制母犬、猫活动。

②若流产不可避免，应尽快使子宫内容物排出。催产素5～10 IU/次，肌内注射，或前列腺素 $F_{2\alpha}$ 1～2 mg/次，肌内注射。

③如胎儿已死亡，胎体过大或胎儿已腐败，药物治疗已无法使其排出，则应迅速采取手术治疗，如截胎术、剖腹取胎术或子宫摘除术。

④对流产母体，抗菌消炎，防止感染。用头孢拉定每千克体重20 mg，肌内注射或静脉注射，每天2次，连用3～5 d。同时注意输液，补糖，补钙，促进母体恢复。

⑤中药治疗　对于先兆流产或习惯性流产，用当归、菟丝子、黄芪、续断各5 g，炒白芍、川贝母、荆芥穗（炒黑）、厚朴、炙甘草、炒艾叶、羌活各2 g，黑杜仲、川芎各3 g，补骨脂4 g，枳壳3 g。水煎服，隔日1剂，连用3～4剂。对流产后的母犬、猫，可用益母草膏3～10 g/次，每天2次，连用1周。

【相关知识】

流产是由于胎儿或母体的生理功能发生紊乱而引起的妊娠中断。表现为早产、排出死亡的胎儿、胎儿被吸收、胎儿干尸化或胎儿腐败后从阴道排出腐败分解液体。

1. 发病原因

(1)生殖细胞缺陷 老化的精子和卵子受精后，导致胚胎的生长发育异常，大多数于发育早期死亡。

(2)内分泌失调 黄体形成不全或黄体早期退化，引起黄体激素缺乏，或因甲状腺功能减退引起代谢衰退、体温降低而导致流产。

(3)传染性疾病 主要是布鲁氏菌、葡萄球菌、大肠杆菌、沙门氏杆菌及胎儿弧菌等感染。其次是弓形虫、犬猫巴尔通氏体等。猫泛白细胞减少症病毒、白血病病毒、犬瘟热病毒等感染后，引起母犬、猫身体虚弱，也会使流产的发病率增高。

(4)其他 见于创伤、碰撞、冲击、殴斗等应激因素刺激，实施剖腹术及妊娠母犬、猫营养不良、年龄过大等极易引起流产。

2. 主要症状

流产之前，常有先兆，如妊娠犬、猫从阴道流出透明或半透明的胶样黏液，有时混有血液，有些烦躁不安，呼吸音粗厉，脉搏增快，腹部触诊和B超检查，胎动不安，子宫塞(黏液)尚未流失，子宫颈外口完全闭合，暂无胎儿排出，临床常称为先兆流产。

流产多发于妊娠的第35～55天，病犬、猫腹部努责，排出活的或者死的胎儿，虽然也有妊娠第10～35天早期胚胎死亡而流产的，但因排出的胎膜和胎儿常被病犬、猫吃掉而不易发现。已发生流产的母体，可从阴道长时间(可达数周)持续排出分泌物。继发于其他病因引起的流产，除流产外，还有原发病所固有的症状。

有些母犬、猫只是一个或几个胎儿流产，其余胎儿仍可能继续生长到足月时分娩出来(部分流产)，但大多数病例是所有的胎儿均发生流产(完全流产)。

技能200 假孕的诊断与治疗

1. 诊断

根据病史、症状、腹部的X线检查或B超检查可以确诊。发情配种42 d后，进行X线检查，如扩张的子宫内无胎儿的轮廓(骨骼)，则为假孕。配种后20 d左右，胎囊、胎体形成，可用B超鉴别。

2. 预防

做好发情鉴定，适时配种。每天用性欲旺盛的公犬、猫试情，第一次接受交配后，隔2～4 d重配1次。对发情表现不明显的雌犬、猫，可每天进行阴道细胞学检查，以便确定合适的配种时间。对假孕反复发作的非繁殖犬、猫，可实施双侧卵巢子宫摘除术。

3. 治疗

在1～3周内可自愈，勿需治疗。如出现明显烦躁不安的母犬可考虑使用镇静剂。雄性激素可以抑制孕酮的分泌。如甲基睾丸酮每千克体重1～2 mg，肌内注射，或前列腺素$F_{2\alpha}$ 1～2 mg，每天1～2次，连用2～3 d。

【相关知识】

假孕是犬、猫发情而未配种或配种而未受孕之后，全身状况和行为出现妊娠所特有的变化的一种综合征。母犬多发，母猫少见。本病发生于发情间期，特征是乳腺增生、泌乳、行为发生变化；有的表现出产后行为异常，如哺乳无生命的物体、拒食等。

1. 发病原因

(1)母犬假孕　母犬发情排卵后不论是交配未孕或是未曾交配，其卵巢均能形成功能性黄体(或称性周期黄体)。此黄体功能至少维持75 d，此黄体分泌的孕酮能使母体产生一系列类似妊娠的表现。

(2)母猫假孕　由于母猫的排卵属于刺激性排卵，即母猫在发情后，只有经过交配未受孕的母猫，其卵巢上的卵泡，才能成熟破裂和排卵，并形成黄体。若在发情后配种而未受孕，则可能发生假孕。同时由于母猫功能性黄体在排卵后只能维持44 d，所以母猫假孕时间比母犬短。

2. 主要症状

临床表现与正常妊娠非常相似。早期也有呕吐、食欲增加等妊娠反应，随后逐渐见到腹部脂肪蓄积，肚腹膨大，乳房增大并可挤出乳汁，个别母犬吮吸自身分泌的乳汁，或给其他母犬所生的幼仔哺乳，泌乳现象能持续2～3周或更长。行为发生变化，如搭窝、母性增强、阴道中经常排出黏液等。严重者可出现分娩样的腹肌收缩。

任务30　分娩期疾病

技能201　难产的诊断与治疗

1. 诊断

根据临床症状的观察，可做出初步诊断。若胎水已流出2～3 h，但无努责现象，或2 h缺乏分娩动作或2～4 h努责微弱；或在正常分娩过程中，腹腔中仍有胎儿，间隔时间超过2～3 h，不见胎儿排出；或怀孕期已超过70 d，胎儿仍不能正常产出者；或从阴道中流出绿色分泌物，并有恶臭，而未见胎儿排出等情况均可怀疑为难产。

产道指检，可探诊子宫颈开张情况和子宫紧张度、盆腔内有无胎儿及胎儿的形状；影像检查对评价骨盆异常、胎儿数量、胎位、胎向、胎势、胎儿大小及畸形有一定的意义。

2. 治疗

(1)如胎势、胎位、胎向正常，产道开放正常、子宫收缩无力时，可先人工诱发阵缩　术者手指套上胶套，将两个手指插入阴道内，对着背侧壁做推动或似走动样的活动，刺激阴道背侧壁，诱导子宫收缩。也可从会阴外部加压于骨盆腔的阴道直肠侧壁。

若上述方法无效，在胎儿已经进入盆腔，子宫颈口开张而产力达不到分娩时，可使用催产素和钙制剂。先用10%葡萄糖酸钙注射液每千克体重0.5～1.5 mL，以每分钟1 mL的速度缓慢静脉注射，10 min后立即使用催产素1.5～10 IU，肌内注射。如果催产素使用30 min后母犬、猫无反应，可再次应用催产素。

但要注意，阵缩休止期多次使用催产素，易使子宫麻痹，成为被动依赖状态或异常收缩状态，结果导致不能正常分娩和胎儿死亡，所以在第2次用药后30 min若仍无反应，应人工助产。

(2)对产道性难产、胎儿性难产或产力性难产用上法无效时，可实行人工助产　主要方法有徒手牵引法、产科钳牵引法、阴门侧切和剖腹产。

①徒手牵引法。消毒后，术者一只手通过腹壁把胎儿向上扶到骨盆入口，另一只手1～2指从阴门伸入牵拉胎儿。头前置时可拉住头后面，倒生时可拉住骨盆前沿。如果胎儿活着，不可固定住其后腿牵拉以免损伤。牵拉的方向应与自然产出时相一致，即正生时，用手指捏住或钩住其肩部向背后方向牵拉；倒生时，则握住其骨盆部向背后方向牵拉。牵拉时，应配合母体子宫收缩，而且开始时用力不可过大，因为产道要经过一段时间后，才能调节到适合胎儿产出的程度。

②产科钳牵引法。如用手指能触摸到胎儿时，可先消毒会阴部，然后将已消毒的长颈软柄钳顺手指伸入产道。正生时，夹住上颌、下颌或鼻子，当头部通过骨盆后，用手接住拉出；倒生时，用产科钳夹住大腿旁或骨盆区皮肤皱褶牵拉，如胎儿身体后部已进入骨盆，可用绳导固定住胎儿骨盆上部，另一手指向上固定住胎儿骨盆前部向外牵拉。如肯定胎儿已经死亡，可紧夹住胎儿头部(正生时)或骨盆(倒生时)牵引，或将母犬、猫麻醉后牵拉。

③阴门侧切。阴门过于狭窄时，可在阴门上角向上切一小口。术部用0.5%～1%普鲁卡因注射液或0.5%利多卡因注射液浸润麻醉。手术之前，先将肛门做袋状缝合，以防止手术过程中排便污染切口。切开皮肤、皮下组织及前庭黏膜，拉出胎儿后，先用可吸收缝合线连续缝合前庭黏膜及皮下组织，皮肤用单股丝线做间断缝合。术后，术部要保持清洁，并全身应用抗生素。

④剖腹产。846合剂(参考剂量为每千克体重0.04～0.3 mL)全身麻醉，配合0.5%盐酸普鲁卡因注射液局部直线浸润麻醉。仰卧保定。术部常规剪毛、消毒，放上创巾并用创巾钳固定。在耻骨前缘和脐孔之间，沿腹白线做一长4～15 cm的纵向切口。钝性剥离皮下组织，小心剪开腹膜。术者右手伸入腹腔将子宫拉出创口外，子宫角及腹壁切口之间用生理盐

水浸过的湿纱布隔离，以免肠管及其他脏器脱出，也可防止胎水流入腹腔。在子宫角大弯靠近子宫体处，避开血管及胎盘纵向切开子宫壁，切口长度以能顺利取出胎儿为宜。充分止血。术者手指伸入子宫内拉出胎儿，用止血钳夹住脐带，在距离胎儿腹壁 2 cm 处结扎并剪断脐带，迅速擦净胎儿鼻孔内及口腔内的黏液，放于干燥温暖处。然后在子宫外壁向切口方向推压胎儿，依次取出全部胎儿。若另一侧子宫角处胎儿不能达切口处，可再做子宫壁切口取出胎儿。排除左右两侧子宫角内的胎水、血液，取出胎衣碎片等，子宫内撒布青霉素粉，子宫壁切口用羊肠线先做全层连续螺旋缝合，再做浆膜肌层水平内翻缝合。用生理盐水冲洗后还纳腹腔，去除隔离纱布，向腹腔内注入抗生素。连续螺旋缝合腹膜，结节缝合皮下组织及皮肤。取下创巾，切口涂上 5%碘酊，打上结系绷带以防舔咬和污染。

术后用抗生素全身治疗 3～5 d，视动物情况输液、补糖、补钙及其他支持疗法。给予易消化、高营养的食物。如创口愈合良好，8～10 d 可拆线。

【相关知识】

难产是指在没有辅助分娩的情况下，胎儿出生困难或母体不能将胎儿通过产道排出的疾病。犬多发，猫少见。

1. 发病原因

难产的原因很多，大体可分为产力性难产、产道性难产和胎儿性难产三大类。

(1)产力性难产　主要见于仅怀 1 个或 2 个胎儿时，对母体的分娩刺激不够，或由于多胎、胎水过多和胎儿总体积过大，导致子宫过度扩张所致；其次是内分泌失调，妊娠后期尤其是分娩前的雌激素、前列腺素或催产素的分泌失调，以及孕酮过多、子宫肌对上述激素的反应减弱。此外，遗传因素、营养不良、过度肥胖、运动不足、年龄过大、配种过早、子宫内膜炎引起子宫肌纤维变性等因素也可导致子宫收缩无力。

(2)产道性难产　常见于子宫狭窄，如子宫先天性发育不良、子宫捻转、子宫肌纤维变性；子宫颈狭窄，如子宫颈异常、纤维组织增生和瘢痕；阴道和阴门狭窄；骨盆腔狭窄、畸形、骨盆骨折及产道肿瘤等。此外，由于早产，雌激素和松弛素分泌不足，致使软产道松弛不够，也会影响胎儿娩出。

(3)胎儿性难产　多因胎儿过大、畸形或胎位不正而无法通过产道，导致难产。大头型或小型犬、猫难产率比较高。

2. 主要症状

母猫的妊娠期平均为(65.8±2.5) d，到分娩开始后，努责 30～60 min 而未产出 1 只胎儿；母犬的妊娠期通常为 58～63 d，分娩启动后，经 4～6 h 仍不能将胎儿排出。

(1)产力性难产　表现为子宫收缩力较弱，次数少，胎儿产出过程延长，或在产出几个胎儿后，收缩力减弱。

(2)产道性难产 母犬、猫阵缩及努责正常，但长时间不见胎膜及胎儿的排出，产道检查可发现子宫颈稍开张，松软不够或盆腔狭小变形。发生子宫捻转时，因扭转部位不同，有时能产出一个或数个胎儿，但母犬、猫的情况很快恶化；发生子宫腹股沟疝时，子宫或子宫内的胎儿一齐陷入腹股沟管中，腹部外形异常等。

(3)胎儿性难产 除胎儿过大外，常见的胎位不正及胎势异常主要有前肢后退位(产道宽时，从外部隐约可见胎儿口吻，胎儿肩部触及髂骨)、背头位(常见于粗颈或长头品种的犬，鼻梁卡在耻骨上，背头部进入产道，手指插入阴道触不到胎儿口吻，能触到圆球状坚硬的背头部)、侧头位(头颈侧弯时，一前肢在产道，另一前肢缩回至头弯向的那一侧)、荐位(指检时可触及尾部及臀部，但摸不到后肢)及横生位(胎儿在子宫内呈横向)等。

有时由于难产发生子宫破裂，将伴发大出血，甚至导致母犬、猫死亡，或发生胎儿死亡和腐败，继发子宫炎和全身性败血症。

任务31 产后期疾病

技能202 胎衣不下的诊断与治疗

1. 诊断

分娩时仔细观察排出的胎衣是否与胎儿数相同。产后数小时，产道内仍排出大量分泌物时，腹部触诊发现子宫呈节段性肿大、阴道检查发现部分胎衣滞留于产道内，即可做出诊断。X线检查或B超检查可确定有无胎衣滞留。

2. 治疗

以局部治疗为主，同时配合全身疗法。

(1)局部治疗 手隔腹底壁，用挤奶样动作小心挤压子宫角或用产科钳通过产道取出滞留胎衣。在子宫颈开张的前提下，用催产素1～5 IU，肌内注射，每天2～4次，连用3 d。若子宫颈未开张或开张得很小，可先用己烯雌酚1 mL，肌内注射，待子宫颈开张后，再用催产素。

若胎衣滞留时间超过12 h，应向子宫内灌注0.1%高锰酸钾溶液进行冲洗，然后再用橡皮管将其吸出，待灌注的高锰酸钾溶液和吸出的溶液颜色一致时，向子宫内投放青霉素粉。

对无法取出胎衣，如子宫颈已紧密关闭或子宫颈坏死的病例，可进行剖腹剥离胎衣或切除子宫。

(2)全身疗法 5%葡萄糖生理盐水100～200 mL，10%葡萄糖酸钙溶液2～20 mL，氨苄青霉素或先锋霉素每千克体重0.1 g，混合，缓慢静脉注射，每天1次，连用5 d。同时投予维生素B_1、维生素B_{12}等。

【相关知识】

通常犬、猫在分娩出一个胎儿后，立即将相应的胎衣排出，而有的则是胎儿排出后经过15 min左右才将胎衣排出。但当最后一个胎儿娩出后2～6 h胎衣仍不排出时，称为胎衣不下。本病小动物较少见。

1. 发病原因

在正常情况下，胎儿排出后母犬、猫仅排出少量绿色分泌物(胎盘中红细胞降解成子宫绿素，当胎膜脱离时，从产道排出)，产后数小时内即停止排出。如果较多分泌物不断排出，并且由绿色变为黑色分泌物达12 h以上，即可怀疑为胎衣不下。主要原因与产后子宫收缩无力、怀孕期间胎盘发生炎症有关。如怀孕期间营养缺乏，运动不足，胎儿数过多，胎水过多等，均可引起子宫收缩无力。妊娠期间受到布鲁氏菌、霉形体等感染，可引起胎盘炎症，胎盘粘连，从而导致胎衣不下。

2. 主要症状

初期，母犬、猫表现不安，剧烈努责，阴门流出绿色、暗黑色或红褐色液体，内含胎衣碎片。小型犬经腹壁可触摸到子宫呈节段性肿胀。若胎衣滞留超过1 d以上则发生腐败，微生物及毒素进入机体内，表现出体温升高、精神沉郁、食欲废绝、心跳与呼吸加快等全身症状，若不及时治疗，可并发败血症死亡。

技能203 产后子宫复旧不全的诊断与治疗

1. 诊断

根据病史、病症可做出初步诊断，B超检查和X线检查有助于确诊。

2. 治疗

加强饲养管理，饲喂营养平衡的食物，并适当地加强运动。治疗时，应将仔犬、猫同母犬、猫临时隔离24 h。治疗的原则是促进子宫内容物排出，提高子宫肌的紧张性和防止感染。

向子宫内灌入甲硝唑注射液20～50 mL，或0.1%雷夫奴尔生理盐水溶液20～50 mL，每3 d 1次，连用3～5次。用催产素5～10 IU，肌内注射，以促进子宫收缩。如有全身症状时，可用氨苄青霉素每千克体重2～5 mg，肌内注射，每天2次，连用3～5 d。

【相关知识】

本病是指分娩后子宫不能恢复到原来正常大小，质地松弛，子宫内膜蜕变与再生过程延迟的病症。

1. 发病原因

主要见于产后子宫收缩无力。多为两侧子宫角不能恢复到原来状态，但也可能只是一侧子宫角不能复旧，或某一部分复旧不全。

2. 主要症状

常表现不安或焦虑，体温正常，食欲良好，阴门排出的分泌物亦正常。腹部触诊可触到质地柔软、较正常粗大且持续时间较长的未复旧子宫。母犬产后阴门红肿时，应考虑子宫复旧不全和并发子宫炎症，甚至导致败血症。

子宫复旧不全时，子宫内潴留的渗出物、血液、胎盘及其残片等可迅速分解，其分解产物被吸收，经乳排出，可引起哺乳幼仔患病，表现烦躁不安、不停叫喊和生活力不强等症状。

技能 204　子宫脱出的诊断与治疗

1. 诊断

根据症状和特征性的外观可以确诊。

2. 治疗

(1)整复　用速眠新(846 合剂)每千克体重 0.1～0.15 mL 进行全身麻醉后，将病犬、猫侧卧保定在倾斜成 10°～20°的桌面上，先将头部向上，后躯放低，用消毒针刺并轻轻压迫肿胀部位，排出淤血和水肿液，用温热的 2%明矾水或 1%硼酸溶液冲洗，除去污物，黏膜上涂碘甘油。再将头部向下，后躯向上，整复子宫。整复时，先从脱出子宫的基部开始，逐渐向阴道、腹腔内推送，如遇努责时，用手抵住，待努责暂停时再推送。用力固定已推进部分，用手指顶住子宫角尖端向腹腔深部推送，使子宫展开复位。整复后，将病犬、猫两后肢提起向上，两前肢着地 10 min 左右。

如脱出部分严重淤血、水肿，不易经阴道整复时，可在下腹的正中部剪毛、消毒，切开一小口，伸入两指从腹腔内拉回子宫，这种方法很容易整复，而且不会损伤脱出的子宫。

为防止再次脱出，可做阴门缝合。脱出的子宫损伤严重时，可进行卵巢子宫的全切除术。

(2)药物治疗　用催产素 5～10 IU，肌内注射，促进子宫复位；氨苄青霉素每千克体重 50 mg，或头孢唑林钠每千克体重 50 mg，肌内注射，每天 1～2 次，连用 7～10 d。

(3)中药治疗　体质虚弱者，在整复后，可内服中药补中益气汤加味。乌梅 45 g，僵蚕

30 g，升麻 9 g，柴胡 9 g，川黄连 6 g，炙黄芪 30 g，党参 15 g，白术 10 g，茯苓 10 g，炒栀子 10 g，当归 10 g，丹皮 10 g，苦参 10 g，陈皮 9 g，炙甘草 10 g。水煎取汁，内服，每天 1 剂，连用 2～3 d。

(4)针灸治疗　抗生素注入百会穴。对术后努责剧烈者，于后海穴注射 2% 普鲁卡因注射液 5 mL，防止子宫再度脱出。

【相关知识】

本病是指子宫部分或全部脱出于阴门外的一种疾病。临床上有部分脱出和完全脱出两种类型。

1. 发病原因

日粮营养不足，缺乏运动，胎儿过大或胎水过多，使子宫过度扩张，松弛无力，加之产后动物强烈努责，腹压增高，导致子宫脱出。助产时粗暴牵拉胎儿，也会诱发本病。

2. 主要症状

多发生于分娩后数小时内。动物不安、努责，不断地回头顾腹。若子宫翻转停留在阴道内，外观不易发现，阴道内触诊可触及翻转的子宫。若子宫全部翻转于阴门外，有的是一侧子宫脱出，外观似有一椭圆形袋状物挂于阴门外；若有两根粗香肠样物挂于阴门外，则为两侧子宫角同时脱出。脱出子宫黏膜瘀血、水肿，严重时干裂、坏死。有时袋状物中可能有膀胱及肠管。若子宫脱出过程中子宫阔韧带上血管断裂，则会出现大出血，可引起贫血、休克甚至死亡。

技能 205　产后搐搦症的诊断与防治

1. 诊断

分娩前后出现典型的战栗性痉挛症状，实验室检查出现低血钙[(4～7) mg/100 mL]，即可确诊。

2. 预防

产前严禁预防性补钙，相反，应适当降低日粮中钙水平，有利于调节机体内分泌活动。产后立即采取提高血钙措施，多喂骨粉、钙片等。

3. 治疗

以补钙、镇静、抗痉挛为治疗原则。

(1)补钙　10% 葡萄糖酸钙注射液或 10% 硼酸葡萄糖酸钙溶液 10～50 mL/次，静脉注射。病情缓解后，可每天喂服钙片 0.5～1.0 g/次和维生素 D 0.5 万～10 万 IU/次，连用 3～

4周。

(2)镇静　3%～5%戊巴比妥钠溶液每千克体重3～5 mg，或盐酸氯丙嗪注射液每千克体重0.5～1.0 mg，静脉注射。

(3)抗痉挛　对持续性痉挛病例，上述药物疗效不明显时，可用25%硫酸镁溶液每千克体重0.1 mL，肌内注射。

此外，脑水肿病例，可用地塞米松或速尿治疗。体温高者用青霉素40万～80万IU，50%氨基比林注射液1～2 mL，肌内注射。

【相关知识】

本病是由于低钙血症和运动神经异常兴奋而引起的严重代谢性疾病，临床上以强直性痉挛、运动失调和呼吸困难为特征。多发生于产仔多、泌乳量高的母犬、猫和小型品种犬，常见于分娩后7～20 d，偶见于妊娠后期或分娩过程中。

1. 发病原因

妊娠后期，胎儿逐渐发育，骨骼形成需要钙量逐渐增加，分娩后幼仔吸吮大量乳汁，血钙大量进入乳汁，使血钙浓度显著下降，神经肌肉兴奋性增高而发病。

2. 主要症状

病初表现不安、乱跑和恐惧。10～30 min后出现运步蹒跚，后躯僵硬，突然倒地，四肢伸直，肌肉战栗性痉挛。张口呼吸，呼吸急迫，口吐白沫，脉搏细而快，眼球向上翻动，可视黏膜充血和发绀。少数病例体温升高达40 ℃左右。病情危急，如不及时治疗多于1～2 d内窒息死亡。有的长期抽搐，导致脑水肿，反应迟钝。

任务32　新生仔疾病

技能206　脐炎的防治

1. 预防

接产时断脐不要太短，断脐后要用碘酊经常消毒，促进其迅速干燥脱落。保持犬、猫舍干燥卫生，防止仔犬、猫互舔脐带。

2. 治疗

以局部处理、抗菌消炎为治疗原则。

(1)局部处理　对感染的脐部进行外科处理，已化脓或局部坏死严重者，先用3%双氧水冲洗，再用0.1%新洁尔灭溶液反复冲洗，最后涂以碘酊或抗生素；局部脓肿未成熟时，外敷鱼石脂软膏，成熟后切开排脓。

(2)抗菌消炎　为防止炎症扩散或已有全身感染，应全身给予抗生素以及在脐孔周围用0.25%盐酸普鲁卡因青霉素溶液封闭治疗。

【相关知识】

脐炎是新生仔犬、猫脐血管及周围组织的炎症，犬、猫偶有发生。

1. 发病原因

接产时断脐太短，使残端不能完全封闭而引起感染；生产时，母犬、猫咬断脐带时将细菌传播到幼犬、猫，或脐带受到污染及尿液浸渍而感染；脐带闭合不全或有脐尿瘘时，被感染所致。

2. 主要症状

病初脐孔周围发热、充血、肿胀，有疼痛反应。仔犬、猫由于疼痛而经常弓腰，不愿行走，有时脐部形成脓肿。发生脐坏疽时，脐带残段呈污红色，有恶臭味。严重者化脓菌及其毒素沿血管侵入肝脏引起败血症，出现体温升高，呼吸、心跳加快，脱水，代谢紊乱，衰竭、死亡。

3. 诊断方法

根据病史和临床症状，结合实验室血象和细菌学检查，可以诊断。

技能 207　新生仔窒息的急救

立即将新生仔头部放低，用布或柔软清洁的餐巾纸擦净或用导管、吸耳球吸净口鼻内的黏液和羊水，倒提起来有节律地轻压胸部，如果胎儿还无呼吸动作，则采取人工呼吸。方法是，将新生仔仰卧，用手有节奏地轻压胸壁，或一手握住前肢，另一手握住后肢，有节奏地对前肢按压。如果假死未超过1 min，一般人工呼吸3～4 min即可复活；如人工呼吸已超过5 min还不能自行呼吸，表明已死亡。

药物治疗用尼可刹米注射液，犬0.125～0.5 g/次，猫0.01～0.03 g/次，肌内注射。如仍不能自主呼吸，则说明已经死亡。

【相关知识】

新生仔窒息又称为新生仔假死，其特征是新生仔呼吸障碍或无呼吸，而有心跳，如不及时抢救，往往死亡。犬、猫均可发生。

1. 发病原因

分娩时胎盘过早分离脱落，胎衣破裂过晚，胎盘水肿，子宫痉挛性收缩；各种原因造成的胎儿产出缓慢，脐带受到挤压使胎盘血液循环减弱或停止；母犬、猫过度疲劳、贫血、大出血、心力衰竭、高热或全身性疾病引起自身缺氧等。以上因素均会引起胎儿缺氧、刺激胎儿过早呼吸，因吸入羊水而致病。

2. 主要症状

轻度窒息时，呼吸微弱、不均匀，有时张口喘气。口鼻腔内充满黏液，肺部有啰音，喉、气管部啰音最明显。新生仔全身软弱无力，黏膜发绀，舌脱出于口角，心跳快而弱。严重窒息时，全身松软，呼吸停止，可视黏膜苍白，反射消失，卧地不动，仅有微弱心跳。

3. 诊断方法

根据病因调查及临床表现做出诊断。

任务33　乳房疾病

技能208　乳房炎的诊断与治疗

1. 诊断

根据病史、临床症状可做出诊断，必要时，取各乳腺奶样做细菌培养与分离鉴定。

2. 治疗

以局部处理、抗菌消炎和对症治疗为原则。

(1)局部处理　立即隔离仔犬、猫，按时清洗乳房并挤出乳汁，以减轻乳房压力，缓解疼痛。对发炎乳腺进行热敷或外涂鱼石脂或樟脑酮制剂，有助于通过血液循环带走有害物质并减轻不适感。对乳腺脓肿，应切开冲洗、引流，按开放性外伤治疗。

用氨苄青霉素(最好是根据药物敏感试验结果选用抗生素)每千克体重 2～7 mg，乳房内注射，每次注药前应挤净宿奶，用消毒药液反复清洗乳头，将乳导管插入乳房，然后，缓慢注入药液。注射完毕，用手捏住乳头轻轻按摩乳房数次，促进药液扩散。每天注入 1～2 次。

用普鲁卡因青霉素在乳房周围做封闭注射，每天 1～2 次；己烯雌酚 0.5 mg/次，肌内注射，以减少乳汁分泌。同时，全身治疗用庆大霉素 4 万～8 万 IU、地塞米松 1～2 mg、维生素 C 0.1～0.5 g，肌内注射。

(2)抗菌消炎　当全身症状严重时，根据药敏试验选择广谱抗生素，静脉或肌内注射以抗菌消炎。

(3)对症治疗　当出现脓毒败血症迹象,除全身应用抗生素外,还应采取输液和调节酸碱平衡。

【相关知识】

乳房炎为一个或多个乳头的炎症过程,可分为急性、慢性及囊泡性乳房炎。急性乳房炎又称败血性乳房炎,一般发生于泌乳期;慢性及囊泡性乳房炎常发生于断奶期。

1. 发病原因

急性乳房炎是由于哺乳时仔犬咬伤或抓伤乳头,或因挤压、摩擦、碰撞、划破等机械性损伤乳头、乳房,大量细菌侵入乳腺而发病;慢性乳房炎是由于断奶前后乳管闭锁、乳汁滞留刺激乳腺引起,或因急性乳房炎转化而来;慢性乳房炎可继发于结核病、布鲁氏菌病、子宫炎等疾病过程中。

2. 主要症状

(1)急性乳房炎　急性乳房炎表现为发热、精神沉郁、食欲减退、喜卧,不愿或拒绝照顾幼仔。患部充血肿胀、变硬、温热疼痛,乳上淋巴结肿大,乳汁排出不畅,或泌乳减少、停乳。病初乳汁稀薄,化脓性乳房炎时乳汁脓样、内含黄色絮状物或血液。

(2)慢性乳房炎　其乳腺肿大,触摸有痛感,一个或多个乳房变硬,有时可触到硬节。强压可挤出水样分泌物。一般不表现全身症状。

(3)囊泡性乳房炎　多发于老年猎犬,触诊乳房变硬,可摸到增生囊泡。

参考文献

[1] 宋大鲁，宋旭东. 宠物诊疗金鉴. 2 版. 北京：中国农业出版社，2016.

[2] Rhea V. Morgan. 小动物临床手册. 4 版. 施振声，译. 北京：中国农业出版社，2005.

[3] 侯加法. 小动物疾病学. 2 版. 北京：中国农业出版社，2015.

[4] 黄克和，王小龙. 兽医临床病理学. 2 版. 北京：中国农业出版社，2012.

[5] Thomas Dávid. 图解小动物外科技术. 2 版. 任晓明，译. 北京：中国农业大学出版社，2009.

[6] Arlene Coulson，Noreen Lewis. 犬猫 X 线解剖图谱. 谢富强，译. 北京：中国农业大学出版社，2008.

[7] Cordula Poulsen Nautrup，Ralf Tobias. 犬猫超声诊断技术图谱与教程. 4 版. 谢富强，译. 北京：中国农业大学出版社，2019.

[8] 孙卫东. 2019 全国执业兽医资格考试综合模拟题及考前冲刺. 北京：化学工业出版社，2019.

[9] 唐兆新. 兽医临床治疗学. 北京：中国农业出版社，2002.

[10] 祝俊杰. 犬猫疾病诊疗大全. 北京：中国农业出版社，2005.

[11] 胡元亮. 实用动物针灸手册. 北京：中国农业出版社，2003.

[12] 张宏伟. 动物寄生虫病. 北京：中国农业出版社，2005.

[13] 孙维平，王传锋. 宠物寄生虫病. 北京：中国农业出版社，2007.

[14] 张西臣. 动物寄生虫病学. 长春：吉林人民出版社，2001.

[15] 高得仪. 犬猫疾病学. 2 版. 北京：中国农业大学出版社，2001.

[16] 汪明. 兽医寄生虫学. 北京：中国农业出版社，2003.

[17] 陈玉库，周新民. 犬猫内科病. 北京：中国农业出版社，2006.

[18] 孔繁瑶. 家畜寄生虫学. 2 版. 北京：中国农业大学出版社，1997.

[19] 胡元亮. 兽医处方手册. 3 版. 北京：中国农业出版社，2017.

[20] 姜聪文，陈玉库. 中兽医学. 3 版. 北京：中国农业出版社，2016.

[21] 李发志，向邦金，胥辉豪. 养犬与犬病速查. 北京：中国农业出版社，2016.

[22] 韩博. 犬猫疾病学. 3 版. 北京：中国农业大学出版社，2011.